要爱求爱

凌渊

2018

愿你无畏地去爱

尚鹏（心医觉民） ◎ 著

在爱中受伤，在爱中成长

青岛出版社
QINGDAO PUBLISHING HOUSE

图书在版编目（CIP）数据

愿你无畏地去爱：在爱中受伤，在爱中成长 / 尚鹏著. -- 青岛：青岛出版社, 2018.5
ISBN 978-7-5552-6964-9

Ⅰ.①愿… Ⅱ.①尚… Ⅲ.①心理学-通俗读物 Ⅳ.① B84-49

中国版本图书馆 CIP 数据核字 (2018) 第 082230 号

书　　名	愿你无畏地去爱——在爱中受伤，在爱中成长
著　　者	尚鹏（心医觉民）
出版发行	青岛出版社
社　　址	青岛市海尔路 182 号（266061）
本社网址	http://www.qdpub.com
邮购电话	13335059110　（0532）68068026
责任编辑	尹红侠　赵慧慧　王　韵
特约编辑	南　圆
装帧设计	祝玉华
封面绘图	张采薇
内文绘图	周　全
照　　排	光合时代
印　　刷	青岛名扬数码印刷有限责任公司
出版日期	2018 年 7 月第 1 版　2020 年 5 月第 3 版第 3 次印刷
开　　本	32 开（850mm×1168mm）
印　　张	16.25
字　　数	260 千
印　　数	15001-26000
书　　号	ISBN 978-7-5552-6964-9
定　　价	48.00 元

编校质量、盗版监督服务电话 4006532017　0532-68068638

自序

致不甘平凡的我们

回想年少时,极爱白衬衫,夏风拂面,便意气风发,憧憬远方。成年后,梦于现实中破灭,樗栎庸才,傲睨一世,不过是畏葸不前。

出书对我来说,是个极为偶然的事件。

我很清楚,我的写作能力十分有限。记得儿时写作文,总是应付了事,数着字数,挖空心思地拼凑着脑袋里贫乏的辞藻,苦不堪言。

出版前,我跟我妈说:"我的书要出版了……"

我妈很惊讶!她说:"你到底是情感专家,媒体人,心理治疗师,还是作家?"我说:"我可以同时拥有多种社会角色,又可以是一个不带任何标签的自然人……这就是后现代社会的魅力所在。"

这个时代真好啊!它赋予我们很多的自由。没想到曾经的"学渣",竟也能写书出版。

说起此书的出版,还要感谢我所从事的职业和我们所处的这个媒体发达的时代。不知从何时起,各类媒体争相向我约稿。像我这样极度自恋的一个人是无法拒绝这些诱惑的,于是执笔写起……

书中选用的文稿,大多已经刊发于各类媒体,在此我将它们略作修改,结集成册。其中的一部分内容,是关于当下都市男女所遇到和面临的各类情感问题。情感和亲密关系是每个人都要面对的问题。

写了很多这样的文稿,又在电视台和广播电台做了好多年的情感栏目嘉宾,于是我被顺理成章地冠上了"情感专家"的名号。

重物质,轻成长,这是社会发展进程中的一个必然阶段。我们无须抱怨什么,只需要了解时代发生了怎样的变迁,并想出对策,让生活变得更好。

当我们实现了丰衣足食以后,自然会更加倾向于精神和心理层面的需要。正如人本主义心理学家马斯洛的"需求层次理论"所描述的,我们的需要正在升级,从追求物质满足升级到追求精神满足。

可是在需要升级前,我们是否有足够的心理能量来支撑我们的需要?后现代社会瞬息万变。今时今日,我们体验着前人未曾体验过的丰富生活,同时也有了前所未有的焦虑。

每个人都在向前狂奔着,却不知道在追赶什么。经济的快速发展,让很多人在不知不觉中,成了社会这台庞大机器中的零件。一些被各种外在事物和自己的欲望所控制、驾驭的现代人,既自以为是,又无知无觉,无暇照料日渐枯萎的心灵。

随着生活节奏的加快,我们需要不断地升级自身的认知,更快地适应变化。我们变得更加务实,更加功利。快餐文化也渗入了我们的情感生活。

我们非常缺乏爱的教育,这是因为在没有进入后现代社会时,父辈们一直在努力改善生存状况,他们没有空闲学习爱,没有学会怎样正确地去爱,我们自然没有享受爱。

我们被淹没在信息之海中无法自拔,看不到彼岸。年轻人的平均睡眠时间在减少。每个人都觉得时间不够用。一些人不愿付出耐心和时间去爱一个人,亲密关系和婚姻受到了前所未有的挑战。许多人在亲密关系中遇到问题时,没有选择成长,而是选择了转身。在脆弱的人际关系中,能拴住一个人的,未必是爱情本身,而是彼此的心理健康程度和对社会的适应程度。

每个女子都期待遇到一个成熟的男性,来承载自己的情感。每个男子也都想找到一个能关爱、照料自己的女性。遇到什么人,取决于"我"是什么样的人。世间诸相皆由心起,我们需要不断地提高觉知能力。觉知就是要突破肉眼限制,不被世间诸法所迷惑。闭上眼睛,内观于心。在心灵鸡汤泛滥的年代，我们更需要提高自己的鉴别力。但凡指向外界的心灵鸡汤都是有毒的鸡汤，真正的心灵鸡汤直指自己的内心。这是我鉴定真假心灵鸡汤的唯一标准。是时候向皮囊内的灵魂索求答案了。

当今的女性是如此的自信与独立，她们不需要像上几辈的女性那样，从家庭和婚姻关系中寻找安全感。时代的变迁与发展让现代女性获得思想和经济的独立，这样的独立带给她们安全感。她们摆脱了婚姻和生育的束缚……

没有人能阻止时代的车轮。我们需要站在人类生存和发展的角度，去审视当今社会所面临的一系列问题。希望生活在后现代社会的人们，都能去探寻自己人性中最根本的需要，而不是被社会属性所压抑和掩盖。

此书的另一部分内容是我在平时工作和生活中的一些感悟。我希望这些文字能够引领你去审视自己人性中的弱点，并得到启迪和成长。

人性中一个特别的弱点是：在意别人如何看待自己。

生命起初，我们并不在意别人的眼光。

慢慢地我们被教会了"在意"。但最终，我们的成长与修行，还要处在生命开始时的无畏状态。

希望人生的下一程，你能活得烈马青葱，不畏人言，不畏人眼。

假如，你读完这本书后，常常发现自己内在的慈悲在身体里涌动，并为之深深感动；那些曾经的负面情绪，不会再让你的言行失控，你与它们达成和解，你对自己有了全新的驾驭感并为此感到欣喜，我将为你祝福！

假如，内观成为你内化了的习惯，外界将不再有什么事物或言论令你的心绪不宁。如果你能不念过往，不畏将来，不畏人言，宠辱不惊，那我将为你歌唱。

不期待这本书能让一个人变得多么豁达、通透，只求透过我的视角和思维带给你看待这个世界和事物的另一种方式。曾经，我也如你一般，很用力地逼自己，让内心强大到无论任何事情，都无法破坏我内心的平和。直到有一天我发现我做到了，那是在我全然放松爱自己的时候。

你年轮的缝隙里，不仅有过往，还有灵魂的摆渡。掩卷沉思，不轻叹流年。

感谢所有媒体的朋友，感谢青岛出版社原总编辑高继民先生、时尚生活分社社长刘海波先生、本书的责任编辑尹红侠老师，感谢本书的特约编辑南圆博士和美编祝玉华老师，感谢广大读者的支持。

尚鹏（心医觉民）

2017年11月于八大关太平角

目录
Contents

·001· 自序 致不甘平凡的我们

情感篇
柔肠一寸愁千缕

003 午夜致电,为何她情无所依?
009 你是爱情里的乞讨者吗?
018 人生的脚本要靠自己来书写
025 何不在离开的时候,一边享受一边泪流?
029 我决定离开你,已蓄谋已久
033 三无好色的男人大多是危险动物
042 你是不是被《左先生和右先生》骗了?
046 情人节,我把这份礼物送给你
051 情人节,你想起了哪个前任?
057 对于正常与非正常的几点思考
065 面对抑郁症,你能做的不只是唏嘘

成长篇
一蓑烟雨任平生

075　不可言说的人性

079　从《西游记之孙悟空三打白骨精》看一个男人的三次心理成长

083　苦难是开启生命内在喜悦的钥匙

086　如何破解选择障碍？

088　学会拒绝，才有自由的人生

091　做自己的主角

095　请让自恋的人自己买单

100　你离开自己多久了？

105　成熟到底是一种什么样的状态？

109　强者自救，圣者渡人

113　"正能量"与"负能量"之殇

118　为什么钱越来越多，幸福却越来越少？

125　睡吧！闭上眼睛，世界就与你无关

130　司马懿为何"怕"老婆？

杂谈篇
江湖夜雨十年灯

137 其实,你误会我好久了——心理工作者的侧影

140 王二狗的桃花劫

149 如何嫁给你爱的人?

151 天黑请闭眼,节日请安静

154 "废话"只讲给所爱之人

158 时间并不如贼,时间还是个贼

160 絮絮叨叨说了些什么?

163 地铁,雾霾,随想三个自由

167 我不是读书人

171 背后说别人坏话的快感

176 逃离微信朋友圈

181 "攻击"是"缺爱"的表达

184 人的一生都在代偿内心的"缺失感"

188 "人民"的婚姻怎么了?

191 《我的前半生》之一——为什么贺涵最终选择了罗子君?

197 《我的前半生》之二——再美的婚外恋也抵不住婚姻的磨砺

202 《我的前半生》之三——有些人不敢放弃,有些人不敢拥有

205 《我的前半生》之四——让罗子君逆袭的四个条件

209 《我的前半生》之五——闺蜜男友的正确撩拨方式

212 《我的前半生》之六——男人的自我救赎

216 《我的前半生》之七——女人的自我救赎

221 《我的前半生》之八——罗子君为什么会被黑成高段位的"心机女"?

心夜篇
闲敲棋子落灯花

229　所有人的幸福并不相似

232　让人"面瘫"的表情包

235　婚姻病了是源于爱的枯竭

239　新婚妻子是个工作狂，我该怎么办？

242　"渣"男子图鉴

246　情两难时请给自己点时间

249　原谅与爱本质上是对自己最强的治愈

253　婚姻是亲密关系修行的道场

256　每段婚外情都有华丽的外壳

260　挽回男友的三招必杀技

263　秀恩爱与爱无关

266　小三儿要找我谈判，我该怎么办？

269　许多婚姻死于愚蠢

273　用一生时间是否能调教好一个男人？

276　一个人逃避寂寞，两个人渴望自由

279　备胎男友该何去何从？

282　能治愈你的绝不是另一段爱情

286　我的婚姻会触礁吗？

289　我爱上了同事的老婆

293　一提分手男友就自残，我该怎么办？

297　你教会了别人如何对你

301　没有应该结婚的年龄，只有应该结婚的感情

304　与上司一夜情后被纠缠，我该如何收场？

308　负性事件之中都蕴含着正向的能量

312　爱是两情相悦，不需要抢夺

315 面对"色"老公,我该怎么办?

319 卧榻之侧岂容他人鼾睡

325 我该如何面对做过婚托的未婚夫?

329 我被男友变成了情人

333 出轨一次就是人生永远的污点吗?

336 狂爱作女为哪般?

339 请给奄奄一息的爱情拔掉氧气管

343 "双面"男友

347 一切伤害都是你允许的

350 无法遏制的出轨之欲到底是为什么?

355 相爱容易相处难

359 你看到的一切都是内心的倒影

363 遇到拜金女,日子怎么过?

367 闪婚的烦恼

371 亲情与爱情该如何取舍?

375 爱你不可随便说

379 恋上比我大13岁并离异的她,我该怎么办?

382 丈夫的出轨对象竟然是我的妹妹,我该何去何从?

385 抠门老公在网上狂发红包为哪般?

389 上门的女婿不易做

393 每个人都应该向初恋致敬

397 结婚其实是一件私事

400 婚前我依然忘不了前任

404 男友用从地摊上买来的戒指向我求婚,我该答应吗?

408 具有完美情结的人都有一颗不完美的心

412 婚姻不是亲密关系的避风港

415 愚者多怨，仁者不言，智者不记

418 男友看到别的女孩会脸红，正常吗？

421 生活的魅力在于对未来的未知

424 有时候依赖会伪装成爱的样子

428 愿你无畏地去爱

431 两情相悦才是相恋的基础

434 恋爱无非就是更深入的人际关系而已

437 劈腿的爱情该何去何从？

440 爱情有七种类型，你属于哪种？

444 处女情结不过是对女性的歧视

448 这世上最不靠谱的就是承诺

451 是男朋友太抠门，还是我有玻璃心？

454 女友和前任领过结婚证让我纠结不已

457　花300元买唇膏，男友骂我败家

461　闺蜜男友向我表白，我凌乱了

465　团购让我相亲失败

469　男友不能给我承诺，要不要去相亲？

473　真心相爱，但父母不同意怎么办？

477　下月结婚，"失踪"前男友竟回来找我

481　男友的控制欲超强，我该怎么摆脱他？

485　男友太贪玩，我该怎么办？

489　聚少离多的婚姻生活让我几近崩溃，怎么办？

492　与人暧昧被老婆发现

/情/感/篇/

柔肠一寸愁千缕

午夜致电，
为何她情无所依？

导读：

已是晚上10点多了，小蕊给我打来电话，声音很低沉。她说心情很郁闷，跟闺蜜一起吃完晚饭，在星巴克无聊地搅着咖啡。我问："为什么感到郁闷？"她说情无所依。我不知道如何接她的话，我沉默了。她也在沉默……

后来还是我打破了僵局。"小蕊，我总觉得你在亲密关系里有点儿矫情。不！应该说矫情过度。一旦矫情过了度，就会破坏亲密关系……"她在电话那头安静地听着，不置可否。

一年前，小蕊的老公跟她提出离婚。她急切地找到我，希望我能帮她挽留住这段已处在悬崖边上的婚姻。可是很遗憾，婚姻这座城并没像她希望的那样被守住，它沦陷了。为此她痛不欲生，觉得自己一无是处，信念与意志土崩瓦解。

那时的她无法冷静下来，整个人的状态显得很糟糕。婚姻就像手中的流沙，握得越紧，失去得越快。但她没有时间，也没有心思去寻找婚姻中出现的问题。她只想死死抓住已经死去的婚姻，抓住那个要离开的人。

她不肯接受现实，总是抱着一线希望，希望他能回头。她的情绪是失控的。无论我怎么努力也不能让她冷静下来，只能由着她走，心里却希望有一天她能在这段经历中有所感悟，并得到成长。

随着时间的推移，她不得不接受这个残酷的事实。后来的日子里，她"看上去"进入了优雅小资的生活状态，每天都会精心地装扮自己。有一份悠闲、高薪工作的她，把自己的房子重新装修了一遍，又换了自己喜欢的车子。我知道她这样做是为了抹去以前跟前夫生活的所有痕迹，做出一副一切从头再来的架势，可是她心里的痕迹是怎么抹也抹不去的。

她想重新开始一段感情，却无从下手。现在她把工作安排得满满的，几乎挤占了她所有的时间。看上去的"积极生活"实际上不过是另一种逃避，欠下的心理成长这笔账迟早有一天要还。

她理了理思绪，问我："我怎么才能开始一段新感情？"

我没有就她的问题直接作答，只是告诉她："人要学会吃一堑长一智，而不是吃一堑长一痔。"她在电话那端笑得像个孩子。我解释道："你不要以为我在开玩笑，人总要从一段不堪的经历中学会点什么。"

成长可以让你避免重蹈覆辙。那些离我们远去的人，对我们是有积极意义的。如果不能从中有所感悟，那么这件事只能成为你的痛点，不一定在什么时候就会发作。也许下一段感情又会陷入跟之前一样的关系模式（心理学称之为"强迫性重复"）。

上一次来见我时，她问我："看一个男人爱一个女人的程度，能通过他愿意为她花多少钱来确定吗？"

我依然没有直接回答她的问题，只是启发式地反问她："如果一个大款包养了一个女孩，送女孩一套房子、一部车子，每年给她20万的零花钱，你觉得大款爱女孩吗？"

她说："我觉得这不是爱，只是一种利益交换。"

我接着问她："如果一个没什么钱的男人，时时刻刻想着你，但没有什么像样的礼物送给你，这两者你会怎么选？"

她说："我当然会选择后者……"所以最终的结论就是，用错误的方法求证爱是否存在只能让人失望而归。

她在电话里接着问我："你刚才说我在亲密关系中矫情，我觉得我是有一点，可是我该怎样去克服这样的心理？"

我说："我不知道我理解的矫情跟你所说的矫情是不是同一个概念，但我认为你总是在竭尽所能地证明对方是否爱你，这在我看来就是'矫情'。"

她极为认同，说："我爱别人爱我的感觉，别人爱我，我才能爱他，这难道有错吗？"

我说："你难道不觉得你的爱是没有生命力的吗？"

她的声音很茫然，弱弱地反问道："怎么会没有生命力？"

我说："你的爱是寄生在别人爱你的基础之上，如果别人对你的这份爱淡了、没了，不再爱了……你的爱就枯萎、死掉了。爱的主动权始终掌握在别人手里，你成了爱的奴隶，而不是爱的主人。"

爱从来都不是等价交换，但依然有人认为爱必须是相互的、平等的，有回报的，因为人有时太功利。一些人只想等着别人来爱自己，这多像一个婴儿在等待妈妈无私的爱。或者想用爱换同等分量的爱，甚至想多换取一些爱。

我对小蕊说："你把爱当成了生意，你的爱就像是'货到付款'。"爱一旦掺杂了功利之心，爱就不再是爱了。

在物欲横流中，人的思维模式，包括对爱的理解也变得并不那么纯粹了。至少我理解的爱是单向的，而不是等待或是根植于"你爱我"的土壤之中。

弗洛姆说过，天真的、孩童式不成熟的爱遵循以下原则——我爱，因为我被人爱。成熟的爱的原则——我被人爱，因为我爱人。

真爱没有伤害，能伤害到我们的是对爱的错误认知。

话到此处，她回忆起新婚时，跟前夫以及朋友出国旅行。

购物前，有人提醒不要买那里价格虚高的首饰，前夫就真的没有买给她，而同行的朋友们或多或少地都给自己的女友或妻子买了几件首饰。为此她的情绪波动很大，以至于同行的人都能看出她的不悦。

通过这件事，当时她觉得前夫不爱她。现在，她说："看来我当时的想法是错误的，甚至有点儿幼稚。"

我说："你有这种认识，我的一番话就不是废话，能意识到问题就是改变的开始。"

如果一个人总是用各种方法去验证对方是否爱自己，就说明这个人本身是不爱自己的，也是没有价值感的，或者说这个人存在的价值是由别人决定的。

对爱的试探可以在亲密关系形成的初期进行，但在固定、持久的亲密关系中不断地试探对方是不是爱自己，这对关系双方都是一种否定。"爱人者，人恒爱之"，我觉得这是破解亲密关系谜题的关键，它就像亲密关系的灯塔一样，为在亲密关系中迷失的人指引方向。

通话快要结束时，小蕊讲述了她童年时的一桩小事。父母同时给哥哥和她10块钱，哥哥很节俭，通常会攒下来，而她就会尽快花掉。为此父母就开始限制她的零花钱，她觉得父母不再爱她了。直到现在她依然还会无意识地去验证父母到底爱不爱她。尽管她能从与父母的互动中找出很多爱的证据，但依然在无意识地进行着对爱的验证。

有价值感和自我认同度高的人,不需要通过验证别人的爱来证明自己的价值,这样的人才会有主动爱的能力。他并不会去试探别人是否爱自己,因为他觉得自己是值得别人爱的,越是如此,言行中越会展现出值得爱的特质。弗洛伊德认为:恋爱=自恋+投射,首先你得学会爱上自己,你才有爱别人的能力,你爱的人才会被你吸引。

你是爱情里的乞讨者吗?

导读:

小洁是我的一位来访者,让她苦恼的是,她的每段恋情都以相同的失败结局而告终。我想提醒在爱河中徜徉的人,要学会调动内心的能量去爱一个人,而不是像爱情的乞丐一样被动地向对方索爱。

一位求助者的来信:

觉民老师:

您好!

在跟您的第八次面谈结束后,我回到家,记录下我这一年多来的心理成长历程以及最近才有的一些感悟。

我今年26岁,在近十年的时间里,我的生活是压抑和痛苦的。如果你问我为什么痛苦,我会列举出很多原因。但我发现所有的原因其实都无关痛痒,甚至可以说是借口。

在很多人眼里,我是一个幸福的人,我有爱我的爸妈,从小家庭条件比较优越，没吃过什么苦，现在拿着海归硕士的文凭，从事着一份不错的工作，一切看似顺风顺水。可是那种无边的痛苦折磨了我将近十年。那是怎样的一种感觉呢？我觉得自己很可怜，没有价值，难过，烦躁不安，对任何事情都提不起兴趣，一副悲惨的样子。

就在上周这种久违的感觉又一次袭来，我不得不开始审视、反省自己。上次跟您面谈的时候，我内心极度渴望，甚至祈求您告诉我，我究竟是怎么了。但是您告诉我，一切问题要靠自己去体悟。我不得不逼迫自己去找寻答案，因为我不希望在这种灰暗中度过自己未来的人生。

我开始回忆最初有这种痛苦的感觉时，是在 2006 年，爸妈 18 年的婚姻走到了尽头，他们离婚了。爸爸离开了家，妈妈告诉我："你爸爸抛弃咱们，走了。"

从那时起，我就觉得自己是被爸爸抛弃的孩子，我不值得被爱。我一直生活在怨恨、消极之中。

看到妈妈的难过和怨恨，只有 16 岁的我，唯一能做的就是跟她一起痛苦。妈妈不幸福，我也不允许自己幸福。如果我幸福、快乐，那就是对妈妈的背叛。可是，这种痛苦真的属于我吗？

记得在第七次晤谈中，您跟我说："我能看到你的眼泪，但是我丝毫感受不到你的痛苦。"这句话就像一颗炸雷，炸醒了我。那些捆在我身上的痛苦本不属于我，我在替妈妈承受着它们。因为我妈妈,我错过了太多本应属于我的幸福时光。

在国外留学的五年,本应是最美好的时光,然而在大部分时间里,我活得很痛苦。我读研究生的第一年,妈妈罹患乳腺癌,这对我来说是致命的打击。在她生病后整整一年的时间里,我比她活得还要糟糕,感觉生活是没有任何希望的,找不到生活的意义。

幸运的是,妈妈术后恢复得很好。然而我似乎习惯了这种痛苦。只有在谈恋爱的时候,我才感觉稍好一些,因为有人陪在我身边,给我源源不断的爱。去年4月份,我跟第一个男朋友分手后,痛苦不堪,找到了您。在咨询进行到第九次的时候,我觉得自己已经完全好了,没问题了,然后就中断了咨询。

直到今年5月份,跟第二任男朋友分手后,我才发现,其实我的问题并没有得到解决。它就像是个病灶一样,一直在我体内,随时会发作。男友的离开让我崩溃。是我亲手毁了这段原本美好的爱情。跟他在一起的最初几个月里,我们特别幸福。后来随着他工作越来越忙,我内心的不安全感又开始作祟了,我觉得他不爱我了,工作忙是借口,预感他迟早会离开我,所以跟他在一起的每一刻我都试图用尽全力去抓紧他、控制他。

是您让我看到,我在无意识中把爸妈的相处模式带到了自己的恋爱中，用妈妈的行为模式来对待男友，对他充满了攻击与批判，用尽一切手段来验证"他不爱我"的想法。他开始时还迁就我，但最终他说："跟你在一起太累了，无论如何我都无法让你满意，我们还是放过彼此吧。"我终于成功地让自己成为被抛弃的那个人。您说，这完全是我自导自演的一场戏，一场让自己痛苦又好笑的戏，以此达到对妈妈的认同。起初我还不理解，现在看的确如此。

此时，外面下着雨，我体会着内心的点滴变化，承认自身的问题远比改掉这些问题更困难，但承认即是改变的开始。

我对自己说："我不能成为妈妈命运的继承者。爸爸其实没有抛弃过我，虽然不能跟他在一起生活，但是他从未逃避过做父亲的责任，他给了我能力范围之内最好的生活。从此刻开始，我不再把妈妈当作一个"受害者"来看待，我会好好爱她，照顾她，但是我不会再同情她，怜悯她。每个人都有能力主宰自己的命运。"

爸妈离婚后，我再也没有见过奶奶、姑姑这些爸爸家的亲人，他们在我的生命中缺席了整整十年。后来见面那一刻，我们相拥而泣，内心的怨恨和愤怒瞬间化为乌有。我突然明白了，去爱别人才是对自己最大的爱，仇恨让我作茧自缚。

我想告诉所有处在痛苦之中的朋友，直面内心的痛苦，找到自己的心理医生，他会指引你走出"迷宫"。虽然过程艰辛，但只要坚持不懈，必将走向光明。

我很庆幸，在我最彷徨、无助的时候遇到了觉民老师。他没有直接告诉我问题的答案，而是指引我重新认识了自己。在这一过程中，最重要的一点就是信任老师，这是一切得以继续的根本。

感谢曾经出现在我生命中的重要的人，感谢那些错过的时光。我开始觉知，我开始试着给自己满满的爱。从渴求爱到学会爱，这是上天赐给勇敢的人最好的礼物。

小　洁

学会去爱一个人，而不是做爱情的乞丐

小洁是我的一位来访者，她看上去是一个弱弱的女孩。起初是因为每段恋爱经历都以相同的结局告终，她觉得自己的模式有问题，但又找不到问题的症结。

用她自己的话说"每段恋爱的发生、过程、终结都极其相似"，以至于她都不敢谈恋爱了。其实，她能认识到这样的层面已经很难得。

我们经过两段咨询后，找到了问题的端倪。如果说第

一阶段的咨询是播下了一颗种子，那么第二阶段的咨询就是等待这颗种子生根发芽的过程。

在许多亲密关系中，当事一方总会人为设置一些事件，以确认或验证对方是否爱自己。虽然小洁能从对方的行为中感受到爱，但这种感受无法维持很长时间。要不了多久，这种互动模式又会重复。我们总是看到这样的模式在许多情侣之间反复上演，他们总是会一次又一次亲手毁掉自己已经拥有的爱。

咨询在进行到第九次时中断。小洁发微信告诉我，所有的问题都已经解决了，非常感谢我对她的帮助。但我清楚地知道，她所谓问题的"解决"，只是因为时间让她淡忘了前一个男朋友的离去给她带来的痛苦。其实问题依然在那里，并将伺机而动。

上个月，她打电话给我："我还可以继续找你解决问题吗？"

我知道她可能又遇到"新"问题了。见面后我问她："最近是不是又恋爱了？"

她不置可否的笑容里带有一丝不易觉察的无奈。她说："我们是不是可以继续谈一下我未曾解决的问题……"

闻听此言我也笑了。她是个聪慧的姑娘，懂得我笑的含义。她补充道："这次我要彻底解决我的问题。"

这一阶段的咨询进行得要比上一阶段顺畅得多，因为她的改变意愿更强烈,她把解决问题的焦点从外部转向了自身。

咨询还是围绕着亲密关系进行。她的悟性很高,逐渐觉知到了自己在亲密关系中的行为和心理模式。她说每次恋爱都不是自己主动的,在恋爱中自己总是很被动地接受对方的追求。即便没有好感,甚至是她排斥的人,只要坚持不懈地追求她,就会打动她。

激情期总是美好的,但关系稳定后,她就开始不断控制男友,似乎一刻也离不开男友,以至于给男友难以喘息的压迫感。她不断地用一些小把戏试探、求证男友是否爱她。

表面上,我们看到她用自己"作"的方式来验证男朋友是否爱她,但实际上,从心理学的角度来看,她是在潜意识里反复确认自己爱不爱她的男朋友。

她的爱根植于"你爱我"的土壤之上,而不是由自己的内心产生的主动的爱。这种爱是没有生命力的。在无意识中,她不断地验证恋人的爱还在不在。如果恋人的爱还在,那么她的爱也会生存下去。这种如寄生一般的爱,是不成熟的孩童般的爱。

小洁在潜意识里要表达的语言是:"我是否值得被爱?"我一向认为,有爱自己能力的人是不会这样求证别人的。这源于内心深处的自卑情结。大多数自卑的人内在语言是:"我不够好,不值得被爱。"

想要爱自己,必须重塑对自己的认知,学会正向地表达爱，克服自卑情结。学会爱自己，然后把这种爱投射到你爱的人身上，你才能拥有良好的亲密关系。

选一个爱自己的人当然没错，但你也要具备爱的能力，否则对方的爱迟早会被攫取殆尽。我希望每个人都能选择一个自己爱的人，因为这种爱是确定的。

学会爱和将爱付诸行动是一个人走向成熟的标志。

我想提醒在爱河中徜徉的人，要学会调动内心的能量去爱一个人，而不是像爱情的乞丐一样被动地向对方索爱。

小洁是自己的拯救者，如果她不是在第一阶段咨询中断后重新开始面对我，我想她不会有今天的成长。咨询结束时，她说自己似乎明白了生命的奥秘。她要把这个过程记录下来，分享给更多跟她有相同经历的人。我很赞赏小洁的勇气。

从一开始我就知道问题的所在，本可以直接告诉她，但我忍住了。因为我知道告知和觉知是有本质区别的。许多人在起初面对我时都想要一个简单直接的方法，忽略了自我成长的重要性。

小洁逐渐意识到了"妈妈命运多舛，我不可以幸福，否则就是对妈妈的背叛"这个逻辑的荒谬之处。忠诚的表达方式不是我要经历跟你相同的命运，更不是我要成为你。她跟男朋友的相处模式同父母离婚前的相处模式如出一辙。用她自己的话来说，每次跟男友见面都好像是最后一次，她要制造事端把自己变成一个被抛弃者……

这种社会性代际遗传是可怕的,仇恨让人生得不到片刻安宁,且上演着一幕幕命运的翻版。

庆幸她在人生转角处选择了正确的方向。她无须谢我,我所给她的一切只有她真正觉悟时才能发挥最大的作用。直面痛苦的人最值得钦佩。祝福小洁!

作者注:因个案涉及原生家庭的特殊因素,为保护隐私,不便做更多的心理动力学分析。

人生的脚本要靠自己来书写

导读:

也许有人认为成年人的童话很可笑。歌德说:"奇迹在相信它的人眼里才是奇迹。"我期待小洁这篇童话故事能成为开启她内心世界的钥匙。

来访者小洁的童话作品:

很久以前,在一座城堡里,住着一位国王和王后,他们有两个孩子,小公主和小王子。貌似幸福的生活背后,是国王与王后深深的矛盾。他们俩从公主小时候就开始不停地因为各种事情争吵、冷战,这种状态持续了好多好多年。直到有一天,国王决定离开王后和他的两个孩子,去追求自己想要的生活。那一年,小公主16岁。

国王的离开让小公主陷入了深深的悲痛。她时常站在城堡的最高处眺望,盼望着有一天国王会回来,再给她和小王子一个完整的家。然而,一切都是徒劳,都是她自己的一厢情愿而已。其实,这期间,国王对小公主和小王子的爱并没有间断，他会定期写信给他们，也会托人带来所有他认为最珍贵的礼物，还会回来看望他们。对于王后，国王也没有绝情，当她遇到任何困难的时候，国王总是会第一时间出现，为她解围，他一直在用另一种方式继续着他的爱。可是，小公主想要的是曾经完整的家和国王的陪伴，唯有这些是国王给不了她的。

十年过去了，小公主和小王子在王后的陪伴下长大了。然而，在小公主的心里，她始终没有放弃等待国王回来的想法，她也始终不相信国王真的离开他们了。其实，从国王离开的那一天开始，小公主的性格就变了，她开始封闭自己，不爱说话，变得沉默。王后因为国王的离开，变得消极悲观，脸上的笑容也不见了。

一天，小公主一个人在城堡附近的森林玩耍时，她迷路了，心里充满了恐惧。此时她想，如果国王在这里该多好，她就不会如此无助。正在她因为恐惧而哭泣的时候，一名骑士出现在她的面前。骑士把小公主拉上了马，把她安全送回了城堡。从那一刻起，小公主觉得骑士仿佛是她生命里的一道光，照亮了她整个灰暗的世界。从此，他们相爱了。

骑士每天都会从很远的地方赶来看她，给她带来各种小礼物，哄她开心。骑士的爱像阳光一样温暖着她，在他的身上，小公主仿佛看到了自己儿时所依赖的国王的影子。那时候，国王也是这样骑马带她出去玩，给她带来各种各样的小玩意儿。骑士的怀抱就像当年国王的怀抱一样温暖而有力。小公主在骑士的陪伴下度过了她人生中最幸福、快乐的一段时光。

可是，小公主太迷恋和沉醉于骑士的陪伴，甚至一刻都不想离开骑士，每天与骑士见面成了她生活的全部。但骑士终究还有他的生活、他的责任，做不到时时刻刻陪伴小公主。于是，小公主开始生气、愤怒，甚至一次次责备骑士不在乎她。就这样，在小公主一次次的任性与不满中，骑士最终选择了离开。小公主的世界彻底崩塌了，犹如当年国王离开时那样，她再一次体会到了被抛弃的感觉。那个答应带给她光明的骑士，终究还是没有留下来。

小公主又一次陷入了黑暗的世界，在痛苦中无法挣脱。于是，她来到了城堡的魔法师那里。因为魔法师是王国里力量最强大的人，所以小公主希望得到他的帮助。魔法师听了小公主的故事后，拿出一颗药丸，让小公主服下。小公主吃下药丸回到自己的水晶宫后，令人惊奇的事情发生了。她看到了过去的自己——那个还是孩子的自己，抱着双膝蜷缩在墙角，两眼充满哀伤。小公主看着过去的她，眼泪止不住地往下掉。

她开始放声痛哭，看着过去的自己，回想起这么多年的痛苦，她觉得她很对不起那个过去的自己，没有给过去的她足够的关爱，让过去的她一直生活在悲伤、怨恨和愤怒当中。她走过去，紧紧抱住那个过去的自己，跟过去的她说："对不起，对不起……可是我不能再带着你继续生活了，真的好累好累，只有跟你彻底告别，我才能开始全新的生活。"

那个无助的小女孩抬起头看着小公主说："其实，我没有要一直跟着你，是你紧紧抓着我不肯放，因为只有我在，你才能心安理得地去哀伤，去自怨自怜，不去改变。"小公主仿佛明白了，这一次，她要跟过去的自己和解，然后彻底告别。当那个过去的自己站起来要离开的时候，小公主才意识到自己对过去的她是多么难以割舍，二十多年的陪伴，所有的喜怒哀乐都与过去的她有关，终究还是要放过去的她走。

跟过去的自己告别，这个过程异常艰辛，可是她一次比一次坚定。终于，有一天，她突然发现，自己恍惚间已经淡忘了曾经的那个小女孩。在没有任何人陪伴的时候，她也开始试着穿上漂亮的衣服，打起精神，试着去微笑面对王国里所有的人。她开始把目光慢慢转向身边的人，转向每一个值得她去爱的人以及她所拥有的一切，她开始试着去关心、爱护每个人，不再封闭自己的内心。慢慢地，她发现，她也获得了更多的爱，来自王后的、弟弟小王子的，还有王国里其他人的。她终于明白，那些她在国王那里失去的爱，是无法从任何人那里补回来的，而是需要她自己通过主动去爱别人来弥补这块空缺。

日子就这样一天天过去,直到有一天,小公主又遇到了另外一名骑士。这次与上次不同,骑士不是来拯救小公主的,而是自然而然地来到了她的世界。小公主再也没有天天黏着骑士,再也没有怨愤,没有一味地索取,而是和骑士平等地相爱,彼此给予。经过了漫长的冬天后,终于迎来了春暖花开,小公主再也没有见到那个过去的自己,唯一能看到的是现在这个乐观、平和的自己。而且,最重要的是,她接受了国王已经离开的事实,没有再像以前那样,奢望他还能回来。

小洁

只有用心去看,才能看到真实

我读过的一个小故事:一天晚上,一个男子驾车行驶在空旷的公路上,发现前面有一个年轻的女子正在路灯下寻找着什么东西。男子觉得女子需要帮助,于是停车对她说:"看来你在寻找东西,需要帮忙吗?"女子说:"我丢了一串钥匙。"于是男子下车帮助她一起寻找。突然男子问道:"你确定钥匙丢在这里吗?"女子答道:"哦!钥匙丢在一公里以外的地方了。"男子惊异地看着她:

"那你为什么会在这里找?"女子答道:"因为这里有灯光啊……"

这个故事与《刻舟求剑》的故事有异曲同工之妙。我从这个故事中读到的是:多少人身处当下,而心却活在过去。多少人用尽一生,徒劳地弥补内心的"黑洞"。小洁说,她以前用亲密关系来填补她在童年时形成的内心黑洞,但每一次都是徒劳的。当那个填补她内心黑洞的人离开,她发现黑洞的面积越来越大。她需要的是跟过去挥手道别。

有多少人背负着"过去"生活,拿着别人的人生脚本,重复着别人的命运,却忘记了自己的人生脚本应该由自己来完成。

在我们结束了第22次晤谈之后,小洁写下了这篇童话故事。第23次晤谈那天,当我从一档情感节目现场匆匆赶回办公室时,她已经提前15分钟到了。

我泡了一壶茶,与她对饮。是时候让她开始书写自己的人生脚本了。作为她心灵的"向导",我知道,我们的目的地快到了。我期待小洁的这篇童话故事成为开启她内心世界的钥匙。

也许有人认为成年人的童话很可笑。歌德说:"奇迹在相信它的人眼里才是奇迹。"尽管小洁的童话并不完美,但瑕不掩瑜。这个故事还可以被改写无数次,我们有耐心和时间。我们彼此都相信,在改写故事的过程中,奇迹就会发生。在这一点上我们俩达成了一致。你可以认为我们在玩文字游戏,也可以认为我们很幼稚。但是,童话里有深刻的隐喻和对未来的憧憬。给孩子读童话故事就是为了给他们的未来植入美好。我们内心里都住着一个孩子,我们要勇于并乐于尝试!每个人都不是父母命运的翻版,我们要书写自己的人生脚本。

很高兴小洁把我描述成魔法师。在现实里,能救赎小公主的只有她自己,而不是在她生命里出现的魔法师和骑士。小洁说她哭着写完这篇童话故事。我读完这篇童话故事后也没能忍住眼泪。但我相信,她的眼泪里有喜悦,我的眼泪里有看到她成长的欣慰。任何心理成长都需要耐心和意志,我们在成长中披荆斩棘。我为小洁的坚忍意志点赞。

圣埃克苏佩里在《小王子》里说:"这是我的一个秘密,再简单不过的秘密:一个人只有用心去看,才能看到真实。事情的真相只用眼睛是看不见的。"

何不在离开的时候，
一边享受一边泪流？

导读：

我在电视台的一档情感相亲栏目做了两年多的情感专家，屈指算来也做了几百期节目。听过上千人的情感经历，加之我多年的心理咨询经验，我本以为对情感问题驾轻就熟。可是当我听完这位当事人的故事后，我突然搞不懂爱情和情爱到底是什么了。

20世纪70年代，她已经长成一位亭亭玉立的姑娘。情窦初开的年纪，她喜欢上一个大她三岁的男人。爱情故事在开始时总是发展得很顺畅，他当然也很喜欢她，两人就这样心照不宣地喜欢着对方。每次她去村里那口老井挑水时，他总是会为她凿开井边儿上结的厚厚的冰层，还会帮她把水挑回家。她在下地干农活儿时，身边总是少不了他的身影，默默地帮她忙碌……

恢复高考后，他顺利地考上了大学。临走时，她送了他一副手套，他送了她一本笔记本，这算是他们俩的定情信物了。他让她等他几年，毕业后就回来娶她。她答应等他……

那时候时间很慢，人心很静。她日复一日地等着他回来。在那个年代，20多岁未出阁的她成了全家人的牵挂，家人都盼着她早日嫁人。大家都张罗着给她说媒，她不答应，她说要等他回来……

她的想法遭到了全家人的反对，理由就是他们两家成分不同，不能结合。她为此抗争，捍卫自己的爱情，跟家里人的关系闹得很僵。一晃几年过去了，他杳无音信，她依然坚信他们的誓言。后来妹妹告诉她一个秘密。一天妹妹无意中听到家人的谈话，得知他给她写过很多封信，但都被大姐私自扣下。因为大姐想让她嫁给张三，爸爸想让她嫁给李四，妈妈想让她嫁给隔壁老王。

她很愤怒，找大姐理论，索要他写来的每一封信。大姐不给，苦口婆心地劝她嫁给自己的一个同事……后来她听说他曾经到家里找过她，被家人奚落一番后轰走。她为此伤心、抑郁……

为了表示反抗，她没有同意父母和大姐给她安排的婚姻。最终她嫁给了一个她不爱的人。十几年的婚姻寡淡无味，老公得不到她的关注，更别说是爱了。她说即使老公出差一个月，她也不会过问，也没有丝毫挂念。终于有一天她得知老公外面有了女人，于是两人平静地结束了这段婚姻。

她说她至少要为这段失败的婚姻负一半的责任。我不知给她的婚姻设置重重障碍的家人们有过悔意吗。

我们的命运与我们所处的时代休戚相关,每个人都会被局限在自身所处的时代里,受益于它,亦受制于它。时代的大命运与我们个体的小命运,交汇成一股洪流,推动我们前行。有的人在命运这股洪流中自救成功,有的人一生都毁在其中。

离婚后,她的前夫去了深圳创业,再婚。她退休后,陪伴孤身一人的父亲。一天八十多岁的父亲郑重地跟她说:"如果有一天我离开了这个世界,谁来陪你啊?我觉得电视台的一档相亲栏目适合你,你去试试吧……"在父亲的几次催促之下,她才动了找老伴儿的念想。

讲述中,她的泪水两度决堤,我的脑海里浮现出电影《山楂树之恋》里周冬雨稚嫩羞怯的脸和花棉袄,脑后垂着的两条黑粗辫子……我们这代人虽然没有经历那个时代,不能完全理解那种纯之又纯的爱情,但在场的所有年轻人都为之动容……

她想参加央视寻人栏目《等着我》,去寻找自己的初恋情人。我说我支持她去圆年轻时的梦。也许只有幸运地找到初恋情人,互诉衷肠,她才能开启未来,重新上路。学心理的人总是离不开心理学思维,理由就是"蔡格尼克记忆效应"告诉我们的,人总是对未完成的事件耿耿于怀。这就需要人们放下"情结",去给未完成的事件画个句号。

编导老赵不主张她去，理由是怕情感决堤，怕一发不可收拾……他说："我们不得不面对现实，只是人老心未凉，所有人都懂的道理未必顶得住四目相对的一瞬间，能量太大，火花太强，冲上云霄的火花之所以那么美，是因为绽放一瞬间的失控……"

老赵的话也许有道理。我记得古希腊哲学家赫拉克利特说过，人不可能两次踏入同一条河流。当年的姑娘和如今的阿姨已不是同一个人，当年的荷尔蒙已化为未了情。怀抱既然不能逗留，何不在离开的时候，一边享受，一边泪流……

你找不到两段相同的爱情。爱情根本无规律可循。它也许是一种荷尔蒙的化学反应，抑或是前世的未了情缘，谁也不知道它究竟是什么。但我依然希望每个姑娘都能嫁给爱情，每个人都能为了爱情而结合。

"此情可待成追忆，只是当时已惘然。"现在的年轻人可能还会遇到不被父母认可和祝福的爱情，但也许不会再有被扣下的情书。我们应该感恩这个时代，应该珍惜恋人在一起的日子。

谨以此文献给我们父辈那一代人，他们正在慢慢老去，他们应该有一个幸福的晚年和属于他们的爱情……

我决定离开你，
已蓄谋已久

导读：

当我决定离开你时，已是蓄谋已久，你对我的好都是控制，都是对我的伤害。虽然这种控制常常化装成爱的模样。

Coco 是一家全国知名婚恋网站的城市负责人，今天打来电话说："我觉得我应该把一个高端客户转给你，我现在不知道该如何处理……"

身处后现代社会，似乎每个人都会或多或少地遇到一些棘手的亲密关系问题，有时甚至需要心理专家去解读，并且帮助处理。作为 CoCo 公司的首席情感顾问，我们之间一直有良好的合作。

于是我在电话中调侃："作为一个资深媒婆，你见过我帮助你们的会员处理情感中遇到的一些障碍，既吃过猪肉，也见过猪跑，顶得上大半个心理专家了。杀鸡焉用我这把宰牛的老刀？你依葫芦画瓢试着整一下就行了……"

她说："术业有专攻，知道你忙，但凡我能摆平的事，绝不会麻烦你出手。"

"我喜欢有故事的人，更喜欢有挑战的事儿，赶紧说说咋回事儿。"我说。

事情是这样的：一个几近中年的未婚男子找到Coco，求她帮他追回前女友，任由她开价，他可以不惜任何代价。严格来说，这其实超出了Coco的职业范围。

她的这位高端客户出身贫苦，据说十几年前他没钱买车票，扒火车来到这座城市，经过数年打拼，现在身家过亿。我插话说："这绝对是逆袭的现实版……"

上个月"逆袭男"与女友分手。随后"逆袭男"发现女友在很短的时间内找到了新男友，并且两人同居了。"逆袭男"出钱雇了私家侦探，调查了前女友的现任男友，发现这个男人除了前女友外，还跟好几个女人有扯不清的暧昧关系。

"逆袭男"说，他不在乎分手的这一个月前女友跟别的男人同居，只要前女友回心转意就行。当他把现任男友的"罪证"摆在前女友面前时，本以为前女友会当即唾骂现任男友花心，掩面长泣，甚至再回到他的怀抱。没承想，他非但没有拆散前女友他们，反而使他们的关系更加亲密了。

听到此，我打断她说："当一段有问题的感情遭遇到外力的阻挠时，攘外是他们的首选。所以前女友跟现任男友的统一战线就在情理之中。这就是心理学中的'罗密欧与朱丽叶效应'。'逆袭男'一定没读过莎翁的《罗密欧与朱丽叶》，也没有私人心理顾问。一张控制局面的王牌失效，事与愿违,搁谁都得抓狂……"

见此招不成,"逆袭男"又打出一张悲情牌。他跟前女友说,担心现任男友买不起房,养不起她,又张罗着给她买婚房……怎奈前女友如铜墙铁壁,不为所动。无奈之下,"逆袭男"这才求助于Coco。

我说:"昏着儿频出,看来他很相信钱能摆平一切。如果金钱是万能的,女孩怎么会离开他?虽然事实无情地打了他的脸,可是他没有'痛觉'。所以我确信,他的确需要一个心理顾问。我的职责并不是帮他追回前女友,而是通过这段亲密关系促使其成长。"

我请Coco转告"逆袭男":"人在亲密关系中最接近自己的核心人格。这是一个心理成长的良机。如果你没有意识到这一点,即使花钱请人挽回了这段感情,在不久的将来你依然会失去它。"

不是每个经历过挫折的人都会得到成长,而没有得到成长的人总会遇到同样的挫折。

一个男人要想变得成熟,必然需要经历几段苦恋,打碎先前已形成的自我认知,重新拼凑自己的灵魂。这个过程是痛苦的,这就是成熟的代价,是用金钱买不到的。我不知道"逆袭男"跟他的前女友之间到底发生了什么,但我能感到他强烈的控制欲。

控制欲强是好事吗?那得看用在什么地方了。用在事业上也许是好的，用在亲密关系中也许就是悲剧。

Coco 对我的观点深以为然，她向"逆袭男"转告了我的话。随后我就接到了"逆袭男"的电话，简单的开场白后，我说："你只有在亲密关系中重新审视自己，才能避免将旧模式带入新的亲密关系之中。"

"逆袭男"很客气，口头上对我的话表示认同，接着话锋一转："我还是希望你能帮我追回我的前女友。"

我说："我们的目标不同，你付多少钱我都不会帮你做这件事儿。况且我对这件事儿也没有十足的把握。"

"逆袭男"说："好吧！那我找情感挽回公司。只要支付 4999 元，他们就会接单，也许他们能帮到我……"

挂了电话我在想：学不会游泳，老换游泳池有什么用？看似一段简单的分手，背后隐藏着不为己知的人格模式。

我致电 Coco："我很抱歉，帮不到你的'高端'客户，他要找情感挽回公司，只要花 4999 元就能把女友带回家……"朋友说我现成的钱不赚。我说请不要用商业思维去衡量一个心理专家，添了些白发之后我更相信缘分。能遇到我的，我能遇到的都是缘分，天助自助者，我不强求！我尊重我的职业，不会为了那点散碎"银子"任人差遣。

"逆袭男"体会不到前女友的内心独白：当我决定离开你时，已是蓄谋已久，你对我的好都是控制，都是对我的伤害。虽然这种控制常常化装成爱的模样。

三无好色的男人
大多是危险动物

导读：

男人的胸怀要大一点，不要总是鼠肚鸡肠地怀疑女人对你有所图。有所图代表你还有些价值。人人都想过好日子。一个女人要么看中你的颜值和气质，要么看中你的财富和地位，要么看中你的学识和教养。一个女人爱上一个一无是处的男人，就像中六合彩的概率一样低。

那天，跟栏目组到市郊，为一个45岁的未婚男性相亲。摄像师昌爷架好三个机位，开机。

我问这个其貌不扬的中年男人，为什么到这把年纪了还不结婚。他娴熟地给我讲起情史。两段情史很相似，俩女孩都比他小十几岁，都刻骨铭心，爱得死去活来……对于第一段恋情，他一带而过，对于第二段恋情，他描述得尤为详尽。

他比那个女孩大17岁，相恋3年分手。女孩跟他分手后，他极度痛苦，用了很多年才走出这段感情的泥潭。所以，这也成为他解释自己人到中年还没结婚的原因之一。

他在33岁时认识了这个女孩，相互吸引，最终俩人在一起了。说到这，他似乎突然意识到，在他33岁认识女孩的那年，女孩的实际年龄应该是16岁。他很尴尬地改口说自己记错了，应该是在35岁认识了女孩，那年女孩18岁。看吧！记忆乃是现实的重构。

这个细节还是被我捕捉到了。在我多次询问之下，并且答应他不会播这段话，他才说那时女孩的确是16岁，言语中带着睥睨一切的傲娇……

他傲娇的眼神让我不爽，不由自主地搜索着记忆里有限的法律印记，脑电波火花四溅……未成年人！这有什么好傲娇的！这是赤裸裸的犯罪啊！

他们在一起，过了三年同居生活。据他说，他俩的爱情甜蜜。他溢于言表的兴奋之情，似乎在告诉我，他那三年天天是靠饮用爱情的甘露活着的，甜蜜得一塌糊涂，幸福得无以言表。

他对女孩样貌的描述，让我脑海里浮现出一些仙女、妖女和美女的样子。毛嫱、西施、昭君、七仙女、白娘子？反正我也没见过仙女，任他可劲儿地吹吧！

突然，我回过味儿来了……一不留神差一点被他催眠了。他不是在夸前女友长得俊，而是在说他自己有魅力。我听到了他的心在呐喊："我这么有魅力，你们赶紧给我介绍女朋友吧！"

女孩们要警惕，无颜、无钱、无才，还好色的男人都是危险动物！

那时，他跟女孩在市区开一家足疗店，他说他们之间唯一的分歧是他痴迷炒股到了不能自拔的程度，对店里的生意置之不顾。女孩一次次劝他不要炒股，可他是个有赌徒气质的人，想在这场博弈中成为有钱人。

眼见着40万股本变成了5万，他才铩羽而归，被迫从股市撤出。女孩拿着剩下的5万块钱，一去不复返……

他像疯了一样找她，浑浑噩噩地度过了好多年，直到现在他还恨女孩卷走了他的钱。这是我最瞧不起他的地方。一个女孩给了他三年的青春，这是5万块钱能买来的吗？

我问他："你放下了吗？"

他说："不放下，我能上你们节目找对象吗？"

我心想：找女朋友就意味着放下吗？我倒是见过不少为了忘记前任而匆匆进入下一段恋爱的人。

当问及他的择偶要求时，他说一定要找个年轻漂亮的姑娘。我问他年轻到什么程度。他说，要找二十七八岁的单身姑娘，因为自己不成熟，所以想找个年轻的。

爱美之心人皆有之，谁都想自己的伴侣年轻漂亮。但是我不认同他的解释——他不成熟，所以……

我问："二十七八岁的姑娘，比你小十七八岁啊！你何以承受如此悬殊的年龄差距？"

他不假思索地答道："我相信爱情，这还不够吗？这足以弥补两人的年龄差距，是吧？"

听闻此言，我只能保持淡定的微笑，不置可否。

我说："你追求的是神仙眷侣的爱情，这种爱情也许不存在于人类之中，或者只存在于艺术作品之中，而且纯爱的下场都不怎么好。"

爱情不是独立存在的，它一定要建立在现实生活之上，受许多关键因素的影响，包括足够的物质基础、共同的生活目标和价值观。

爱情是一个成熟的人清楚自己内在的需要而产生的动机，并不是像歌里唱的"因为爱所以爱……"成熟的爱是：我需要你，因为我爱你。而不成熟的爱则是：因为我爱你，所以我需要你。

在恋爱之前搞清楚爱情是什么对每个人都极为重要，弄清自己的需要也极为重要，因为许多人错误地把荷尔蒙之下的冲动理解为爱情。化学冲动是本能，当荷尔蒙消退，爱情何以堪？

他告诉我，他目前开了一家30平方米的足疗店，每月收入三五千块钱，有几间农村的平房，我问他："以你现在的经济状况，你能为女孩提供什么？"

他有些愠怒："你的意思是有钱才能获得爱情，没钱就没爱情呗？我虽然没钱，可是我人好啊！我长得年轻啊！

我的按摩手法是大师级的……"

听他的语气,爱情好像是他一个人的专利。找个比自己小十七八岁的姑娘难道仅靠爱情?难道只有老男人才能给年轻女孩爱情?颜值、身材、财富、事业、学识、气质等,男人总得占上几样。他还真是人到中年依然不成熟。

一个自信的人固然值得称道,但盲目的自信就是自大,自大之下的认知是扭曲变形的,他根本看不见自己的真实状态。

当你以一个外在的"假我"面对这个世界时,现实会给你一点儿颜色看看。它不会给你讲道理,它只会一巴掌把你打翻在地,然后对你说:"小子,学着点!"

他的两段恋情都是爱得昏天黑地、你死我活,每说到此处,他的眼神里都充满无限向往……也许这样的刺激会让人成瘾。

观其肢体语言,他口中的"放下",不过是想换个女主角继续演这场戏罢了。

我问:"你们在这三年爱得死去活来的爱情中,对未来有规划吗?"

他说:"从来没想过未来是什么样子的……"

斯坦伯格把只有亲密、激情却没有承诺的爱情定义为"浪漫爱"。浪漫爱可以在短时间内维持关系,像是学生时代的爱情,不求结果,毕业后就各奔东西。

我对他的质疑引起了他的愤怒和不耐烦，他厉声对我说："如果我有的是钱，我还用找你们吗，不知有多少姑娘会排着队找我？有钱人的人品有我的人品好吗？"

这句话恰恰反映了他真实的想法，其实他不是不懂爱情和生活的关系，不是不知道爱情理应建立在生活之上。他只是没有足够的心理能量和能力去创造生活，所以为了自欺，编织出让自己都信了的如童话一般的纯爱。

我反驳道："你以为在我们这个电视平台相亲的人都是没钱的人吗？从身家几千万的房地产商到金领海归，年入百万的牙医……难道你没看见吗？有钱人对于爱情就可以不劳而获吗？谁说有钱人的道德和人品就比没钱的人差？假如两个人品相当的人，一个有钱，另一个没钱，谁能更容易获得爱情？"他沉默了。

金钱跟道德的关系并不是对立的，也不代表穷人在人格和道德层面就比有钱人高一等。某些穷人总是把自己的穷合理化，最简单的方式就是冠以钱恶名。

没有未来的爱情就如镜中花，水中月，没有共同信念支撑的爱情脆弱不堪。有的人就是这样，以为爱情就是生活的全部，所以他们在失去爱情的同时会失去事业、生活和人际关系。成熟的人只会将爱情视作生活的一部分，而不是全部。

有人说爱情是奢侈品，在我看来它一点儿也不奢侈。

它就像烹饪美食时的作料,它可以让这道美食变得更美味。但是如果将爱情这个作料当主食来吃,不但会毁了你的味觉,还会毁了你的生命。

也许是因为我的几番诘问,也许是因为他的价值观过于另类,前来跟他相亲的女士几欲起身离开拍摄现场。在我与编导璐璐再三劝说之下,她才答应留下来继续拍摄。

结果可以想象,俩人自然是一拍两散。女士在接受单独采访时也毫不隐讳地说无法接受这样的爱情理想主义者。

第二场相亲安排在市区,在回来的路上,我跟他有过一番谈话。我告诉他,必须改变认知中一些不切合实际的地方。首先要对自己有个客观正确的评价,再根据这些评价调整自己的择偶标准,才能提高成功概率。否则,相亲一百次也不会找到合适的人。他满口答应。

第二位女士36岁,离异,有一个10岁的女儿。这个年龄的女人对他来说就是一场噩梦,他把这个年纪的女人称作"老女人",是他坚决不能容忍的。

两人见面后,他问编导:"这就是你说的'80后'?"

没等编导回答,女士抢先道:"对!我是1980年的。"

有些人说话总是不合时宜,让听者不舒服,自己却浑然不觉。但是我没想到,我在车上的那段话对他起到了作用。他全盘接纳这个"老女人"以及她的女儿,也可以放弃自己先前想要一个自己的孩子的想法。

当谈到双方收入时，情况急转直下。"老女人"在外企做CFO（首席财务官），收入是他的四倍还多。"老女人"说："我如果跟你在一起，我怕我的生活质量会下降，也许我要拿钱来补贴你……"

"老女人"的一番话伤了他的自尊，他变得语速极快："我是大师级的按摩师，我未来三年要将我店面的面积扩大十倍，我是一个没结婚的小伙子，我视金钱如粪土……"

随后，他拿出一摞照片和类似证书的证明材料。"我曾入围'感动城市十大人物'，我为敬老院的老人义务服务。看，这是照片！"

他不明白，公益善举可以证明一个人的部分品质，却并不一定能成为相亲的筹码。他又回到了自己逻辑的怪圈，爱情有时跟人品没什么逻辑关系。尽管有人说："我们彼此相爱，就是为民除害。"

保不齐就有那种侠义的女孩，专找人品不好的男人为民除害。第二场相亲就在唇枪舌剑的辩论中无果而终。

他愤愤地说："现在的女人太现实、太物质了。"

我说："你还是不了解女人，她们一点儿也不物质。她们只是通过物质来看一个男人的能力。哪个女人不想嫁给爱情？"

我在电视栏目中不止一次地表达我的观点："男人的胸怀要大一点儿，不要总是鼠肚鸡肠地怀疑女人对你有所图。有所图代表你还有些价值。人人都想过好日子。一个女人要么看中你的颜值气质,要么看中你的财富地位,要么看中你的学识。一个女人爱上一个一无是处的男人,就像中六合彩的概率一样低。"

自恋不是你在朋友圈发几张自拍照,而是你认为全世界的人都爱你,你一抬腿全世界都要给你让路。

钱不是万能的,没钱就像困兽犹斗,可总有人把钱跟道德对立起来。钱本身是不善不恶的,是人性把钱的属性一次次改变。

非要给钱冠之以恶名,大概就是酸葡萄心理吧?

你是不是被
《左先生和右先生》骗了?

导读:

前一阵朋友圈里的《左先生和右先生》刷了屏,不知道哪儿来的梗。疯了似的转,肯定有它的道理。至于道理是什么,我们暂且不急着去讨论,先看看它到底是什么。

你不觉得《左先生和右先生》很有意思吗?比如在和朋友旅行时,左先生会说:"出门在外,要好好照顾自己。"右先生会说:"钱够不够用?我已经记下你的航班号和酒店地址了。你打车前要记得拍一张车牌号给我。到了之后报个平安。"

对比反差越大,越可以给出带有倾向性的选择,而且是唯一的选择,这就是催眠。被催眠的人会认为:那是理想、完美,是亲密关系的终极目标。

这就像给出你两个选择:捅你一刀和扇你一耳光,你选哪个?傻子都知道两害相权取其轻的道理。打完这一耳光你还会感恩,而且会说这就是你需要的。

看似好玩的《左先生和右先生》,不知颠覆了多少未婚女子的价值观，又不知道有多少男子要从这里学习一点儿套路。

然而，生活是鲜活的，不是套路，更不是设定的场景。活生生的人际关系，特别是亲密关系里一定存在着矛盾和冲突。我常说："只有在亲密关系里，才能照见最真实的自己，才是自己成长的最佳时机。"

现代的婚姻制度建立百年以来，历经了时代变迁。

女性的社会地位越来越高，经济越来越独立。当传宗接代的观念越来越淡漠，很多人对婚姻的依存度变低了。在这样的背景下，许多人放弃了自己的精神成长，一味地等待那个能顺应自己的人出现。

在写这篇文章前，恰好与一个未婚的朋友探讨婚姻。她说起自己和同龄女孩们的困惑，整场谈话充斥着对婚姻的悲观情绪。

《左先生和右先生》就是在这样的时代背景下诞生的。说得严重点，它坚定了放弃成长和守株待兔的那批人的信念。

别以为这个世界对我们有所亏欠，你想要谁便会遇到谁。

左先生和右先生，搅乱了心智不成熟的姑娘们的心绪，当然还包括一些已婚女性的心。如果拿自己的伴侣对比这个人为制造出的"右先生"模板，顿时就会让自己的心情黯淡下来。心智成熟跟年龄有关，但这不仅仅是一个年龄问题。

一些自恋的姑娘，会放大自己的优点，或者臆想出自己带着光环，找的男朋友都应该是英俊暖男，既有钱又有闲，就像是那些都市剧里的男主角，然而这或许仅仅是一个白日梦而已。

《左先生和右先生》让她们心潮起伏。她们转发着，评论着，诉说着自己狭隘的认知。她们似乎想尽力说明点什么。

时间对所有人来说都是宝贵的。有大把时间的人哪有什么正经事可做？忙的人，没空玩套路。

然而，在一个封闭的、模糊的、没有给足各种要素的场景里，你如何能看到真实？只能看到朋友们一边倒地呐喊，嫁人就嫁右先生……

如果右先生貌如武大郎呢？如果右先生追到你后变了脸呢？如果右先生月薪两千呢？如果右先生是一个伪君子呢？如果右先生是一个人贩子？如果右先生的 N 种变量都是未知的……

幸福是通过不断地提高觉知力和对生活的主动性获得的。不要以为主动性是人人都有的。主动性是人类身上极为罕见的资源，因为主动性跟人性是相抵触的。所有的生物体都习惯于应激反应，换句话说，有了外界刺激才会做出相应的反应。

这些年来，我判断心灵鸡汤和心灵毒汤的方法很简单，那就是看它的内容最终是教会你自我成长还是外求于他？是反躬自省还是对别人鞭挞？不用将《左先生和右先生》放到我的"天平"中称量，我都知道它是一碗毒鸡汤。

所以，我要出来泼一盆冷水，让那些头脑发热的人清醒一下。有评论转发的工夫不如去克服人性中的弱点，提升自身修养，主动为自己的幸福和未来做点儿事。

一切观念皆是偏见，从某种意义上来说，《左先生和右先生》其实是一个情商和智商的测试。其实《左先生和右先生》体现了一个男人在恋爱中的不同阶段，其实没有其实……

情人节，
我把这份礼物送给你

导读：

在情人节的前一天，好几个朋友，要我写点东西。他们说，特别想看我写点儿反情人节的东西。他们一厢情愿地将我冠以自带"毒舌"属性的"反鸡汤斗士"的称号。其实，我不大喜欢这个称呼。都鸡年了，得给鸡点面子，反啥"鸡汤"啊！再说"鸡汤"和"反鸡汤"的文章从本质上说，根本没什么区别。

不管是情人节还是其他节日，人家爱过就过呗。在这个多元化的社会里，只要不违法，符合道德、伦理的行为都是被允许的。我可不会傻到吐槽情人节，最后被人说年纪大了嫉妒年轻人。

我对情人节根本没啥经验。我自知不是一个浪漫的人。虽然在工作中，我要天天面对痴男怨女，为他们解读情感，指导婚恋问题，给他们疗伤。虽然我也在媒体上撰写情感专栏，在电视台的相亲栏目中做点评专家，但当自己置身情感中就成了白痴。

我说没啥好写的，一个朋友建议我可以瞎编啊！比如写一篇《情人节跟我约过的那些女人》，这些年轻人口味很重，除了骂他们脸皮厚之外，还能说啥？

去网上搜了一下"情人节"的起源，众说纷纭：

情人节是为了纪念罗马教士瓦伦丁，这是其中一个普遍的说法。据《世界图书百科全书》（*World Book Encyclopedia*）记载："在公元270年，罗马皇帝克劳狄乌斯禁止年轻男子结婚。他认为未婚男子可以成为更优良的士兵。一位名叫瓦伦丁的教士违反了皇帝的命令，秘密为年轻男子主持婚礼，引起皇帝不满，结果被收监。据说瓦伦丁于2月14日被处决。"

《布鲁尔的警句与寓言辞典》记载："瓦伦丁是一个罗马教士，由于援助受迫害的基督徒而身陷险境，后来他归信基督教，最后被处死，卒于2月14日。"古代庆祝情人节的习俗与瓦伦丁拉上关系，可能纯属巧合而已。事实上，这个节日很可能与古罗马的牧神节或雀鸟交配的季节有关。情人节的特色是情侣互相馈赠礼物。

《天主教百科全书》（*The Catholic Encyclopedia*）指出，公元496年，教宗圣基拉西乌斯一世在公元第五世纪末叶废除了牧神节，把2月14日定为瓦伦丁日。这个节日现今以"圣瓦伦丁节"——情人节的姿态盛行起来。但是在第二次梵蒂冈大公会议后，1969年的典礼改革上，整理了一堆在史实上不确定是否真实存在的人物以后,圣瓦伦丁日就被废除了。现在天主教圣人历已经没有圣瓦伦丁日(St. Valentine's Day)。

历史太久远,我们根本无法考证"情人节"的真正起源。其实我是支持年轻人过"情人节"的,因为每年情人节是春天到来的时节。

春回大地,万物复苏。人类的情感也要符合时节的变化。情人节就是一个很好的时机,让你有充分的理由示爱。

节日会给人带来仪式感,而仪式感会在人的心中留下坐标。人不就是依靠这些我们用文化构建起的坐标勾勒人生嘛!

下午,报社记者小周打来电话,说有一份国内某婚介机构做的有关情人节的调查报告,要我解读。她援引这份报告的数据提了几个问题。

我印象最深的一个问题是:"调查显示,男生过情人节的人数明显多于女生,虽然他们并不想过这个节日,但是他们会花很长时间准备,这是什么原因?"

其实我觉得这还是男性思维跟女性思维的差异问题。男性思维偏重于理性,根本不想被繁文缛节束缚。而女性思维偏重于感性,她们会在一些感性的行为中衡量自己在亲密关系中的位置。男性被社会文化教化:必须变得感性才能更接近女性。从进化心理学的角度来说,这是生存的需要。

所以女生们要明白,一个男生要鼓足多大的勇气才会跟你过有仪式感的情人节。无论他送你的礼物是否符合你的心意，无论他的表达听起来有多么拙劣……作为一个资深老男生，我可以很负责任地说，他是用尽了心理能量的。

他们冒着被拒绝的风险，用自己最不擅长的感性表达，向你示爱。当然，你可以拒绝，但请先道谢，然后再委婉拒绝。

其实，每个节日对不同的人来说都是有不同意义的。突然想起我的一个朋友，每当过情人节就像过清明节。原因很简单，他女朋友在2月14日那天跟他分的手。

去年情人节他找我吃饭，他喝着闷酒不说话。我跟他说那事儿都过好几年了，就让它过去吧！他说时间是最好的药，总有一天会药到病除。

我说时间哪是什么最好的药。说时间是药的人都是在自欺欺人。时间最多是麻药，它不能让你摆脱痛苦，只能让你麻木不仁，与自己渐行渐远。唯一的药是直视内心，看它血淋淋的样子，再亲手缝合它。

听我说完，他点了一支烟，抽完，干了剩下的酒，起身，一声不响地走了……

我们随着时光的脚步，一路奔走，渐行渐远。大多数人的幸福跟痛苦一样多。有时你看到那些比你幸福的人，只不过是因为他们会放大自己的幸福而已，而你只能看到自己的不幸。那些坎坷与伤痕，让一些人学会了伪装，让一些人学会了成长。

他在今年的情人节没约我喝酒，只给我发来一段李宗盛的那首《山丘》。还是那个旋律，还是那熟悉的歌词，听起来却有不同的感受。像上次喝酒，他悄无声息地离去一样，我没有回应。我知道他重新上路了……

年轻真好啊！可以为爱痛苦、流泪、辗转反侧……待你成熟后也就看淡了，看淡了也就老了。

王朔说："说得再多也掩饰不了我这个老男人对青春的羡慕"嫉妒"恨，不过唯一让我欣慰的是你们也不会年轻很久。"

我要奉劝你们，知道自己要老去就赶紧去爱、去恨、去痛苦，别等到老了再后悔。

一次饭局，朋友跟我开玩笑说："我们只在朋友圈或媒体上看到你的情绪起伏。在现实中你是怎么做到心如止水的？见到美女你怎么连眼皮都不抬？简直是寡淡无味……"

我说年轻时心中的那头小鹿总是乱撞，现在那头鹿可能已经撞死了吧。对于我的回答他们并不满意，我只好伪装"文青"，拿出我曾经写过的一段话念给他们听：

青春期的荷尔蒙就像是一条上蹿下跳的野狗，在我身上，在姑娘的胸膛和她们的美腿、长发之间来回翻滚……而今鬓已成霜，眼眸混沌，我还在，野狗却不知所踪，已坐怀不乱矣……

此时，一个人站起来："来！为那只野狗干杯……"

情人节，你想起了哪个前任？

又是一年情人节，每逢佳节倍思亲哪！你还记得跟多少前任过了多少个情人节吗？每到情人节这一天，你会想起谁？你在不懂事时，伤害了别人。等你成长后懂事了，别人又来伤害你。爱情啊，究竟是个什么东西？

作为一名心理医生、作家，我想我是有义务和责任去拯救那些徜徉在——哦，不，应该是挣扎在千尺浪高的爱河里的痴男怨女们。

原因很简单，我几乎每天都会遇到来向我寻求帮助、在爱河中呛了水苦苦挣扎的红男绿女们。他们大多不懂如何去爱，或用力过猛，或力道不足。

于暗夜中，为作光明。于失道者，示其正路。爱河千尺浪，苦海万重波。我真的愿意做你们爱河里的那座灯塔，为你们指明彼岸，让你们少走些弯路，也少受些伤害，算是为自己积点功德吧！

在这个情人节里，请原谅我不知天高地厚地给你们三个关于爱情心理学的锦囊，请谨慎收好。

一、爱应无畏，但必须要把激情置于理性的思考之下

孤独感和激情往往会将人推进一段没有结果的爱情。它们会让恋爱草草开始，又匆匆结束。所以，非常重要的一点是，当你对一个人产生爱慕的时候，必须让自己的心安定下来，不能让情绪牵着你走。

然后，你要思考两件事：第一，他/她是不是你真正需要的人？这世上没有无缘无故的爱，你必须想清楚：你需要的他/她是什么样子的？爱情是一种心理现象，而婚姻则是一种社会现象——充满了琐碎与俗不可耐的一切事物。你要想清楚的第二点是：你是否愿意在今后平淡的日子里，为你们的契约关系义无反顾地付出？

切不可在激情的驱使下去接近一个人。激情状态是受本能驱使的，是一种比较低级的生理和心理反应。如果当激情消退后，发现对方不是自己想要的人时，你就无法接受对方了。分离的痛苦会对双方都造成很深的伤害。

"无畏地去爱"的前提是做到自知和知他。所以我极不主张在一段情感中快速进入状态，而是应该游离在情感圈的边缘，去审视自己真实的需要，同时观察对方的性格以及他/她在和你交往的过程中展现出来的一切人格特质。

慢热的人通常不容易进入一段感情，但进入一段感情后，却可以保持长久的关系。因为深思熟虑和得来不易的东西才会被人珍惜，而不会轻言放弃。

这个时代，什么都可以是快餐式的，唯独感情不可以。否则不是在一次次情感经历中变成浪子，就是不再相信爱情。于是我们看到那么多人变成爱情的杀手。而这一切，我们都是始作俑者。

二、在情感中你要像登山一样学会"高攀"

在真正的爱情中，应该是双方都有一种自己配不上对方的感觉。尽管有这种感觉，但你也要努力克服，去大胆追求。

因为无论"男神"还是"女神"，其实都是被我们的自卑感神化了。你眼中的"男神"或"女神"只是一个普通人而已，当你把脸斜成45度角观察他/她时，就掩盖了他/她普通人的那一面。

只有这样你才能有动力去提升你自己，以期达到对方理想的状态。人总是会成长的，需要用发展的眼光去看待自己。如果一开始就将就一段感情，那么你在得到成长后，自然会觉得对方无法与你相配。许多亲密关系就是这样走向终结的。记住，对方值得让你成为更好的自己，这样的感情才能够历久弥新。

三、进入亲密关系后应该保持的态度

请处于恋爱中的人们无所畏惧地去爱，因为真正全身心地投入爱中、奉献爱的人,是不会受到伤害的。然而现在很多人都吝啬地付出爱,生怕吃了亏,总觉得爱需要等价交换,心中打着小算盘,暗想:"凭什么是我先付出?"

要知道,只有那些在亲密关系里吝啬付出、被动接受爱的人,在失去爱时才会长久地陷入丧失的痛苦之中,难以自拔。他们在被动接受爱的时候,心理状态实际上是处于婴儿时期,他们会觉得拥有对方的爱是理所当然的。

你会发现,真正毫无保留奉献过爱的人,在失去亲密关系时不会有太多的纠缠不清,他们会如释重负,毅然转身奔向未来。所以请全身心、无畏地去爱一个人,因为你不但没有所失,还会有所成长。学会爱一个人,是对自己的反哺。

另外,两个成长背景不同的人在相互融合的时候一定会产生冲突。请提前做好吵架的约定,至于如何约定,决定权在你们自己。

记住,没有人跟你是天生合拍的。所有妥协的背后都有底线,不要轻易做出试探对方底线的行为。强试则灰飞烟灭。

关于爱情,我这里有"二十一条军规",今天就写三点吧!写多了,你们也记不住。明年今日,再给你们三个锦囊。

絮絮叨叨至此,可以回答开篇所提出的问题了——爱情啊，究竟是个什么东西？

其实爱情不过是你对婴儿时期母爱体验的回溯和延伸。请学会做彼此的父母和孩子。

此时此刻，请看着对方的眼睛，彼此叮嘱"我们相爱，是为了为民除害。"唯有如此才会天长地久，死皮赖脸地讨厌着且离不开对方。

此时，我忽而想起李清照写给远方的丈夫赵明诚的一首词，在此献给你们：

醉花阴·薄雾浓云愁永昼

薄雾浓云愁永昼，瑞脑消金兽。

佳节又重阳，玉枕纱厨，

半夜凉初透。

东篱把酒黄昏后，有暗香盈袖。

莫道不消魂，帘卷西风，

人比黄花瘦。

给你们看诗词干吗？这是"诗词鉴赏大会"吗？不是！如果能读懂这寥寥数十字的词，你们真的不需要心理医生，当然也不会有情感困扰了。可惜读懂者寥寥。

人在经历相同的情感过程中，也会产生相似的情感反应。尤其是在一段情感中，欣喜、思念、压抑、爱而不得等一系列情感会在短时间内一股脑地呈现在我们眼前。大多数人都会经历这样的情感冲击，从而在以后的岁月中逐渐将这种感觉变淡。于是，老之将至，不再起心动念，而是在回忆里了却残生。

在这个万家灯火、酒店爆满的日子里，有些人一定会思念那些伴其度过夜晚的前任们。为了你们的情人佳节，本人熬灯废蜡地写了两千多字，以期让诸位的精神在回忆中达到高潮。

一个学生看完文章后问我："老师，好马不吃回头草吗？"我想，他可能是思念前任了，于是回答他说："关于畜牧业的问题我不太懂，我要是那匹马，得看草是不是榴梿味儿的……"

对于正常与非正常的几点思考

导读：

求助者带着问题来找我们，是把问题视为不正常，我们并不是要粗暴地改变这种不正常，而是要将他的问题解构后重新赋意。对求助者而言，我们的一个小举动也许会成为那个撬动地球的支点。

这个身材魁梧的中年男人，坐在我面前，一脸阴霾，声音低沉，以至于我要多次提醒他声音大一点儿。他慢慢地跟我说起自己的怪癖！

"我一见到披麻戴孝出殡的场面就会产生性兴奋。我在自己家里时经常穿女性内衣，并且常常把自己装扮成披麻戴孝的女性，甚至强迫自己的妻子也要在家里披麻戴孝，只有这样才能让我感到那种兴奋……"

我问："你是从什么时候开始发现在这样的情形下，自己会产生这种心理和生理变化的？"

答曰："是从十二三岁时开始的吧。"

我问："想必你自己也在网上查过相关资料吧。"

答曰:"查过,这叫异装癖。"

我不置可否,接着问道:"多久会异装一次?"

答曰:"几乎天天,我很痛苦!"

我问:"不借助异装行为能完成性行为吗?"

答曰:"完全不行。"

我问:"在跟你妻子异装的过程中有性虐行为吗?"

答曰:"有,但不厉害。"

名词解释:什么是异装症?

异装癖,又称异装症(Fetishistic Transvestism),即异性装扮癖,在《疾病和有关健康问题的国际统计分类(第10次修订本)》中被称为恋物性异装症,是恋物症的一种特殊形式,表现出特别喜爱异性衣着,反复出现穿戴异性服饰的强烈欲望并付诸行动,由此可引起性兴奋和达到性满足。

异装症从有时穿戴一两件异性服装开始,直至完全的异性装饰打扮,一般始于童年后期,且至少在初期与产生性唤起有关。患者性身份辨识没有问题,对自己的生物学性别持肯定态度,并不希望成为异性,并且其性定向也正常,是指向异性的,而只是性行为的方式异常。

从心理治疗的角度来看这当然是不正常的,可是当事人的痛苦来源并不是异装行为本身,而是与正常模式的对比。说白了，就是与大多数人满足性需求的方式不同所引起的焦虑和痛苦。

我常常在想，真有正常与不正常这回事儿吗？如果大多数人都身着孝衣完成性行为，那么穿孝衣发生性行为的人才是不正常的。仅凭多数与少数来确定是否正常，这样是否过于片面？

很多时候，貌似科学的常识只是某种臆想。

性是一种文化，文化是多元的，所以性也是多元化的，它怎么可能只有一种表现形式呢？人类的性不单单是物种延续的手段。如果它的功能单一到仅仅是为了繁衍，它也就不会被加上文化的后缀了。

其实我想说的是，我在自己的执业经历中，"分辨心"越来越少，越来越感觉到自己的无知。在我眼里"不正常"的事也在变得越来越少。基于这样的价值观变化，心理治疗方式也在逐渐发生改变。

2010年夏初，我接到一个求助电话。一位年轻女性哭哭啼啼，急迫地想见到我。半小时后一对长相标致的情侣走进我的办公室。寒暄一番后落座，姑娘忍不住又抽泣起来。男的垂头丧气的，像犯了天大的错误。

我开口问道："发生什么事情了？"

她不说话，我指着坐在她旁边的男人问："他出轨了？"

姑娘厉声说道："要是出轨就好了！比出轨还严重！"

事情的起因是这样的,早上姑娘去上班,下楼后发现手机丢在家里。于是折返家中,打开门的一瞬间她惊呆了。她不敢相信自己的眼睛——男朋友穿着一套性感的女性内衣对着镜子孤芳自赏……

姑娘哭道:"本来打算10月份结婚,现在这婚还怎么结?!"

我突然有点儿憋不住想笑,我问她:"你们俩的性生活怎么样?"

姑娘回答:"我觉得还好吧!"

我接着问:"你刚才说10月份没法结婚了,是什么意思?"

她脱口而出:"我怎么能跟一个'性变态'结婚!"我的内心震颤了一下!这姑娘真牛,我都没敢下诊断,她给诊断了。

我话锋一转问道:"哎!姑娘,你有没有洗完澡穿男朋友的衬衣出浴的经验?"

"有啊!"她回答道。

我接着问:"一个女人穿男人的衣服,你不觉得变态吗?"

她回答:"怎么会,这多正常!"

有时候,我们真的不知道为什么会强烈反对一件事或一种观念。其实处理这种个案对我来说并不难,根本不用心理学来解读。从社会学的角度来说，这个姑娘是一个典型的男权主义者，她在无意识里根植了男权主义的意识。她认为女人是男人的从属，女人穿男人的衣服是天经地义的事，而男人要顶天立地，不能像一个女人，否则就是变态。我认为她分明是用自己男权主义的思想歧视女性。

我跟男的说："你今天不用上班吗？"

男的弱弱地说："发生这样的事，我还怎么去上班？"

我说："你可以走了！你女朋友留下。"两人面面相觑，表情惊异，眼珠子差点儿掉地上，不过还是迟疑着照我的话去做了。

男的离开后，我与这个姑娘做了如下对话：

我："你们的性关系和谐吗？"

她："其实不太和谐，他在那方面要求的比较少，基本上都是我主动。"

我心想，男的通过异装方式满足性需求，自然就不会在两性互动中主动要求了。偷偷摸摸做的事更能引起性兴奋，从这个意义上讲，偷情跟偷着异装给人带来的性兴奋感没什么区别。我在心里假设，将一个人的性活动引入两人的性关系中，也许"问题"就不是问题了。

我试探道："如果他在你们的性生活中异装，你怎么看？"

她："我没想过，但是我觉得我应该能接受吧。可能还会挺有乐趣的……"

我笑道:"OK,我想你应该知道怎么办了。"

心理咨询中谁才是真正的求助者?有的时候我们不经意之间就被来访者催眠。

当我去给某心理研究会的心理咨询师做案例督导的时候,我将这个案例拿出来让在座的每个人确定谁是求助者,应该"治疗"谁时,多数人都觉得这个男的有病,应该治疗他。所以作为心理从业者,如果思维方式还停留在与来访者相同的水平上,怎么能有效地帮助来访者呢?

心理动力学认为:异装癖的形成原因是个体在性发育的过程中,性心理发育受阻,固着在童年唤起性冲动的那些条件之中。露阴癖、恋物癖等有关性心理方面的障碍基本上都跑不出心理动力学的理论框架的假设。这可不是我信口雌黄,在潘光旦翻译霭理士著述的《性心理学》中我看到了以上的言论,并且也在工作实践中得到了验证。

神经语言程序学中有个心锚的概念,我理解的异装癖其实就是童年的心锚使然。怎么理解心锚呢?举个例子说:你跟你女朋友分手是在下雨天,随着时间的推移,你已经记不清当时的情景了,但每当下雨的时候,你总是莫名的不爽。分手跟雨天的结合就形成了心锚。

行为主义心理学流派称心锚为条件反射。既然知道心锚是如何形成的,我们反推不就可以去除心锚嘛!比如将一件好事跟雨天绑定。

在催眠疗法中常用这一招：通常催眠师通过暗示会将被催眠者导入一种良好的状态，然后在他的身体上设置一个"开关"（也许是用力捏了被催眠者的胳膊一下）。当出现不好的状态时，他只需启动这个开关就会获得当时在催眠状态下的良好感受。就像我讲述的那位中年大叔，他就是在童年的时候把性兴奋的心锚抛在了披麻戴孝里，拔不出来。

其实各种学术流派对心理现象的解释就像老子在《道德经》里说的"同出而异名"。看上去很复杂的心理现象本质上没有那么玄妙，是我们的那颗复杂的心让简单的事变得复杂了。

我上中学时，读过《福尔摩斯探案集》，至今还记得福尔摩斯对助手华生说："看上去很复杂的案子本质上其实很简单，而那些看上去很简单的案子背后往往隐藏着巨大的阴谋……"有时候在工作中，恍惚间我有一种做侦探的感觉。

当然，在性的活动中是否改变，如何改变，抑或是接受现状，都应该是当事人的自发选择。职业精神应该建立在人本主义的基础之上，而不可以用专业知识界定什么是正常或是异常。

从某种意义上来说，我们应该帮助那些深陷心灵沼泽的人"正常化",在后现代心理治疗流派的焦点解决短期治疗(SFBT)中称其为"一般化"。

求助者带着问题来找我们,是把问题视为不正常,我们并不是要粗暴地改变这种不正常,而是要将他的问题解构后重新赋意。我们的一个小举动对求助者而言也许会成为那个撬动地球的支点。

这篇文章讨论的话题似乎有点儿重口味,也许会引起部分读者的不适感,在此我真诚地向读者道歉。如果愿意的话,我要你去思考一下:为什么这样一个话题会引起你的不良感受呢?你是否在压抑某些欲望和情结呢?

面对抑郁症，
你能做的不只是唏嘘

导读：

很多人不了解抑郁症，对抑郁症有误解，从而对周围的抑郁症患者采取了不正确的应对态度，即便是出于善意，但在某种程度上其实反而加重了对方的苦恼。澳大利亚作家格雷姆·考恩说："抑郁带给人深入骨髓的绝望，却也可以是一份上天恩赐的礼物。"

每当我们看到因抑郁症选择离世的名人，总会唏嘘不已。可是有几个人真正了解抑郁症呢？我们唏嘘的是生命的脆弱。有谁能想到抑郁症离自己很近呢？

抑郁症实际上就是一种在近年来肆虐起来的"流行病"。有些抑郁症患者因为羞耻感而拒绝治疗。"病耻感"已成为阻挠抑郁症治疗和康复的最大障碍。

我看到有人在朋友圈发这样的内容：只有好人、善良的人、小资的人才会得抑郁症。这是一种误解，其实任何人都有可能得抑郁症。与其他心理障碍相比，抑郁症的传播相当广泛。

抑郁症并不是单纯的心情不好,也不是遇事后的沮丧,更不是失恋后的情绪不良。

它就像一只怪兽,让人感到彻骨的寒冷、快乐的丧失和求死的欲望。它的出现让人猝不及防,让人陷入长期的焦虑、自责、无助或绝望之中,严重者会有自杀的念头。

一个得抑郁症的人到底有一个怎样的灵魂呢?患者脑中的大石疯狂生长,出现睡眠障碍,终日浑浑噩噩,如行尸走肉,理解力、记忆力和注意力开始明显下降。

轻度抑郁症,就会让人受困于极大的无力感,重度患者更是步履维艰地走过抑郁伴随的每一天。

其实抑郁症常常会被误诊为脑供血不足或神经衰弱等一般问题。许多人误认为只要作息规律、膳食均衡、适量运动,抑郁的症状就会得到改善。其实这一切都是徒劳的。

许多患者无论睡多少个小时,都睡不饱,脑袋始终昏昏沉沉,就如同熬夜到三四点时的模样,哈欠连天,随时随地都能睡着。真要睡觉的时候,患者又会辗转反侧,许久方能入睡,且睡眠很浅,一点点儿风吹草动就会惊醒。慢慢地,患者不爱与人说话和交际,因为很累。许多日常习惯为此改变,患者变得没有办法工作,整个大脑的回路就如同被堵塞住了一样,被脑中那块疯狂生长的大石压得有一半的时间只能趴在桌上;每天一进家门,只能躺在床上,动弹不得。

抑郁症患者往往不想见人，不想接电话，不想与人说话，不想出门，就连面对日常生活中简单的事情，患者都觉得苦不堪言。他们开始进入如深渊般的社交困境，手脚也如同被绳索彻底捆缚住了，进入一种轻度的"木僵"状态。这种感觉让人生彻底无望。

很多人不了解抑郁症，对抑郁症有误解，从而对周围的抑郁症患者采取了不正确的应对态度，即便是出于善意，但在某种程度上其实反而加重了抑郁症患者的苦恼。

1. 抑郁症的对面不是"快乐"，而是"活力"。

抑郁症的对面是"活力"，患者的身体被病困住了，人生也如同被困住一样，体内的精力好似被榨干了，导致人生也如同被抽空了。

不要对抑郁症患者说"开心一点儿""想开一点儿"这种话，因为让他抑郁的并非心情，"开心一点儿""想开一点儿"并不会减轻他的病痛，更何况绝大多数抑郁症患者已经失去了"开心、想开"的精神调节机制。

2. 不要以一个人开心不开心来判断他抑郁或不抑郁，这两者之间无法画上等号。

"你整天那么开心，怎么会抑郁呢？"这样的判断是对抑郁症彻底的误读。

3. 抑郁症是一种病。

抑郁症不是一种悲观失落的心情，不是矫情，不是故作姿态，而是管理情绪的机能坏掉了，是大脑中无法分泌出有活力的因子。

所以不要对抑郁症患者说"你有啥可抑郁的，我才抑郁呢？"这种话，因为你不曾感同身受。

4. 是病就要吃药。

一些轻度抑郁症患者自己熬着熬着就熬过去了，但对于绝大多数抑郁症患者来说，扛不是解决问题的办法，讳疾忌医只会延误病情。抑郁症不是一种可以用意志与之对抗的疾病。

5. 抑郁症的外部表现非常复杂。

悲观低落的心境固然是一种症状，但更多的时候抑郁症还会通过肢体的症状表现出来，比如头昏、乏力等。所以千万不要以没有心理症状而只有生理症状来否定一个人患抑郁症的可能性。

6. 不要问抑郁症患者"你为什么会抑郁？"。

抑郁症就是一种精神疾病，很多人的抑郁症是无法找到确切病因的，就像癌症患者不知道自己为什么会得癌症一样。

7. 抑郁症患者的情绪控制能力较常人更差。

除了经常不想说话外，抑郁症患者时常会忍不住情绪失控、脾气暴躁。希望大家都能理解。对于这种情绪上的失控，抑郁症患者自己也很苦恼。

8. 不要对抑郁症患者说"这又不是什么好事，有什么好到处说的"。

据不完全统计，11%的人都有不同程度的抑郁症状，这没什么见不得人，诉说会缓解抑郁症患者的精神压力。

用一种自嘲的口吻调侃自己的抑郁症，一方面是在排解自己的压力，另一方面是在直面问题。大家需要知道抑郁症是一种病，不要对它有任何的偏见。

9. 对抑郁症患者而言，即便是轻如鸿毛的精神负担也会带来难以承受的心理压力。

对于抑郁症患者而言，社交活动会带来压力，比如与不熟悉的人聚会；他人的过度关注会带来压力，比如家人对婚姻状况的关切；生活的突然变化会带来压力，比如从小养到大的宠物去世。

抑郁症患者实在没有力气来对抗这些哪怕极度轻微的负面情绪，这些负面情绪会把他推向精神困局的最深处。不要逼他们去做任何事情，安稳的生活环境对抑郁症患者非常重要。

10. 抑郁症患者的孤独与绝望，经常来自外界的误解或轻视。

外界不明白你是真的生病了，而且这种病还很复杂，从而产生许多冷嘲热讽，这会让抑郁症患者本就黑暗的生活雪上加霜。与抑郁症对抗，患者需要的不是周围人的大道理,而是支持与鼓励,再简单一点儿,就是理解与关心。

抑郁症患者要学会找到周围可用的支持系统——亲朋好友。多跟亲朋好友保持联络,置身其中,这对抑郁症患者而言很重要。

澳大利亚作家格雷姆·考恩说:"抑郁带给人深入骨髓的绝望,却也可以是一份上天恩赐的礼物。"

成长篇

一蓑烟雨任平生

不可言说的人性

世间有两样东西是不能直视的,那就是太阳和人性。

古今中外,对人性的解读,莫衷一是。子曰:"人之初,性本善。"荀子说:"人之性恶,其善者伪也。"

马克思把人定义为一切社会关系的总和。弗洛伊德则突出人类原始的性本能,尼采强调权力意志。但最终谁也没有把人性描述得让所有人都满意。人性是一个善、恶、爱、恨的综合体,是一个无形的东西。

大多数人在评价一个人的时候经常讨论人性和人品,可是很少有人想过为什么要在人性这个层面上说事。如果一个人总是在评价人性,其实他根本不懂人性是什么。如果你总是对他人的人性评头论足,那说明你没有能力与那个所谓人性低劣的人打交道,或者说你的人格展现出的某一部分力量不足,根本无法与对方匹敌。这是一种自我防御吗?我想应该是吧。

如果我们滞留在这个层面上评价别人,往往会出现两种结果,即全面接受或全盘否定。这样的思维模式是一种未经分化的儿童思维模式,只能用是非、黑白、对错来描述一个人或事物。一个人如果过于主观就会难以看到事物的本质，世界就少了很多亮丽的色彩。

曾经，我也常常在这样的思维逻辑之下忘乎所以地点评与我有过交集的人，现在想来甚是可笑。人性如此复杂，哪能说得清楚。

通过在人际关系中观察，我渐渐发现，与他人口中的"恶人"真实接触时也没觉得对方那么"恶"，而他人口中的"好人"有时也会做出猥琐、卑劣之事。

儿时，我爱读金庸先生的武侠小说，那个时候只被书中跌宕起伏的故事情节所吸引，并没有做理性思考。前段时间再读金庸先生的作品时，我的感受却完全不同。先生哪里是在写快意恩仇？分明是在讲述人性的复杂。从中你可以看到华丽出场的君子剑岳不群，最终落得身败名裂的下场；名门正派为了屠龙刀、倚天剑你死我活地争斗；恶人谷的恶人们也有人性光辉的闪现；魔教的正义凛然；韦小宝市井圆滑背后流露出的善良……

记得几十年前，我很敬重的一位前辈去英国访问，在伦敦花 20 英镑买回一条围巾送给我，虽然价格不高，但在我心里它是一份很有分量的礼物。因为我在心里已经把这位前辈归为德高望重、有分量的那类人，这样的人记得给我买礼物，带给我的感受是不一样的。后来我才意识到那是我的自恋使然。因为是我人为地把他完美化了。只有我把他完美化了，才能让我自己觉得认识这样的牛人，说明我也很牛。我不介意承认，那时的我是通过完美化的客体来满足我的自恋。不知道这么绕口的表述是否表达清楚了我的意思？

可没过多久，这位"德高望重"的前辈就在我背后狠狠地捅了一刀，我闭着眼，不忍心回头看他的模样，其实我不敢直面的，是自己内心构造的完美形象就此崩塌。那次我的确输得很惨，一生都难忘。不过现在看来那不是因为他狠，而是我对人性不够了解。

于是，这条围巾被我雪藏了十年之久。前不久我在收拾衣柜时看到了它，我终于在不惑之年时，可以心无挂碍地戴上这条围巾。不是时间让我接受了这条围巾，而是我接受了人性的复杂，并且满足自己自恋的方式也从完美化与我有交集的人转向了其他方式。

人性就是纷繁复杂的综合体。它像一朵云、一团棉花、一个无常的东西。它真的不需要被分出善恶好坏，因为这些有价值倾向的词根本描述不了它。所谓"道可道非常道"，又何必费事去描述它呢？

我突然在想，如果十年前，我跟他的角色互换，我是不是也会捅他一刀呢？这个问题放在当时的情境下我觉得我不会，可是换作现在，再让我选择，我不知道该如何回答。因为对于人性，要结合当下的情境才能做出判断，而不是事后分析。

成熟的人能够跟各色人等自如地打交道，因为他们知道人性的复杂，并且接受这种复杂性，明白"我是跟你的某项能力在做事，而不是和你的人性做事"。

从系上那条围巾的一刻起，在我的词典里就再也找不到"背叛"这个词条了。

从《西游记之孙悟空三打白骨精》
看一个男人的三次心理成长

单从《西游记之孙悟空三打白骨精》这部影片的名字来看，我以为是一部"爆米花电影"，所以起初并未对该影片抱有太多期待。

IMAX大银幕的3D效果很震撼。电影的节奏感极强，情节不拖沓。玄奘（冯绍峰饰）在西天取经路上被猛虎追至五行山下，遇到了孙悟空（郭富城饰）。玄奘为了自保揭下了五行山上的符咒，故事就这样开场了……

我救你是为了让你救我，这没什么好说的，完全遵循了利益等价交换的原则。交易结束后，各不相欠，就该大路朝天各走一边了。可是紧箍启动了自动安装模式，像流氓软件一样套在孙悟空的头上，从那一刻起孙悟空又产生了新的需求——摘掉这个该死的紧箍咒。

于是他不得不跟这个被他称作"小和尚"的玄奘做个新交易，一同前往雷音寺求取真经，以便卸载紧箍咒。

如果把孙悟空推倒五行山比作一个人社会化的开始，那么"三打白骨精"就是社会化的实践。人的一生都在进行着社会化改造，人是社会动物，必须进行社会化的洗礼，为的是让自己更好地适应社会规范。社会化不足的人就会有诸多适应问题。从这个角度来说，白骨精（巩俐饰）的出现是促使孙悟空走向成熟的一个重要契机。

树屋中的"一打"展现了一个年轻人初入社会的鲁莽与直白。火眼金睛让他只能看到"真实"——能真切地看到幻化成老太婆的白骨精以及她的"女儿"们。可是你看到了"真实"的东西，却往往忽略了隐藏在真实背后的"真实"。这便是玄奘高于孙悟空的地方，在玄奘眼里已经没有所谓的真实了。也就是说，真实与虚幻对于玄奘而言根本不重要，因为他已经进入了"万法皆空"的境界。

当玄奘看着在树屋中被孙悟空打死的三只妖，念起紧箍咒时，不是对孙悟空暴力行为的惩罚，而是玄奘用行为主义的惩戒方式告诉孙悟空，叫我"小和尚"也没有关系，但老子才是老大。

"一打"之后，他们来到云海西国见到国王（费翔饰）。道貌岸然的国王靠喝女童鲜血延续自己的生命，却把女童的失踪嫁祸于白骨精。这在故事开篇时就早已埋下伏笔，那群冒名白骨夫人到处抓小女孩的铁面人被白骨精无情虐杀。其实故事情节至此，是要向观众传递一个很重要的信息。孙悟空看到的"真实"已经被击碎。这个世界上根本没有真实，一切真实都是自我想象。

在云海西国街头的"二打"后玄奘又念起紧箍咒。我注意到一个细节，此时的孙悟空已经不像玄奘第一次念咒时那么满腔悲愤了，这就是经过社会化后的结果。孙悟空二元论（是非黑白）的价值观在"二打"时已经得到了修正。他幻化出不同的"自己"跪在玄奘面前，口中已经不再称小和尚，而是喊师父了。

值得一提的是，孙悟空被玄奘赶回花果山后，八戒（小沈阳饰）去找孙悟空时的那场自言自语的戏："大师兄，你年龄虽然比他（玄奘）大那么多，可是他毕竟是师父……"当玄奘被白骨精抓走后，孙悟空的复出，可以说是他在精神层面质的成长。

对于这部电影的大场面制作，其实我并不喜欢，太多的高科技3D动画搞得跟《星球大战》似的，掩盖了导演想表达的人文情怀。这也难怪，商业电影的运作历来如此。想要全面照顾到观众的视听感受，势必要牺牲一些文化内涵。可圈可点的是玄奘在白骨精的洞穴里与她的那番对话。可能是因为我的日常工作也需要面对大量"来访者"，恍惚间，我置身其中了。这哪是玄奘大师跟妖精的对话，这分明是心理医生与来访者的心灵对白。

白骨精说："我要吃你，是为了永远为妖，我不想再次轮回，更不想再做人……"16岁时的痛苦经历形成了她挥之不去的心理情结，虽然这段情结并没有展开陈述。这就像一个抱着沉重的心理情结而不去成长的心理障碍患者一样。心理的成长必然要经历痛苦。最终玄奘大师的心理治疗还是起到了部分作用。白骨精选择放弃千年修行,死在玄奘体内永不超生。

而玄奘大师用自己的死换她重新轮回做人。当玄奘求孙悟空打死他时,孙悟空含泪举起金箍棒的一刹那,一个成熟的男人形象在我的心中屹立起来。

成熟的人首先要学会的是在痛苦中抉择,而不是面对痛苦,彷徨无措。玄奘死后化作石像,孙悟空说要等着金蝉子再次转世,不管多久都等。成熟的人一定会给自己希望,做时间的朋友,并且学会等待。

"一打"是孙悟空的青春期,一切都是情绪大于理性。

"二打"是孙悟空的青年期,有了价值观的修正,确定了人生方向。

"三打"是孙悟空的中年期,有了中年人的成熟与笃定。至此,一个男人的心理成长跃然眼前。

当孙悟空背起玄奘的石像踏上西天取经之路时,孙悟空的社会化才算最终完成。这是取得真经的先决条件。由此,观音菩萨(陈慧琳饰)的圣水才会落在玄奘的石像之上……

苦难是开启生命内在
喜悦的钥匙

  被心理问题困扰的人们,大部分的注意力会被这些困扰和痛苦本身吸引。我们每个人在童年都有过被一本书、一个心爱的玩具吸引的体验。你会被一本书的内容深深吸引而废寝忘食,会为了去攻克游戏的某个关卡而忘记了时间。当被事物高度吸引时,你会忽略周围其他一切事物,进入一种精神高度集中的思维意识狭窄状态,并且难以自拔。

  外部事物对我们的影响总是有限的,而心理问题对我们的困扰则长久不衰,这是因为外部事物的吸引与内部心理问题的吸引是两种本质不同的"吸引"。

  它们的区别在于:外部能够吸引我们的事物通常都是我们喜好的事物,会满足我们一些精神的、本能的需要。当需要被满足后,我们便不再依赖于这些外部事物,直到下一次我们需要满足某种需求时才会再一次关注这些事物。

  而心理问题是与"痛苦"相关的。一个人只有在痛苦时,才会将视线由外部转向内部,其实更准确地说是将焦点转移到了"问题"上。但所有受到困扰的人似乎忘了一个现象,那就是越关注,越会放大被关注的事物。那么,当出现问题时,我们能够像什么事都没有发生一样对它视而不见吗?这几乎没人能做到,除非你的修为达到了"万法皆空"的境界。那么作为普通人,我们应该怎么办呢?首先你应该去面对它。当直面问题时,你应该对它产生好奇之心,只有如此,你才能调动所有的资源去化解它。这需要我们理性、客观地从不同的角度去审视它,观察它,从而接纳它。因为只有这样做才不会让你陷入那种偏执的思维意识狭窄的窘境。

最怕的是你想尽一切办法去抵制它。我们去思考它、审视它尚需耗费大量的心理能量,更何况把大量的心理能量用来与之抵抗?抵抗是一种被动的防御,你要辗转腾挪,使出浑身解数与之搏斗。迟早你会精疲力尽地败下阵来,而心理问题是不会疲劳的,它会随着你的抵抗程度增加自己的力量,实际上你的心理能量就是这样被消耗殆尽的。

在你小的时候,父母就告诉你要"坚强""勇敢""男儿有泪不轻弹",不可以"懦弱""退让",并将妥协的行为赋予了耻辱的负面意义。我们内心明明恐惧,想要逃,还要伪装坚强。而真正的坚强是人在成长中经过无数次的体验、感悟、反思,从而将自己的人格变得灵动才能获得的一种品格。

心理医生可能会教给你"示弱",接纳自己的"问题""症状",允许它们成为你的一部分,视它们如同自己的一根手指头,直到你完全悦纳在你身上发生过的一切,并且通过它们去反思你应该做出怎样的改变,它们才会变成你取之不尽的心理资源。

人生需要用苦难与孤独涤荡灵魂的罪恶感,这是我们内在成长的本能需求。不经历这些,人生之路将会举步维艰,同时人会失去快乐的基本能力。其实,有时快乐与苦难没有分别,它们只是我们整个生命过程中的不同阶段而已。苦难之所以有时对内心强大的人更具吸引力,是因为他们懂得,苦难是开启生命内在喜悦的钥匙。

如何破解选择障碍？

很多人问我："我有选择障碍怎么办呢？"

在这里做一个统一解答。我们在面对所有人或事物时，无非是：要么选择离开，要么学会拒绝，要么坦然承受。无论处境如何都是自我的选择，无须抱怨。我在面对两难选择（心理学称之为"趋避冲突"）的时候，通常都不会浪费太多的时间，更不会有太多的纠结。因为老子在《道德经》中告诉我："万物负阴而抱阳。"仓央嘉措告诉我："世间安得双全法，不负如来不负卿？"所以你想破解选择障碍，第一个关键是一定要把认知建立在这种价值观的基础之上。

其实对于选择障碍，普通人理解得过于狭隘了。它不单单体现在购物与饮食等生活层面，还体现在我们的生命质量层面。

我知道，面对两难选择，无论你怎么权衡都有益处和遗憾。最关键的是做出选择时少考虑获益的那一面，而要多考量遗憾或不好的那一面，问问自己是否能够坦然承受。所谓选择障碍，无非是只想要好的那一面，而不想承担坏的那一面。可天下哪有这等美事？我们看到那些活得快乐的人，都是敢于承担做出选择后带来的负面后果。

　　第二个破解选择障碍的关键就是活在当下。人人都在说活在当下，但却很少有人知道活在当下的真正含义，更不知道在实际操作层面如何活在当下。克里希那穆提说过："所谓活在当下，就是在刹那间领会其中的美及喜悦，而不眷恋它所带来的快感。"说的就是我们在当下这一刻所产生的情绪和情感。这一刻的感受跟过去的体验无关。我们如果执着于过去的情感和经历，就会产生一种对抗性的力量，以至于更难做出抉择。

　　第三个破解选择障碍的关键就是体验。人本主义心理学家罗杰斯认为，所谓自我，就是一个人过去所有的生命体验的总和。如果没有主动参与到这些体验中，而是被动参与或者说顺从别人的意志，那么我们并没有在做自己，也更容易在选择后产生各种负面情绪。所以说，我们需要主动参与体验，主动选择，那么不论结果如何，不论喜怒哀乐，都是在做自己。

　　第四个破解选择障碍的关键就是不要去追寻不存在的完美。凡事追求完美的人，总是赋予所选事物太多意义，从而无法做出选择。然而实际上，只有接受遗憾和残缺，你才能无限接近完美。值得注意的是，你可以无限接近完美却永远做不到完美。歌德在《浮士德》里说："当一个人说这一切都太完美了，他的死期也就到了。"

学会拒绝，
才有自由的人生

　　拒绝是每个人的基本权利，它甚至与你的生存权利同样重要。德国哲学家康德说："自由不是你想做什么就做什么，而是你不想做什么就不做什么。"

　　我常常教给我的来访者们学会说不。可是有多少人能自如地把握属于自己的自由呢？

　　大多数人不会拒绝是因为面子，而面子其实是人们最不该在乎的东西。多少人一生都没为自己而活，而是为了那看不见的面子和别人的眼光而活。

　　不拒绝，本质上是害怕失去的心理情结使然。不拒绝是为了抗拒丧失所带来的焦虑感。打着为了别人的幌子，其实本质上是为了自己而非他人。我们总是很自然地把拒绝赋予负性的意义，总是假设拒绝之后会带来人际关系的损害，甚至是一段人际关系的结束。

　　回想童年，你是否经常为了融入群体，获得友谊，从不拒绝哪怕自己很不情愿的事情？你是否学会了用讨好顺从的行为换取群体的归属感？你是否为了得到父母的爱，强迫接受父母对自己的苛刻要求？久而久之，你存在的意义仿佛仅仅是为了满足别人，逐渐忽略了自己内心的真正需求。

如果你拒绝某人后，被拒绝的人不再跟你交往了，那么这段关系其实是脆弱不堪的，就像沙滩上的建筑，崩塌只是时间问题。这样的人际关系，即使失去又有什么可惜呢？而成年人之间成熟理性的人际关系，是不会因一方拒绝另一方的要求而轻易结束的。

不懂得拒绝的人通常会说自己活得很累。很多时候爱抱怨的人、受委屈的人都是因为没有学会正当的拒绝。我的一位来访者就用"呕吐"这样极端的躯体化症状来表达拒绝和厌恶。

不懂拒绝的人更怕别人拒绝自己。不会拒绝别人，除了会给自己带来麻烦外，还会给别人带来困扰。他们天经地义地认为："我不拒绝你，你也不应该拒绝我。"当遭遇别人的拒绝时，他们通常会变得异常愤怒，甚至会站在道德的高度诉说自己曾经的付出，谴责对方的忘恩负义。

没有学会拒绝的人，会用"无私""热情""奉献"……这些看起来高尚的词来掩饰自己没有相对完善的自我意识。

孩子两三岁时，自我意识开始形成，在这一时期，孩子突然变得不听话了，说得最多的语言就是"不""不要"。也许在我们的集体无意识中，把"听话"作为孩子行为的最高准则和自己教育的伟大成就。父母通常会用劝导、物质诱惑、爱的威胁等方式迫使孩子放弃说不的权利。这就等于在拒绝与失去之间人为地做了条件链接——说不就会失去。于是孩子为了获取父母更多的关注、照顾和爱,被迫放弃了自我的发展。

　　在成长的历程中,每个人都会遇到各种迷茫、困惑,你要学会制造和体验拒绝的机会,并且在这样的过程中获得心灵的触动和成长。拒绝,不需要理由。

做自己的主角

S 是一个大二的男生，暑期回家前打电话给我，预约咨询。在预约时间内 S 如约而至。我是一个守时的人，自然也喜欢守时的来访者。

S 衣着整洁得体，背着双肩包，手里还拎着一只旅行箱，走进了我的咨询室。他眼中的红血丝透出与年龄不相符的疲惫。寒暄后，S 说起了自己的事。

他来自省内一座中等城市的一个普通工薪家庭。小时候妈妈对他很严厉，他的学习成绩一直不错。妈妈在事业上有所成就，这也一直是他为之自豪的事，而他觉得爸爸是一个不思进取、没有上进心的人。他这样形容爸爸："不是男人的男人。"这让我感觉有些惊讶。他这样的描述是认同了妈妈的想法，还是出于他自己的想法？

S 说，从初中起他就开始思考人生，算是早熟的孩子。专业是家里选的，他自己并不喜欢。妈妈希望 S 考研，将来留在这个城市，找份好工作，成家立业。而他觉得考研没什么用处，交女朋友都要经妈妈批准。对于自己想要什么，他也逐渐变得迷惘起来……总是不能按照自己的意愿去生活，S失去了人生方向。

S说自己从大学开始性格慢慢地变得孤僻，他不屑于每天跟同学一样，除了上课就是看电影、打游戏……为了打发时间，他开始参加学校的各种社团组织，想用这种方式去找到存在感和价值感。

起初，他很喜欢这种生活方式，但渐渐地发现自己的心总是游离在群体之外。为了融入这个圈子，他刻意在群体里找话题，越是这样大家越疏远他。于是S陷入了痛苦的思考之中。

S觉得一个男人在群体当中要有影响力。我问他："假如你已经在群体中获得了自己想要的影响力，你会融入这个圈子吗？"S稍加思索，回答道："即便拥有了影响力，我也觉得无法真正地融入这个圈子，我不知道我要什么，该干什么。"

S在我面前展现出了混沌的状态。一个没有自我的人内心必然矛盾重重。而一个心理健康的人会通过了解自己，接受自己，不断地体验生活，从而达到自我完善的目的。

对生活的感受与体验能够促使心理成长。人在成年后面对生活或工作时会很清楚地知道自己的需要、目标，也会关照别人的需求，从而获得良好的人际关系。

而许多人不知道的是，自我强大的途径就是不断地经历生活中遇到的不同，不拒绝各种体验，并且在这些体验中获得成长和思考。S说："难道我参加社团组织不是体验吗？"我反问他："你说呢？"

他沉思良久后说道："我参加社团的目的是通过做事，获得价值感与别人的认同。而在不知不觉中我似乎忘记了参加社团的初衷，把注意力转移到了大家对我的看法上。"S渴望通过群体对他的认同来完善自我认同。他认为，一个外向性格的人才能立足于社会，只有自己成为性格外向的人才能成为生活中的主角。

其实性格没有好坏优劣之分，无论哪种性格都有其优势与不足。期待性格发生翻天覆地的变化基本上是不可能的。

S从来没有按照自己的意愿去学习和生活。他的内心也许是孤独的，然而他排斥这种孤独。有时孤独的体验也许是独特的精神享受。但将孤独置于社会之中，就是对孤独的否定。孤独感是不可战胜和不可潜抑的。处理孤独感的最好办法是觉知它的存在，并且愿意跟它共存。只有这样，才能避免因害怕孤独而违心地讨好某些文化、观念、团体、权力、金钱与关系，从而真正地活出自我。

基于S的内向性格，我建议S在群体中做一个优秀的倾听者。因为倾听是对他人的尊重，尊重也是建立和谐人际关系的基础。刻意寻找话题会让群体成员感到不舒服。S在表述中往往指向自己的内心需求，而忽略了他人的需要,这也许就是他无法融入或者说不被群体接受的原因。

所有的心理障碍都是人际关系的障碍。自我的存在感需要通过心理成长来获得,而不是从他人身上获取。只要我们先从关注并满足他人的内心需求开始体验,做到尊重自己和他人,自然就会赢得良好的人际关系。

请让自恋的人
自己买单

有人为了投票、砍价、点赞换礼品……不断地给你发信息，令你不堪其扰，又无可奈何。你是否也在微信中有以上相同的遭遇？

中秋节前，为了给一盒月饼砍价，某个熟人一天群发了六遍砍价的信息。第五遍时我提醒她，不要再发了，这样打扰别人不礼貌。她发来一堆搞怪的表情图片，算是忽悠过去了。其实我已经点了她那个链接，帮她砍掉了几毛钱。当她的月饼价格已经被砍到了8块钱左右时，她又群发了第六遍消息。忍无可忍之下，我在微信中把她删了。

我相信删了她微信的不止我一个人。几个月前我就删过她一回，后来她又加我，碍于面子我又加了她。虽然她经常转发我的微信公众号文章，还常有溢美之词，但是这次我还是果断地把她删除了。其实溢美之词表面上来看是夸别人，实际上也是满足了自己的自恋情结。背后的语言是：看，这么牛的人是我朋友。

自我价值感低的人常常用捆绑比自己牛的人来满足自己的价值感。他们会因"我认识某某"而感到自我价值的提升。但我认为,夸赞别人不应该成为骚扰这个人的筹码。我真的不明白为了一盒月饼,值得牺牲这么多人脉和人格尊严吗?

很多人碍于熟人面子,即便被骚扰也不好意思删除对方,只能一忍了之。可我觉得即使是熟人,对于这种在别人提醒后继续打扰别人的人删了也是无妨的。因为从功利的角度来说,这样无知、无觉、无明之人对你而言并无太大作用。

对于不顾及别人感受的人,你又何必在意他的感受。有人可能觉得我小题大做了。就是因为我们的容忍才让骚扰有恃无恐。有句话说:"人生很短,我何必为了你开心而让自己不开心。"你何曾问过自己,是谁给了你权利这样委屈自己成全别人?

上周,我还删了我的一个"来访者"的微信,她曾几次在约好的咨询时间爽约。晚上七点,我正在超市购物,接到她的电话,她说今晚必须见我一面,让我去她那里,我说不可以,除了我的办公室以外,我不在其他任何地方进行心理咨询。

她说来我的办公室容易让她想起她在这里曾经陈述过的痛苦内容。我不能理解这么奇怪的理由!总之我是无能为力了,心想:"要是在家想起了伤心事,这房子还不能住了吗?"

她说:"我是不是真病了?我做不了决定。"

我说:"既然做不了决定,你就先挂掉电话。我等你十分钟。如果你决定了,十分钟内给我回复。"

几分钟后她给我发微信,说八点到我办公室,我说:"好的,八点见。"

从超市出来,我开车疾驰到了办公室楼下。

此时,她打来电话:"我可不可以失约?"

我说:"你当然可以失约,这是你的权利。"

她在电话里解释着:"一个投资人晚上约我见面,真对不起……"

没等她说完我就扣了电话,把她的电话拉入黑名单并删除微信。因为她已经不是第一次爽约了,人不能一而再、再而三地被戏弄。前几次我相信事出有因,这次我绝不相信。这只能说明她人格中的自恋在起作用。

精神动力学对来访者的爽约有这样的解释:这是来访者的阻抗,这种阻抗是有意义的,心理治疗师应该去解决阻抗。而我在工作中却从不解决所谓的阻抗,我对它视而不见。或者说我把是否守时看作一个人的基本素养,而不会把迟到这件事冠以阻抗,从而帮助对方找到迟到或爽约的理由。

因为我的心理治疗和咨询是计时收费的,每一次遇到迟到的来访者,我都会让他们为自己的迟到买单。这招很奏效，毕竟没人跟钱过不去。

工作中我有自己的"三原则"：

第一，来访者必须自愿且有较强的求助动机，而并不是被人逼迫而来；

第二，我与来访者的咨访关系是融洽匹配的；

第三，咨询必须在我的办公室里进行。

对于不能满足以上三条原则的人，我是不接诊的。

对于爽约的人，我有自己的解释。我觉得这都是起因于自恋型人格。在他们心中没有与他人清晰的心理边界，通俗地讲就是他不拿自己当外人。很多人普遍没有心理边界感，他们会打听你的住址、婚否、收入……他们随时可以不约而至，也会约而不至。

他们认为自己比任何人都重要，他们认为跟你关系如何如何好，可以恣意骚扰。他们认为自己是宇宙的中心，所有人都要成为自己的支持者，自己可以随时浪费别人的时间而不需要付出代价。其实我对他们的拒绝、拉黑、删除，从某种意义上说是在促使他们成长。愿他们通过我的行为，意识到自己的错误行为，并改掉自恋的恶疾。

一个职业化的人是带有职业尊严的，执业这些年，我接待过许多人，有官员，有身家过亿的老板。他们预约后及时到访，没有颐指气使地让我上门服务，且对我礼敬有加。这是做人起码的修养，先学会尊重别人，心理疾病就好了一半。没有人能平白无故地成为成功人士，他们自尊也尊重他人。

如果总结一下，这些没有边界的人的共同特点就是过着并不如意的生活，被一堆问题困扰，总是认为命运不公。其实命运是最公平的，你对别人不公，所以命运要替别人补回来。

许多人一厢情愿地认为，心理学从业者就像不食人间烟火的圣贤，可以接纳一切，包括伤害。可我不需要认同别人对我的投射，我要把自己还原成一个凡人。我在我的职业环境中可以尽显宽容、接纳、专业，但在生活中没必要在那些无谓的人身上浪费时间。

记住：你教会了别人如何对你。从今天开始，我不会再去捍卫那可怜的、并不存在的面子。我把这看作我的自我成长。

你离开自己多久了？

我端起茶杯，示意小 w 喝茶，她浅浅地喝了一口。

我问："每次你来我都会泡一壶茶，我们对饮而谈。你觉得我每次泡的是一种茶吗？"

她说："我没注意。"

我说："你来，每次我都会泡一壶白茶，我喜欢白茶的口味，你喜欢吗？"

小 w 笑道："我喝茶是为了解渴而已。"

我说："每一口茶入口时我都用心来品尝，所以我没有放过它散发出来的每一丝味道。"

小 w 说她连续几个月以来，浑身无力，凌晨两三点醒来后就再也无法入睡。这是早期抑郁症的躯体化症状。抑郁症起初都只是有一些类似的症状出现，但都被当作工作压力大带来的疲惫或亚健康状态。有人说抑郁症是时代之殇，许多人开始变得躯体麻木和精神麻木。

每个人出生时，都对这个世界充满了好奇，无论是人、食物还是周遭的其他事物。随着年龄的增长，我们好奇的感觉消失了，对人、事、生活熟视无睹，变得麻木迟钝。

我们吃饭似乎只是为了活着,已经很久没有留意饭菜的味道了。许多人说现在的饭菜、水果没了以前的味道,以为是食物发生了改变,其实变的是我们的内心。忽然记起木心老先生的一首诗:

从前慢

记得早先少年时
大家诚诚恳恳
说一句是一句

清早上火车站
长街黑暗无行人
卖豆浆的小店冒着热气

从前的日色变得慢
车,马,邮件都慢
一生只够爱一个人

从前的锁也好看
钥匙精美有样子
你锁了人家就懂了

现在什么都快,快得让我们忽视了自我的存在。我们饮的是茶,但没时间也没心情去品尝茶香。行路只是为了到达目的地,却忘记了路与脚接触的感觉和沿途的风景。现代人最大的悲哀就是被事所驾驭,像机器上的一个零件一样,成了时间的奴隶却不自知。你以为是自己在使用手机,其实是手机在控制你。你以为是自己在开车,其实是车在开你。

你已经游离于自己和生活之外多久了?你跟拉车的牛马有什么区别?很少有人停下来,仔细想想这些事。很多人将自己的感受尘封起来,逐渐丧失自我,人云亦云,于是成了行尸走肉。

1991年,崔健写了一首歌,叫《快让我在雪地上撒点儿野》——

我光着膀子

我迎着风雪

跑在那逃出医院的道路上

别拦着我

我也不要衣裳

因为我的病就是没有感觉

> 给我点儿肉
>
> 给我点儿血
>
> 换掉我的志如钢和毅如铁
>
> 快让我哭
>
> 快让我笑哇
>
> 快让我在这雪地上撒点儿野
>
> 因为我的病就是没有感觉
>
> ……

现在再听这首二十多年前的歌,你便不会再有摸不着头脑的感觉。这就是我们正在经历着的日常。我们的事情越来越多,失眠的人也越来越多。

昔时,佛祖拈花,唯迦叶微笑,既而步往极乐。迦叶从一朵花中便能悟出整个世界。凡人无须有这样的觉悟,只需要找回丧失的感觉与好奇心,就会反客为主,由被生活驾驭变为驾驭生活。这就需要你每天都抽出时间,刻意地将注意力放在坐卧行走、吃喝拉撒这样习以为常的事情上。

讲一个禅味十足的小故事:

小和尚问老和尚:"您得道前,做什么?"

老和尚:"砍柴、担水、做饭。"

小和尚:"那得道后呢?"

老和尚:"砍柴、担水、做饭。"

小和尚:"那何谓得道?"

老和尚:"得道前,砍柴时惦着挑水,挑水时惦着做饭;得道后,砍柴即砍柴,担水即担水,做饭即做饭。"

大道至简,平常心即是道。

去用孩子般的好奇重新体验各种被忽视的感觉吧。比如行走时,去感受脚踩在地上的感觉,感受路的起伏;喝茶时,当茶拂过味蕾经过食道,去感受它的香气和温度……

抑郁的人活在过去,焦虑的人活在未来,只有健康的人活在当下。每个人都在说活在当下,却不知道如何活在当下。现在我已经告诉你了。

成熟到底是
一种什么样的状态？

对成熟的理解因人而异，不尽相同。从心理学的视角来看，成熟就是心理年龄与生理年龄趋近一致。换句话说，就是什么年龄的人做什么年龄该做的事儿。5岁的人干3岁的人做的事儿谓之幼稚；5岁的人干8岁的人做的事儿谓之早熟；5岁的人干5岁的人做的事儿谓之成熟。

这样的解读似乎也过于笼统。问题是5岁的人该干什么事呢？这是由社会文化和所处环境所决定的，每个时代对年龄所赋予的能力要求也是不一样的。

那么在当下这一刻，我只能圈定一个范围，就我所理解的成年后的成熟状态做一些简单的描述。当然，任何描述都不可能把"成熟"这件事说得天衣无缝，无一疏漏。我仅仅是管中窥豹、抛砖引玉而已。

成熟，是你已经不会也不想把精力放在纠结之中的一种状态。允许一切事物都按其发展规律行进，允许一切如是。不再去抗拒什么，也不再去争论什么。在一些人的眼里，这也许是丧失了意志力与进取之心的表现，但这恰恰是成熟后的知进退。此时的你知道自己真正的需要是什么，而不是别人认为你应该获得什么。

年轻时,一块小石子都会让你内心泛起涟漪。那是因为经历太少,心量太小了。成熟了,一块大石头都不会让你的心湖泛起多少波浪,正所谓"胸有激雷而面如平湖",你开始懂得"静水深流"的意义。不到一定的年龄,不经历一些事,你是体会不到一些感悟的。

成熟了,就是不会太用力地去生活。你会认真努力做事,但更加注重做事的过程,对结果反而看淡了。你开始不被一些事所迷惑、困扰,风也淡然,雨也淡然。

成熟了,就可以接受生,承受死。得失心、好恶心、分辨心,逐渐消融。你不再急功近利,也无须哗众取宠。你能从得中看到失,也能从失中看到得。你逐渐懂得了拒绝,明白了有所为,有所不为。你不再在意别人对你的看法,心灵没有羁绊,你活得更为随性而洒脱。

成熟了,你就明白了慈悲心的真正意义绝不是做那么几件刻意而为的好事。内心的慈悲是自发的,是无意而为的善行,不为名利。你开始喜欢自然之美,不再迷恋声色犬马。贪念自消,对生活的要求开始重质而不重量。理解了"一箪食一瓢饮,居陋巷,不改其乐"说的是什么,并愿意身体力行地尝试一番。

成熟了,你就学会了爱自己。真正成熟的人应该明白,爱自己不仅是指在物质方面对自己慷慨,还要学会关照、呵护自己的内心感受，学会让自己变得更加完善，爱自己的同时也爱你身边的人。你不再为选择浪费时间，因为你清楚无论哪种选择都是得失参半。你只会考虑对于选择后的"失"，你是否能够承受得起；衡量所"得"是否达到你的期许。

成熟的人不会在不该冲动时冲动，也不会在不该沉默的时候沉默。你成了情绪的主人，而不会被情绪奴役。也许你开始嬉笑怒骂，那种感觉就像唐寅的诗："别人笑我太疯癫，我笑他人看不穿。"其实你心里很清楚，对于年轻时就在你内心的那匹野马，此时的你可以轻松驾驭。你的人格变得灵活，你可以慷慨赴死，也可以受胯下之辱，全看情境的变化。

成熟的人开始有了敬畏之心，敬畏天、地、人，敬畏一切未知，谦恭之余不失内在的品格。你不会再有那种一叶障目不见泰山的偏执价值观，你学会了宏观地审视事物的发展规律。你可以静下来聆听天籁，也可以顽皮得像个孩子。你不再试着去改造别人，而是学会了改变自己，学会了微笑旁观，落落大方，不矫揉造作，这一切成为你人格中的常态。

如果你是成熟的，那么你在遇到事情时很少会找借口，更不会推脱责任，而是思己之过，从善如流。因为你明白，你的解释来自你有限的认知系统。成熟的人不再抱怨和遗憾,而是尽可能地去改变,做到为所当为。当你的物欲退到精神层面之后,你就懂得了放弃是为了拥有。

你会拿起曾经读过的书,再细细咀嚼品味,从中读出不曾读懂的意境。你的一言一行不再是为了弥补内心的缺失,因为那些心灵的黑洞和缺失已经被经历、成长和认知修复完好。于是,倾听越来越多,抱怨越来越少。

成熟的人人格恒定,不反复无常。成熟的人不再自以为是,不再好为人师,不在意一时之得失。成熟的人孤独而不寂寞,孤独时学会与书为伴,而不会视孤独为敌。成熟的人不人云亦云,不随波逐流;举止泰然,气定神闲。

可是你知道读这段文字时,20岁的人,30岁的人,40岁的人会有不同的感悟。对于一些事情,经历过了,懂了,也物是人非了。物是人非本身就是一种成熟的语境与心态。不是每个人都会获得这份沉甸甸的成熟感,有的人一生都做不到。生为别人,活为自己。

强者自救，圣者渡人

友人远行异国前，来我办公室话别，谈人生，谈理想。岁月蹉跎了容颜，昨日不可复，人依旧是当年人。她走时说："一直叫你老师，可以叫你一声哥吗？"心暖、微笑、默然、哽咽，我们彼此都是：愿去时山高水长一路坦途，如他日相逢一笑，忆当年……

以上这段文字是一个朋友离开我的办公室后，我在朋友圈发的一段话。

回忆把我拉回了八年前，她（我暂且称她为C吧）遇到了人生的大坎儿。幽闭恐惧症让她苦不堪言。她不能乘车、坐飞机、坐电梯，不能在狭小的会议室开会、见陌生人……否则就会有濒死感。在心理学上，她被定义为惊恐发作患者，这是一般人所无法想象并且也很少见过的。在药物无效的情况下对她进行心理治疗，这对我而言是一个巨大的挑战。

经过七个月的心理治疗，她摆脱了幽闭恐惧症症状的困扰。我自恋地认为：七个月，仅依靠心理治疗治愈幽闭恐惧症，这在心理治疗中也是极为罕见的案例。新加坡歌手阿杜也患过幽闭恐惧症，这使他退出歌坛，整整治疗了五年。五年后他虽短暂复出,但只是昙花一现。人们已经淡忘了这个名字。可见心理障碍对一个人的影响有多么大。

与其说我帮了她,不如说是在我的帮助下,她发挥了自己最大的潜能,最终还是她帮了自己。

一直以来,我们都在各自的领域里努力打拼着,一年最多能见两面,而且每次会面时间也都是在一两个小时之内。因为我每天要给来访者做心理咨询,接受媒体采访,为媒体写专栏。七年间,小C从一个世界五百强企业的普通员工成长为人力资源总监。

我极少跟来访者做朋友,因为职业使然,可小C成了我的朋友。有人好奇什么样的来访者才会成为我的朋友。首先,我觉得对方的问题得彻底解决,并且对方在人格方面是相对完善的。其次,结束心理治疗后,半年内不发生任何联系。如果半年后双方都有意愿成为朋友,那么才可以建立友谊。只有这样,我与来访者才能进行平等的交往。在与小C的交往中,我不是以一个心理治疗师的身份,不是以居高临下的态势与其进行交往。因为不平等的人际关系模式是违背职业伦理的。小C的人格特质深深地吸引了我,那种坚韧与执着是我不曾见过的。

每次我们约定的心理治疗的时间,没有一次因为其他的事延误。对于我们共同制订的治疗方案,她都不折不扣地执行着。七个月里,小C自己写了28万字的人生感悟,这就像她的人生脚本。我都一一读过，并做了指导。用"凤凰涅槃，浴火重生"来形容她毫不为过。

我目睹了她的蜕变，她的成长。据说七年的时光可以使人"脱胎换骨"。而小C的变化则是双重的，包括生理成长和心理成长两方面。只要你认真地面对自己的人生，人生才不会辜负你。

小C一直都是以感恩的心态来面对所有的事和人。我见过很多口念感恩却不知道感恩是何物的人。我能感受到小C的感恩来自她的内心深处，并且将这种心态融入到生活的方方面面。

如今，她跟她老公被猎头以极高的年薪和优厚待遇挖到一家国际化公司。我替他们高兴。在远走异国他乡的时候，她来我的办公室时表达的依然是感恩，感激能在人生低谷遇到我。

我说，即使她没有遇到我，也会遇到别人。其实我深知，她能走出来，我只是起到了一点点儿辅助的作用。不是每个面对我的人，我都能像带领小C一样把他们成功带出人生的沼泽。此时，我想起了《肖申克的救赎》中的一段话："怯懦囚禁人的灵魂，希望可以令你感受自由。强者自救，圣者渡人。"

我知道是小C坚韧的意志力和感恩的心态救了她。为什么感恩会拯救她？因为我们有一条看不见的法则：感恩的人会把资源都吸引在身边,对于那些只懂攫取的人财富会绕行。我这里所说的财富并不单指物质财富,也包括心理财富。

懂得感恩的人才会山高水长一路坦途,最终到达山顶。因为他们的内在格局决定了他们的高度。因此,格局与心胸会带你去更高、更远的地方。而只看到眼前小利的人不懂自己已被自己的内在格局深深地局限在那口井之中,看不到更广阔的世界。虽一时苟利,但失之更甚。为什么老是有人抱怨命运不公,世间不平?究其原因,还是源于自身的局限。但世间又有几人能解其中之奥妙?

"正能量"与"负能量"之殇

你怕人工制造正能量的人吗?

面对常年正能量爆棚的人,我通常敬而远之。因为我知道只要是一个正常人,都有喜怒哀乐、七情六欲,起起落落才是人生,情绪就应该像心电图那样上下波动。有一种正能量叫作"打了鸡血传销式正能量"。心理学认为,情绪长久地维持在低谷是抑郁,情绪持续高亢是躁狂。

人不可没有正能量,但任何事都要有个度,凡事得学会适可而止。正能量可以支撑着你走过困境,这是一个心理健康的人应该具备的意志品质。伏尔泰说:"上帝为了补偿人间的诸般烦恼事,给了我们希望和睡眠。"但长时间处于正能量状态并不能缓释负面情绪,反而导致人丧失体验真实情绪的能力。压抑负面情绪要比负面情绪本身有害得多。

其实负面情绪也是对我们具有重要意义的。它可以让人体验到更加幸福、快乐的感觉。幸福和痛苦本身就是唇亡齿寒的关系,痛之不存,快将焉附?如果长久地浸润在人工制造的正能量里,而不是发自内心的生活感悟,自我就会逐渐丧失，体验快感的能力也会逐渐下降。正所谓，自欺欺人！

任何修行和成长的目的都是殊途同归——认知自己。王阳明创立的"心学"叫作"知行合一"；佛家叫作"明心见性"；道家叫作"天人合一"。人工制造的正能量就像是舞台上的华丽背景，再华丽也都是虚假的，不过是用来掩人耳目的道具而已。

勇于面对真实的自我，本身就是一种成长。可是这样的勇气会带来短暂的痛苦，人的本能反应就是回避痛苦。这也是我们看到一些人永远躲在角落里，不敢直视自己内心的主要原因。

人工制造的"正能量"的确是有自我催眠的作用。但任何自我催眠的前提都是要坚守正确的方向，否则会离目标越来越远。方向错了，努力就变成了偏执。

我有一个朋友，他是那种从事过很多行业的人，最早的一份工作是工程师。出于诸多原因，他在许多年前就辞职创业了。

开始我以为他会从事与本专业相关的工作，因为他在自己的领域的确很专业，但他涉足了贸易、餐饮等行业。对他这样一个"技术咖"而言，我知道他不太适合做这些。这些年来我跟他正式聊过几次关于事业发展的话题，虽然他是一个不善言辞的人，但每次都聊得我无言以对。

为什么呢？不是因为我的口才不如他，而是因为"正能量"的杀伤力太强。他总是会跟我说"坚持一定会成功""努力大于天赋"……这样鸡汤式的话我听得太多了。于是我跟他说："选择比努力更重要。"他对我的话很不能接受。他一直活在自己制造的正能量里，苦苦挣扎，以至于在创业的路上走了十几年，却依然停留在初始阶段。

我觉得正是他自己制造的"正能量"害了他，这样的"正能量"成了他认知自己的路上的迷雾。于是我不再说了，只有默默祈祷上天会眷顾一个这样执着的人。其实我觉得有时候不是我们选择了职业，而是职业选择了我们。当然，这是建立在对自己深刻了解的基础上，你才能做到"有所为，有所不为"。

经久不衰传播负能量的人，同样可怕。

这类人，整日哭哭啼啼，凄凄惨惨戚戚，似乎全世界就数他最不幸。他们渴望倾听者、拯救者。我是不太敢搭理这样的人的，一旦搭话就会被当作"救命稻草"紧紧抓住，跑都跑不了。

我也常劝我身边的人不要去怜悯这样的人。不是因为没有同情心，而是因为看透了他们的把戏。一旦你的怜悯之心让他"获益"，就会延续他寻求怜悯的心理定式。

允许自己悲伤，但也得有个限度。你不能常年像一个情感上的乞丐，靠着乞讨得来的那点安慰活着。一旦形成这样的思维和行为模式，命运就会把你锁定在这样凄凄惨惨戚戚的世界里，难以自拔。

命运对谁都是公平的，每个人都会经历孤独、丧失、悲伤……可是这一切都需要靠内心的成长去化解。这是无可替代的。要学会内求，而不要期待奇迹发生或有个救世主来拯救自己。

我认识这样一个女子，整天在朋友圈晒她的"不幸""不公""孤独"，说一些没头没尾的话，发着不着边际的牢骚。一开始还有人安慰她，后来安慰她的人逐渐减少。

安慰让她获益，于是她就像周星驰版《唐伯虎点秋香》中的唐伯虎一样拼了命地扮可怜，让自己越来越惨。求怜悯就像吸毒一样，是会上瘾的，而且需要安慰的剂量越来越大。

有一次我遇见她，她对我说现在自己的社交圈子越来越小。似乎大家都有意躲着她，她不明就里。我实在不忍心，就跟她说："没有人有义务，也没人愿意听你的抱怨。大家都有烦心事，大家也都很忙……只有我这个以心理咨询为职业的人收了钱才愿意听这些抱怨。有些事始终要靠自己去面对，自己去解决。这是一个成年人应该做到，并且也能做到的事。"

她听完我的话，突然沉默了。我相信没人对她说过这番话，因为认知自己太难了，每个人都是自己的一面镜子。旁观者看得很清楚，但极少人会直言相告，他们没这个义务。都说忠言逆耳，可即便直言相告可能也换不来感激，反而可能破坏人际关系。

不过好在我这番话点醒了她，后来晒不幸、抱怨的行为再也没有出现过。

曾经有一个女孩也深陷于情感困惑之中，我说："你对待情感还是不成熟，像个孩子。"

她反驳我："你快拉倒吧！我都三十好几的人了。除了在情感上稍显不成熟外，在其他方面很成熟。"

我说："你应该这样说，我除了不成熟的部分其他都很成熟。"她也觉得很尴尬，因为这样的争辩只能自欺而不能欺人，争辩赢了又能怎样？

不是每一个成年人的躯壳下，都一定会有一颗成年人的心。只有在坎坷与挫折中直面自己，你才能获得成长。

为什么钱越来越多，
幸福却越来越少？

钱能决定谁是赢家吗？

2016年8月，恒大集团许家印斥资91亿收购万科股份，拉开了许家印和王石股权之争的序幕。我对经济问题不懂也不感兴趣，在这方面白痴得像个弱智儿童。但网上的一篇文章《许家印VS王石：当王石追女人的时候，许家印却在追马云》却激起了我的兴趣。看题目就知道作者的价值观天平已经倒向了那个"成功者"——许家印。

在那篇描写许家印"成王"、王石"败寇"的文章中有这样的对比："如今王石陷入了被动，身家不过1亿多。许家印的财富要大大多于王石。2015年10月26日，许家印以87亿美元的财富位列《2015年福布斯中国富豪榜》第八……"

看到这里我笑了，这样的对比多像按成绩排名次。我并不是要否定这篇文章的作者以财富论英雄的价值视角，我只是在扪心自问：难道人生的价值就只能用财富这一个维度衡量吗？

也难怪作者有这样的价值倾向，因为他的观点符合当下普遍的价值观。当代著名的哲学家施太格缪勒在《当代哲学主流》一书中写道：

"未来的人们，有一天会问：二十世纪的失误是什么呢？对于这个问题，他们会回答说：在二十世纪，人们在不断地追求物质满足，不仅在世界上许多国家成为现行官方世界观的组成部分，而且在西方哲学中，譬如在所谓身心讨论的范围内，也常常处于支配地位。"

这段文字对我而言是振聋发聩的。施太格缪勒借用后人的视角，告诉处于这个时代的人们所面临的现实困境——极度重视物质而忽视精神成长，甚至我们很多人都认为，身心的健康程度也跟物质拥有的多少成正比。很多人相信没有什么是钱解决不了的事，钱对于每个人都很重要。但钱买不来的东西很多，比如生命、思想、学识、幸福、心理健康等等。

比财力，许家印的确赢得很彻底。但比"人生的宽度"，我认为王石是赢家。什么是人生的宽度呢？我想那是对未知的高度身心体验。

文中说："游学、爬山、划艇……王石干着风花雪月的事，许家印却依然保持着创业者心态，依然是一头猛虎。他的私生活和王石截然相反。有记者写道，这个男人没有特别的嗜好，不爬山、不跑步、不上微博、不接受采访，宣传企业时可以跟范冰冰走红地毯，被问及私人生活时就完全封闭。在他不说话的时候，表情有些冷……"

我不知道你看完这段文字有没有被作者"催眠"，反正我笑了。从体验生命的角度而言，我觉得王石这辈子值了。因为他不务正业的各种体验，可能是很多人几辈子都无法拥有的。别人看到的是王石的风花雪月，而我看到的是他的多彩人生。王石爬过七大洲的最高峰，到过南极和北极，那种心理震撼感受岂是87亿美元身家所能体验到的？

你有钱，未必有去体验多彩生活的心境。

1个多亿与87亿美元相比的确显得王石很寒酸，但对于一个人而言，只要不穷奢极欲，过好这辈子足矣。但遗憾的是，人的物欲是无止境的……

你辛苦赚来的钱最终是谁的？

我在网上看了一个美国最富有的宝宝丹妮琳的真实故事。说故事是因为这事儿有点儿传奇色彩，从她一出生就具有戏剧性。

丹妮琳的妈妈是美国名模安娜·妮可·史密斯，她在26岁时嫁给了当时已经年逾八旬的石油大亨霍华德·马歇尔二世，大亨比她足足大了63岁。婚后第二年，大亨去世了，留下一大笔巨额遗产。她开始和大亨的儿子皮尔斯·马歇尔争家产，官司还没打完，大亨的儿子突然去世了……安娜很快投入新的恋情，并且在2006年生下一个女儿。

之后一系列的悲剧接踵而来，先是她儿子吸毒过量死亡；没过多久，她也因为"药物综合中毒"去世，那时她才39岁。留下一个只有几个月大的女儿，以及一大笔巨额遗产。

此时，有四个男子站出来表示自己是丹妮琳的亲生父亲。这其中有保镖，有自称是王子的人，有安娜的男友，有前男友……

通过DNA检验，法院终于确定了丹妮琳的亲生父亲，他就是安娜的前男友。

最后就是喜剧了，丹妮琳10岁了，跟爸爸一直幸福地生活着。

石油大亨做梦也不会想到，自己的巨额遗产给了不相干的人。类似故事绝不鲜见，例如巨富死了，太太改嫁给了司机……不知你看了作何感想？你创造的财富真的属于你吗？

富人的幸福之路在哪里？

一个人处在中产阶级水平时最为幸福，这基本上已经成为共识。他可以很好地满足自己在物质方面的需要，生活具有品质，但不奢华。一旦超出了中产阶级的收入水平，就需要及时做好心理成长，否则会带来一些不可预计的后果。

如果心理能量不足以驾驭财富，那就是一场灾难！我记得央视做过一个纪录片，采访了多位福利彩票中奖者。过得好的没几个，许多人面对从天而降的财富迷失了自我，家破人亡、妻离子散者不在少数。钱是好东西，但前提是你能驾驭得了它。在拥有财富前，首先你得修心，才配得上财富，也才能守得住财富。

从事临床心理治疗多年，我的"高端"（这里的高端指的是积累了大量财富的人）来访者越来越多。他们一掷千金，要我帮他们找回快乐，他们都有一个共同特征，就是在心理遇到困境时总是期待用物质来满足自己。

我的一位来访者，年纪轻轻，事业有成，名下有十几辆豪车，有一堆高档房产。他依然不快乐，于是花了两千多万买了一艘游艇，仅仅玩一个多月就腻了。他付了很多诊费给我，跟我说："你只要能帮我找回快乐，除了给你双倍诊费外，你可以在我名下的车中随便挑一辆。"我说："我对现在自己开的车很满意。开车是为了从甲地到乙地。我认为这才是这辆车的真正价值所在，而不是这辆车本身的价值。"

Facebook 的创始人扎克伯格拥有两辆座驾，一辆是本田飞度，另一辆是大众速腾，它们都是中国二线城市中等家庭能够买得起的。乔布斯生前一直都过着苦行僧式的生活。不是因为他们不会享受，而是他们都是智者，懂得控制的物质越多，心灵越不自由。

极简主义生活方式的意义何在?

心理学家发现，物质给人带来的快感遵循"边际递减效应"，简单说就是用 100 块钱换来的快乐，下次想获得同样的快乐或许得用 200 块钱甚至更多。所以物质带给人的是有限的快乐，否则过犹不及。

借物质来获得快乐，这跟饮鸩止渴没有什么区别。而我总是让他们远离依靠物质提升快感这条主线。因为你在错误的方向越执着，你离自己期待的目标越远。大众媒体也曾不止一次地转发倡导极简主义生活的文章，并且国外也有类似极简主义生活方式的真人实例。

这些案例倡导人们：欲望极简、精神极简、物质极简、信息极简、表达极简、工作极简、生活极简……

用意就是让你厘清物质与幸福感的关系，不再南辕北辙地追寻所谓的物质幸福。极简主义生活方式是对自身的再认识，对自由的再定义。深入分析自己，首先了解什么对自己最重要，然后用有限的时间和精力专注地追求，从而获得最大的幸福。放弃不能带来效用的物品，控制徒增烦恼的精神活动，简单生活，从而获得最大的精神自由。

幸福与财富的关系绝不是交叉的两条线，而是平行关系。

《论语·雍也篇》中写道："贤哉，回也! 一箪食，一瓢饮，在陋巷。人不堪其忧，回也不改其乐。贤哉，回也!"

如果颜回没有能力改变自己的环境和物质条件,那么孔子对颜回的夸赞就是废话,甚至是嘲讽。孔子说这番话的前提是颜回靠学识和能力可以让自己过上锦衣玉食的生活,但他并没有把注意力放在物质享受上,或者说他摆脱了物质的控制,精神上是富足的,所以他才值得称道。

拥有财富的未必是智者,但只有智者才能驾驭财富。

睡吧！
闭上眼睛，世界就与你无关

时代发展、经济繁荣的背后是一系列人的生存状态问题。现代人的一生，相当于过去一个人的几辈子。国民平均睡眠时间在逐年缩短，患有各种睡眠障碍的人越来越多，睡眠质量成了我们不得不关注的话题。

我常常听到我的来访者说："睡了八九个小时，早上起来跟没睡一样，很疲劳……"

睡眠障碍(Somnipathy)是指人从入睡到觉醒的过程中，表现出来的各种功能障碍。据不完全统计，在成年人群中，长期睡眠障碍者的占比高达38.2%。睡眠问题已经成了一个普遍问题。

睡眠是人体的一种主动过程，是动物本能之一。睡眠障碍意味着我们的本能正在逐渐丧失。任何本能被剥夺都会引起严重的问题。

身处信息碎片化的时代，人们将时间过度地耗费在网络和大量的工作中，繁杂的事物挤占了我们正常的睡眠时间。所以在后现代社会里，我们跟工业时代的人没什么两样。只不过相比于上个时代的人，我们的身心更加疲惫。

狄更斯在《双城记》里说:"这是最好的时代,这是最坏的时代;这是智慧的时代,这是愚蠢的时代;这是信仰的时期,这是怀疑的时期;这是光明的季节,这是黑暗的季节;这是希望之春,这是失望之冬;人们面前有着各样事物,人们面前一无所有;人们正在直登天堂,人们正在直下地狱。"

无论身处什么样的时代,我们都要积极适应它,而不能成为时代的牺牲品。充足的睡眠、均衡的饮食和适当的运动,是国际社会公认的三项健康标准。

为唤起全民对睡眠重要性的认识,2001年,国际精神卫生和神经科学基金会发起了一项全球性的活动,此项活动的重点在于引起人们对睡眠重要性和睡眠质量的关注。活动把每年3月21日设立为世界睡眠日。2003年中国睡眠研究会把世界睡眠日正式引入中国。

我们暂且不去讨论广义的睡眠障碍(广义的睡眠障碍包括失眠、过度嗜睡、睡眠呼吸障碍以及睡眠行为异常,后者包括睡眠行走、睡眠惊恐、不宁腿综合征等),因为在心理咨询过程中,大多数失眠是由心理因素引起的。你何时见过一个婴儿或低等动物失眠?

通常我都会把睡眠障碍作为首要的症状来对待,先着手解决睡眠问题。因为睡眠问题会引起或加重抑郁、焦虑等心理或精神症状。良好的睡眠对缓解心理症状起着关键作用。

由心理因素导致的失眠，其痛苦的来源不是失眠本身，而是来自自我认知——我此刻"应该"睡，而我在"应该"入睡时是清醒的。

我们根深蒂固地认为，每天的睡眠时间平均不得少于8小时。然而我们常常忽略了个体的差异性，有的人一天只睡4~6小时，就能保持一天的精力旺盛。而有的人一天睡10多个小时，依然无精打采。所以，我们有理由得出两点结论：睡眠时间没有统一标准，睡眠质量高低跟睡眠时间长短无关。

一小时的高质量睡眠顶得上好几个小时的普通睡眠。例如，一些坐禅的僧人和修习正念的人，是不需要像常人一样每天睡七八个小时的。他们每天只坐禅一两个小时，在深度的禅定状态之下，身体就能得到充分休息，保证一天神采奕奕。

我们应当感谢当今的科技，一个智能手环就能让我们随时监测睡眠。几个月前，我开始对自己的睡眠状态进行监测。我的日均睡眠时间在六小时左右，其中深睡眠时间在一个半小时左右。多年来这样的睡眠状态支撑我每天工作十几个小时以上，我并没有感到精力欠佳和疲惫。如果经过调整，也许我深睡眠的时间会增加，在睡眠总时长不变的情况下，睡眠质量会更好。

所谓深睡眠，是指大脑处于充分休息状态，对稳定情绪、平衡心态、恢复精力极为重要。同时，在深睡眠状态下，人体内可以产生许多抗体，增强抗病能力。人在深睡眠时，极少会出现梦境。研究表明，刚开始入睡的三个小时十分重要，因为在这段时间内，深睡眠占了差不多80%。深睡眠一般出现在进入睡眠半个小时后。

用心理学的视角来看待失眠，其实就是身体和大脑之间产生了不协调。身体想睡的时候，大脑还清醒着；大脑想睡的时候，身体还在工作。心理医生要做的就是，让身体跟大脑的生物节律重新统一起来。

统一，必然是一方顺应另一方，即大脑与身体之间不再博弈。让大脑顺应身体是很难的，如要强行为之势必带来严重后果。各种亚健康状态、疾病、情绪问题，甚至过劳猝死，都是这样发生的。

还是要"地方服从中央"，即让身体顺从大脑。失眠的人在睡意未来临时就会开始焦虑，很多人会及早上床等着睡意来临。越是如此，睡意越像一个顽皮的孩子跟你躲猫猫。

大脑没有传递睡意信号前，不要让身体入睡。我通常指导我的来访者，在睡意来临之前不能上床，该干吗干吗，做白天想做而没有来得及做的事。你可以在半夜读书、写作、看电影、洗衣服、收拾家务……睡意来袭，要第一时间上床入睡。经过一段时间适应，睡眠会逐渐正常起来，此谓之道法自然。

在从事脑力劳动的人群中，大多数人存在着睡眠质量问题，其中很多已经影响到正常的生活。睡眠障碍已成为一种现代的"时尚疾病"，并严重地危害着人们的身心健康，大大降低人们的生活及生存质量。

而我们忽略了一点儿，重视身体的本能反应才是我们该做的事。不要无视本能向你发出的信号，否则，长此以往，你的身体将不再敏感。那些年轻的猝死者和癌症患者就是一次次忽视身体本能的感受和提醒。不要让自己成为下一个猝死者。

世上根本就不存在所谓的规律，睡眠亦如此。若说有规律也是人类把某些现象局限在时间和空间内的一厢情愿。有了规律，你就看不到更多的可能性，你就不可能有"风物长宜放眼量"的宏观视角。

顾城说："睡吧！合上双眼，世界就与我无关……"

司马懿为何"怕"老婆?

我觉得,《虎啸龙吟》这部古装大剧要比第一部《大军师司马懿之军师联盟》要好看得多。第一部就好比一个人在青年时期,草根逆袭前"苦其心志,劳其筋骨,饿其体肤,空乏其身,行拂乱其所为"的序曲。而第二部则如同在心智稳定的中年期谋划未来的大乐章。

在《虎啸龙吟》这部剧中,那些经典的台词,不仅仅是心灵鸡汤,更是从人生苦难中提炼出来的智慧,是我们可以借鉴的他山之石。

台词一:"我只想这一生一世,耳朵都在夫人的手里。"

《左传·哀公十七年》曰:"诸侯盟,谁执牛耳?"在古代诸侯订立盟约,要割牛耳歃血,由主盟国的代表拿着盛牛耳朵的盘子。故称主盟国为执牛耳,后泛指在某一方面居权威的地位。

我不认为司马夫人是在揪司马的耳朵,而是在"抚摸"。其实这一行为的心理学意义在于,"执耳者"地位的确立。当然,"执耳者"的地位是由"被执耳者"决定的。

谋大事之人，不会在家里争夺权利。所谓"君子远庖厨"，在我看来不是君子远离厨房之事，而是夫妻间在家庭生活中的主次分工。

家里是母系氏族的延续，家外则是男人主宰的世界。你可以说我思想守旧，可是现实就是如此。由一个女人主宰的家庭是稳定的，这是由进化心理学所决定的。你想要稳定的婚姻和生活，就请让她做"执耳者"。

台词二："臣一路走来，没有敌人，看见的都是朋友和师长。"

司马懿出仕之初的对手是杨修，在杨修死之前，司马懿求曹操让他送杨修一程。曹操问及原因，司马懿说："臣一路走来，没有敌人，看见的都是朋友和师长。"

他不是想从对手惨败的可怜之相中获得快感，而是警示自己人生的每一步都要如履薄冰。

曹叡死后，男宠辟邪下狱，司马懿是唯一去探望他的人。虽然司马懿与辟邪互为对手，但司马懿仍然以大度之心，怜悯他对曹叡的一片忠心，还为他带了一件衣裳，为他保全了最终的尊严。

辟邪对司马懿说："曹爽年少轻狂，骤登高位，只怕他下半生也要身陷囹圄。"司马懿答道："司马懿，不会与他人争斗。"

台词三:"败而不伤,败而不耻,先要学的是善败。"

与诸葛亮对阵失败,被抢了陇上小麦后,众将士不满,兵力是蜀军数倍,居然还输了。

司马懿和管家侯吉居然打着"乌龟王八拳",两个儿子抱怨吐槽,司马懿对两个儿子说:"你们是来打仗的,还是来斗气的?那些一心想赢的人,就能赢到最后吗?打仗,先要学的是善败,败而不耻,败而不伤,才真的能笑到最后。"

能正确面对失败是人生的必修课,成功学固然励志,而失败学可以修心。能支撑你走下去的是内心的平衡能力,许多人不是败在能力,而是败在心态。司马懿的心态是对"挫折教育"的诠释。

台词四:"人不能怯懦,但不能不知敬畏,要学会敬畏自己的对手。"

曹爽得势,独霸朝堂,升司马懿为太傅,架空他的权力、司马懿的学生钟会上门劝他:"老师,你就甘于这坐而论道的太傅之位吗?"

司马懿却不为所动,他以杨修为例教导钟会:"人,不能怯懦,但不能不知敬畏,要学会敬畏自己的对手。"

落井下石的人多如牛毛,敬畏对手的人却凤毛麟角。敬畏之心永远是我们的导师,它让我们清醒地看到自身的局限和不足,并且承认这些不足。这是一个人在成长中难能可贵的资源。

敬畏对手才能战胜对手。诸葛亮死后,司马懿以水代酒祭拜孔明——一个几乎要了他父子三人性命的对手。

也许有人对这一幕嗤之以鼻,觉得是猫哭耗子假慈悲。但许多人不明白一个道理,对手的存在既是你迅速成长的动力,也是你存在的意义。

司马懿在悼词中赞道:"你一生清清白白,就像这水一般,虽然你我为敌六载,但我却一直视你为知音,孔明,让我尊你一声,先生。"

司马一生谨慎,敬畏对手不是坐以待毙,而是积蓄力量,不争一时得失。成大事之人必有胸怀和远见,不被眼前得失迷住双眼。他们是深知自己的人,绝不会沦为情绪的奴隶。

台词五:"不要和愚蠢硬碰硬,要学会向愚蠢低头。"

曹爽逼太后迁宫,为了更方便地控制年幼的皇帝,司马昭对父亲说:"这是在凌辱司马家,忍无可忍之时就无须再忍。"

他问司马昭:"曹爽比诸葛亮如何?"

司马昭回答道:"蝼蚁尔。"

司马懿说:"与愚蠢硬碰硬,拼个头破血流,岂不更愚蠢?人这一生,难免和愚蠢为伍,要学会向愚蠢低头。"

向愚蠢低头并不是向愚蠢臣服。这里的"低头"包含了人生的大智慧,《庄子·秋水》说:"夏虫不可以语冰,井蛙不可以语海,凡夫不可以语道。"

司马懿洞悉了世间大势,不在对手极盛之时与之硬碰硬,更不会轻易地亮出自己的实力,他懂得盛极而衰的道理,任由曹爽擅权,忍之常人不能忍。他在积累人心所向,积累自己的势力,等待机会,一击而中。

暮年司马懿的那身红袍,极美!做了一辈子别人的刀,终于做了一回执刀人。那身红袍就像是一团火焰,裹着这个鹰视狼顾的智者走向权力的巅峰。

人生说长也长,笑到最后才是赢家。人生说短也短,活不明白,纵然枉活百岁又有何意。

杂 谈 篇

江湖夜雨十年灯

其实，你误会我好久了
——心理工作者的侧影

对于普通人而言，心理咨询行业是带有神秘感的，这是我在跟很多人的交流中获得的结论。对于这个行业，一般会有两种截然不同的看法。

第一类人经常会问我："你一定没有烦恼，更不会有痛苦……"

我反问道："你为什么会有这样的看法？根据是什么？"

通常对方会给出大致两方面的理由，一是看到我的朋友圈，觉得我每天过得都很充实、快乐；二是觉得我从事的职业是帮助别人化解痛苦，自己肯定已经大彻大悟。每当听到这些话我就只能笑而不语，因为他们不太把我当"人"看。医生也会生病，这个道理应该不难理解吧？作为一个活生生的人，怎么会只有快乐而没有痛苦呢？痛苦不存，快乐焉附？

善于思考的朋友会问得比较深一点儿："如果你有痛苦，会怎么解决呢？"

我反问："干吗要解决？痛苦来临时，我会像迎接一位久违的老友一样敞开怀抱去接纳它,允许它穿过我的身体,甚至成为我的一部分。"对方听到此处往往会用疑惑不解的眼神看着我。

而常人的做法呢?首先是本能地防御、拒绝、对抗痛苦,也许精疲力尽后才会被动地接受痛苦,很多人即便是精疲力尽了也不接受痛苦。我们当下的状态都是过去所有经历的综合,你有什么理由和权利只接受好的感受,排斥不喜欢的感受呢?痛苦本身没有什么可怕的,最可怕的是不接受痛苦的发生。痛苦有什么不好?它至少提高了我们对幸福的感知能力。

有人说:"你像个'情绪垃圾桶'。"

我一般都一笑了之,不去作答,跟很熟的朋友则会开玩笑地回应一下:"你才是垃圾桶呢!"

媒体记者采访我时也常问我这个问题。

其实作为一个心理工作者,最重要的不是去治疗别人,而是要先治疗自己,也就是通常所说的自我成长。没有完成个人成长就开始执业的人是极其危险的。我不敢说我已经大彻大悟了,但至少我用了很长时间来自我成长,已经将自己生命历程中的各种情结、创伤深入剖析、修复了。

记得有一次在大学讲座中,一位学生提问:"老师,您每天接触'负能量',如何才能不对自己造成影响?"我回答她说:"当你是一汪清水的时候,无论怎么搅动还是一汪清水。当你看上去像一汪清水时,实则在水底还有淤泥沉积,遇到搅动时便会泛起沉渣。内心通透的人听到负面事件只会生起慈悲之心,与之共情,但不会影响到自己的生活。"

在多年的工作实践中我发现,当与每一个来访者面对面的时候,我总能从他们的负性经历中找到自己生命成长的痕迹,这些痕迹会更加促使我成长。与其说我是在给他们做心理治疗,不如说我们是在相互疗愈。

王二狗的桃花劫

一天,王二狗给我打电话,说有急事面谈。我问他,什么事儿,急成这样。他说:"小三儿打上门来了!"起初我以为他是在逗我,于是在电话里跟他说:"少废话,要来赶紧来!"

没过多时,王二狗出现在我办公室里,他坐在我面前,脸上挂着从未有过的凝重。我这才相信,电话里说的"小三儿打上门来",确有其事。

王二狗是我十几年前认识的一个哥们儿(称呼他王二狗,我并没有任何冒犯狗的意思)。怎么形容他呢?我想用"直男"来描述他,再恰当不过了。王二狗话少,长相极普通,从来不捯饬自己,常年穿着那件洗得已经褪色的条纹衬衫,脚上穿的永远是那双布满灰尘的黑色皮鞋,总是梳不整齐倔强的头发,也永远剃不干净胡子,吃穿从来都不讲究。呵,这样的人去找小三儿,让我这"油头粉面"的人儿情何以堪哪!

他开门见山说道:"兄弟我作大了。我在外地找了个小三儿,现在她打上门来了,要逼着我跟我老婆离婚!你平时接触的类似案例多。我该怎么办？给兄弟我指条明路。"

实话说，我从不为熟人做心理咨询，因为双重关系是心理咨询的障碍。可是江湖救急，看来也容不得我推掉，就破例一回吧！我说："把你那风流韵事一一道来吧！看看本王能不能替你做主。"

他挤出一丝苦笑，从烟盒里抽出一支烟点燃，深深地吸了一大口，而后像叹气般地吐出一大团烟雾，有气无力地说起这段几个月前开始的"艳遇"……

前段时间，王二狗迷上了在某直播 APP 上观看那些妖艳的"小狐狸"搔首弄姿的视频，看得他心旌摇曳，不能自已。时间久了，他就固定看一个"长腿妹子"跳肚皮舞。那魅惑人心的曼妙舞姿让他的心荡起了双桨。他打赏"肚皮舞娘"慷慨大方，一个月就花掉了几万块钱。

听到这儿，我倒吸了一口冷气："真是有钱啊！相识十多年，你从来没对我这么慷慨过！连请我吃顿便饭的次数都是极少的。"

听我这样说，他有些不好意思："人嘛，总是要有点儿癖好的……"

我不再接他的话，让他继续讲下去——

他们互相加了微信，互撩！情话儿被他们说了个遍，下半身的躁动不安代替了理智。

一次出差，他路过"肚皮舞娘"所在的城市，鬼使神差地下车约了她。他们一起吃饭,聊天,甚是投机,彼此慨叹相见恨晚,一来二去就聊到了床上。

"蜜月期"总是美好的,激情四射!王二狗不辞辛苦,仿佛重新焕发了青春,每周都要去到她所在的城市住上一两天,云雨一番……初见时,王二狗告诉她:"我有家,有妻,也有娃。"但他们依然奋不顾身地"飞蛾扑火"了。他们都觉得自己找到了爱情,并且相信彼此的爱像北极的冰川那样坚不可摧……

在他絮絮叨叨的讲述中,我想起弗洛姆在《爱的艺术》中的一句经典语录:"人们往往把这种如痴如醉的强烈程度当作是强烈爱情的证据,而实际上这只不过表明了这些男女先前是多么地孤单、寂寞、无聊而已。"

我把飘走的思绪拉回来,继续听他讲述——

小三儿对王二狗说:"俺不图你别的,只要你能对俺好点……"

可谁知道,三个月后的一天晚上,他不在她身边,她喝得酩酊大醉,哭得梨花带雨,凄凄惨惨戚戚……此时的小三儿变了卦,她发微信给王二狗,说想要一个名分。她的眼泪泡软了王二狗的心。他退让了,怜惜了。

王二狗告诉我,她想要一个家,跟他的家。那天,小三儿哭着说:"你无论如何也给不了我一个家。"而王二狗一时激动,脱口而出:"你怎么知道我给不了你一个家?"

听到此处,我就像被雷电击中了一般,身体不由颤抖了一下,随口说道:"你怎么敢脱口说出这样的承诺?"

小三儿顺势向王二狗提出了让他限期离婚的要求。时间是一个月!

接下来的一个月里,她每天都会提醒他一次"你什么时候离婚?"王二狗稍有犹豫就会引得她大发雷霆,以死相逼。他的应对方式无非就是哄了再哄,买她喜欢的东西送给她。可是哄的次数越来越多,她和王二狗也越来越没耐心了。一天,小三儿竟然在朋友圈晒起他俩的"艳照"。王二狗吓出一身冷汗,立即给她打电话,好话说尽。她很得意,同意暂时将"艳照"删掉。

所谓旁观者清,我知道她的这些"艳照"设置了只对王二狗可见,可他身在局中迷迷糊糊,只能一次又一次地就范。这样的招数用多了,王二狗也变得有些麻木。于是小三儿又换了新招儿,不知何时拍了他的身份证信息,并且扬言要来找他。除此之外,小三儿还晒了安眠药、刀等自杀工具……威胁他若不离婚就死给他看,就这样日复一日地折腾着。

她在扮演一个"惩罚者"的角色,用自己的生命威胁他。除了逼他就范,她还要时时验证自己在王二狗心中是否重要。用她自己的话说:"我都这样了,你竟然还无动于衷……"

心理学家苏珊·福沃德在《情感勒索》一书中是这样

描述"惩罚者"的:"惩罚者想的是在情感关系的权利天平上,占一边倒的优势。惩罚者的格言是'你必须听我的。'不论你的感觉和需求是什么,惩罚者都要压倒你。他们会无视你的存在。"

我在思索:几近中年的王二狗为何会在阴沟里翻船,被逼到墙角呢?当一个人坠入情感勒索的迷局时,一团浓雾包裹着当事者,使他们既失去了对"勒索者"的行为进行清楚地思考的能力,又不知该如何应对,从而判断力变得模糊。勒索者会变本加厉,得寸进尺。

王二狗拿出手机给我看,小三儿晒了一张高铁票,说周五晚上就到!他急不可耐地向我寻求对策,我不得不帮他出谋划策。我说:"你赶紧定郊区温泉酒店,周五晚上动身,和老婆、孩子在外面滑雪和泡温泉。也许这是一个馊主意。你周一早上再回来。如果她两天寻人无果就此罢休,那你就赢了!"王二狗眼睛一亮,拍手称好,并和我约定,让我这几天24小时手机待机,保持联络。

我安稳地度过了周末两天,以为王二狗顺利地度了此劫。

可谁知,周一一大早,我还在梦里,电话就响个不停。电话那头传来王二狗急促的声音:"她正在我家楼下!她真的来了!我老婆在市场买菜。怎么办?"他迫不及待地向我要解决方案。我未加思索答道:"赶紧截住她!不能让她跟你老婆见面!"

说完,我挂了电话,起床洗漱。在浴室里,我听到手机响个不停,我知道,此刻的王二狗已方寸大乱。暂且不去管他了!

中午时分,我在办公室接到一个熟人的陌生电话。"喂,你是觉民老师吗?您好!我要做心理咨询,你有空吗?"电话里传来王二狗的声音。我还得佯装不认识,给他指了一条来我这里的路。他带着小三儿如约而至,像正常的心理咨询流程一样,我问起他们到访的目的和事发经过。

她开口就哭哭啼啼骂他忘恩负义、玩弄女人,不履行对她的承诺,反复说着车轱辘话,啰唆个没完。几个小时的时间里,她的情绪几度失控,骂骂咧咧,还几次动手打了王二狗,并且迫不及待地给我看他们爱情的证据——那些"艳照"。

我接过手机,用批判的眼光翻看着那些"艳照",下意识地抬头望了一眼王二狗,他与我对视的一刹那,窘迫的神情在他脸上一扫而过。

我问小三儿:"你们的关系已经僵到如此地步,即使他履行承诺和你结婚,那你们又如何维系婚姻呢?"她说:"他必须离婚,即便跟我结婚第二天再离婚,我也认了……"

我心中暗想,关系闹到这种地步,看来她要求的结婚已经不是婚姻本身所蕴含的意味了。她要以胜利者的姿态攻下王二狗这座城。谈话总是回到她的小逻辑里跳不出来,她罔顾事实,又胡搅蛮缠。听着她喋喋不休的哭诉,我更加确定了自己之前对她做出的判断——她是一个严重的"情感勒索者"。

情感勒索者认为:他们跟他人之间的矛盾冲突都是别人的错误造成的,他们是其中的受害者。他们不断攫取和压榨着对方的爱来滋养自己,就像全能自恋的婴儿。他们自己不产生爱,仅仅靠着压榨的那点儿爱活着。最终,对方的爱被压榨干净,这段关系也就结束了。然后,他们再寻找下一个目标。周而复始,无穷无尽。

在咨询的过程中,趁王二狗出去接电话的空当儿,小三儿提出可每小时多付给我二百块钱,求我劝他离婚,让他跟她回她所在的城市。我说这超出了我的能力和职业道德范围,我做不到。直到下午其他来访者到访,我不得不中断与他们纠缠不清的咨询。我毫不客气地收了王二狗几千块钱的咨询费,而后他们匆匆离开了。

第二天,王二狗打电话给我,说小三儿出门后在车上吃了一瓶氯硝西泮(一种精神类药物)。王二狗大为紧张,于是把车径直开到了附近的医院给她洗胃。她在上段亲密关系中,就曾经用吃安眠药自杀的方式来控制对方。在我看来,她目前经历的这段关系只不过是上段关系的延续,正巧让王二狗摊上了。

我在电话里跟王二狗说:"出来混总是要还的,她固然有人格方面的障碍,心理极不正常,但是这一切都是你自己招来的。你活该,咎由自取。唯有面对事实,勇于承担,并且去做深刻反思才是救赎灵魂的正途……

"泡妞儿泡成老公,炒股炒成股东。大会不发言,小会不发言,前列腺发炎。血压高,血脂高,工资不高。"我问王二狗:"对于男人的四大尴尬,你占几个?"电话那头只剩下无奈的苦笑。

王二狗说,他老婆已经知道了此事,而小三儿则请了两周假,住在他家附近的小旅馆,依然每天去家里闹个不停。王二狗按她的要求给了她几万块钱的"青春损失费",她答应就此罢休,结果不到半天就反悔了。

王二狗的老婆对她说:"我们会离婚,别闹了姑娘,你还年轻,不能要这样的男人。"她说:"姐姐,打死我也不会要这样的男人。"可回头她就跟王二狗说:"跟我回去吧!我们结婚,再生个娃,好好过日子……"她依然活在自己臆想的世界之中无法自拔,以为只要王二狗离婚,她俩就能幸福地生活下去。

她还对王二狗说:"什么心理专家,根本不向着我说话……"说实话,我在为他们做咨询的过程中一直提醒自己:客观!客观!再客观!

狂风暴雨依然不停,王二狗魂不守舍,已经不敢回家了，而他的老婆孩子正在承受着这一场由他引发的暴风骤雨……

在这个年代，有些人出轨出得理直气壮。是时代让他们退化到了低等动物的状态，还是他们没了做人的基本道德底线？我无力对此谴责和鞭挞，成年人都懂的道理，但他们的行为又显得那么没有道理。

在王二狗的桃花劫事件中，他们虽然花了几千块钱咨询费，但都不是真正的咨询者，因为他俩都没做过深刻的反思，更谈不上经过此事获得成长。王二狗想利用我不费吹灰之力就平息他欠下的情债，而小三儿则想利用我说服王二狗跟她结婚。他们拿我当救命稻草，可他们不知道的是，历经沧桑之后的心理成长才是他们的救命稻草。

慎独，自持不易，但坚守后必有回报。苍天不曾饶过谁！我对王二狗没有同情。生活本已艰难，何必再造罪孽？没人欠你的，你却欠自己一场修行。

如何嫁给你爱的人？

1976年出生的舒淇，在40岁时与冯德伦低调完婚。40岁的女人像是绚烂的秋天，妖娆而不艳丽。40岁的女人褪去了20岁少女的羞涩，没了30岁熟女的矫情。

不是每个人都会在40岁收获不惑，这需要40岁之前有足够的阅历，并且有足够的反思能力和成长的动力。

舒淇生于台湾，自幼家境贫寒，高中辍学后就担负起养家的责任。以拍三级片而走红的舒淇说："我要把脱下的衣服一件件穿回来，我要成为像张曼玉那样的演员。"同样的行为在不同人身上的结果是不同的，因为行为背后的心态是不一样的。与现在"一脱成名"的人相比，舒淇的"脱"更多的是隐忍。

我相信舒淇今天的成就绝不是"脱"带来的，而是由当年的隐忍转化成的动力升华而来的，否则当年的走红只会昙花一现。无论成功与否，很多人都要经历生命中一段灰暗的时光。有的人就此沉沦，而有的人却逆袭升华。你不能选择如何生，却可以决定如何活。

早在2012年11月，正在拍摄《太极》的冯德伦大方晒出与舒淇的合影。原以为两人的恋情这次会修成正果，怎料舒淇竟然在社交媒体上大发感慨："承诺就像放屁，当时惊天动地，过后苍白无力。现在的我，你爱理不理，记住了，以后的我，你高攀不起！"这段狠话撕心裂肺，被疑二人情变。

40岁的女人懂得了婚姻的真谛不是结婚的形式本身，而是与内心合二为一。我常在电视台的婚恋情感栏目中表达我的婚姻观——婚姻就是两个相爱的人在共同生活愿景下的相互妥协。我的婚姻观在冯德伦和舒淇的婚姻中得到了验证，他们相爱并且互相妥协了。

舒淇和冯德伦结婚，对于相识20年的情侣来说并不突然，这一点并不能吸引我的关注。引起我关注的是，他们的婚礼简约而不简单。婚姻不是高朋满座、推杯换盏，也不是照亮天空的烟火，而是成熟的你和我一生的约定。我认为这是最精彩的一场婚礼。

舒淇说："我知道许多人想娶我，可是不知道我能否嫁给自己爱的人。"我相信她跟他，一个嫁给了自己爱的人，一个娶了自己爱的人。希望你也是！

天黑请闭眼，节日请安静

每到重要的节假日，每个人或多或少地会收到那些"制式"的问候信息。没微信之前大家都群发短信。自从微信取代了短信之后，各种"制式"祝福就变得更为廉价，就像垃圾一样铺天盖地地挤进你我的手机。我一直认为，"制式"节日祝福是有损人际关系的。

每逢节假日，我的微信就像被狂轰滥炸一样。90%的信息就是我说的那种"制式"祝福，内容基本雷同。有的人会在祝福词后添加自己的名字，而有的人发给我的信息后面甚至有别人的署名，因为他收到别人的信息后都懒得看，就直接群发了。对于这样的祝福信息，我基本不会回复，而是直接删掉。

群发"制式"节日信息不是祝福而是一种骚扰。不堪其扰之下，我在社交媒体上发了一段话："别再群发雷同信息了。"这话有点儿直接，但说出了很多人的心声，这是我从评论中得出的结论。

尤其是那些不认识且跟你没有交集的陌生人，他们发信息的意义何在？你以为他们是在祝福你吗？他只是借机看看是否有人删了他而已。这样的人极度缺乏自信,智商低下,没有安全感,在现实中也没什么存在感。

最初我不理解为什么微信没有被删提示这样的功能。现在我理解了,是因为开发者为了保护脆弱的人际关系。试想一下,某人前脚删了你,一秒钟后你就收到提示:"尊敬的微信用户,您的朋友xxx已经将您删除……"你的内心会有怎样的挫折感呢?而心理学家发现,挫折感会在特定的情境下转化成侵犯行为。当然这样的侵犯行为不一定是暴力行为,也许是语言冲突,对人际关系的伤害巨大。

对方是否删了你,你早晚会知道,而且方法很多。如果你用发"清一清"这样的方法,传递给朋友的信息是"我并不信任你,我也没有自信,只有用这样的方式来试探你了"。将心比心,你会接受别人对你的试探吗?对人的不信任是对对方人格的极大侮辱。网络真是一个测试情商与智商的地方,在这里你的智商与情商暴露无遗。在信息碎片化的时代,不制造信息碎片骚扰别人就是一种善良。

当然我也收到了很多真诚的祝福,通常都很简洁。信息开头会有对我的称呼,对于这样的信息我都会认真地致谢回复,并致以同样的祝福。真诚的祝福是能让对方感受到真情实感的,而"制式"祝福非但不能增进人际关系,反而会损害人际关系。好的人际关系不是节日的祝福信息,而是在平常日子里心与心的真诚交流。

"废话"只讲给所爱之人

我不知道在什么时候,也不知道通过什么渠道在微信中加了许多陌生人为好友。我猜想他们可能都来自微信群里不相识的人。我每天至少收到几十个陌生人的"搭讪"信息,通常我都会选择不回复。一是因为时间不多,二是因为跟不会有效交流的人搭话要耗费很多时间,而时间成本常常被人所忽略。

这些"搭讪"的人通常很有礼貌,会先发完"你好"或者"在吗"后等待你的回应。虽然很有礼貌,但这其实是一句废话。网络社交不同于现实社交。如果你按照现实中的方式与对方交流,要不就是在网络中,有大把的时间,要不就没有急事。我曾经遇到过好几个连续问了好几天"在吗?"的执着人士。无奈也无语!

如果我有事要发微信给朋友,通常会这样说:"你好,我因何事找你……"然后用一大段话把要与对方交流的事情一次说完,这样很快就会收到对方的回应。这是一种有效的交流方式,把你的意图表达清楚,为对方省了时间,也就是为自己节省了时间,这本身就是对自己和对方的尊重。

一个专门负责转载授权的公众号的小编微信签名是:"打招呼,不用问在不在,直接告诉我转载哪篇文章,转到哪个公众号。"

看到这里我就知道他经历了多少跟我一样的无效沟通。发现深陷困扰的不止我一个人,突然有了一种被理解的感觉。打电话时我也很少闲聊,我一般会提醒来电话的人少些寒暄,直接切入正题。也许许多人觉得我没有耐心,其实对于无效交流我真是没有耐心。因为那些无效的沟通不是正常的工作,是浪费生命。

有一种观点是交流中的"废话"越多,证明幸福感越多。暂且不去考证这样的观点是否正确。我知道每个人每天都会说很多废话。我也一样,我不是不会说废话,但不会在工作中说废话。我只会跟亲近的人废话连篇。

我发现其实一个对自己尊重、对别人尊重、对事业忠诚,或是事业有点儿小成的人都是如上述文字所描述的状态。

世上最昂贵的东西之一就是时间,因为时间对于每个人来说都是无尽永前的。

我的工作是按小时计算收益的,我们都需要在单位时间内创造出最大价值。这些年来我越来越忙,时间被媒体和日常工作填满,对自己的时间就更加珍视。我逐渐学会推掉很多无谓的应酬,不再把时间浪费在无效的社交上,而是把有限的时间留给至亲好友。

突然想起前几天发生的一件小事。那天我写完媒体的约稿已是凌晨，准备洗漱就寝时，手机传来微信的提示音。

她："偶像！"

我："你怎么还不睡觉？"

她："问你个问题。算了，怕你跟我要咨询费。我付不起……"

我："晚安！"

对白结束，其实我知道她设计的对白是这样子的：

她："算了，我怕你跟我要咨询费，我付不起。"

我："你在我这里永远是免费的。"

套路虽深，但碰上我这个千年老妖是无效的。说实话美女在我这儿不好使，我不吃这一套。因为我尊重我的职业，从不轻贱地将我的专业知识随便给予人。我觉得许多人都有自编自导内心戏的习惯，可这位美女内心戏也太足了，我觉得她完全可以做编剧了。可遗憾的是我永远不会按她设计的台词说话，索性来一句"晚安"。有事说事，没事不瞎磨叽。

不自信的人会在向别人发出一个请求后，没等对方回答，先替对方拒绝自己。这是一种自我心理防御，他们的潜意识是这样运作的，而他们自己意识不到。他们的想法是"自己拒绝自己总比被别人拒绝要好"，他们更期待对方以肯定的回答来给自己信心。可信心是自己赋予自己的，难不成是别人欠你的？

尊重自己的感受和要求，并且不掩饰，有能力直接表达，我觉得这些是一个心理健康者应具备的基本素质，或者说是一个有着正常情商的人应该具备的能力。正话正说，正向表达。我自己写了一个情商公式：

情商＝感知自己情绪、情感的能力＋正确感知他人情绪、情感的能力＋完整的表达能力。

语言不只是交谈的工具，它可以上升到一门艺术。好的语言表达不仅会让别人舒服，更会让自己事半功倍。每个人都是自己的一面镜子，我们应该学会在与对方交往中看到真实的自己。

时间并不如贼，
时间还是个贼

还记得千禧年（公元2000年）时的情景，世界各地的人们不约而同地额手相庆。那份喧闹和喜悦就像是吃了一大罐蜂蜜……

1999年的最后时刻，那条看不见的"千年虫"让人类集体失眠。鸡先睡了，它要早上起来打鸣，其他动物也随之都睡了……只有全人类"独醒"。

当时正值二字打头，鲜肉年纪的我也随着如潮的人流，熙熙攘攘地走在灯火通明的大街上，来迎接人类规定的公元2000年的到来。我第一次知道"摩肩接踵"并不是一个形容词，谁都没觉察，地球却在看着无知的人类冷笑。

从2000年以后，我就不再跨年了。我害怕我的日历又加上一道年轮，我明白了跨年的意义是提醒自己又长大一岁，又老了一年，很多事都没来得及做，却离坟墓又近了一步。

千禧年开了一个不好的风气，从那时开始大家开始跨年，乐此不疲地歌舞升平，没完没了地推杯换盏，大有"娱乐至死"的劲头。净是一些转圈圈的花裙子让你头晕眼花，好像你跨了年就会拥有童话故事里的幸福。简直是胡闹!

时间是个贼,我不想与它共舞。时间让你的孩子长大,离你远去,让你的父母日渐衰弱,最终离这个世界而去,而你也终将会被时间带着,极不情愿地离开这个纷乱的世界。

平时我都是在凌晨入睡,但唯独在每年公历的最后一天,我总会强迫自己在零点以前入睡。我不想看到电视台直播倒计时敲钟的那一刻,每年此时,我都与周公有一个俗不可耐的约会。顺便提醒一下各位朋友,别给我发各类跨年的祝福微信以及短信,我自求多福。

我不期待跨年,我只有一个小愿望——只要能看到早上初升的太阳和我所爱的人们,我就会很开心!你们跨你们的年,我先洗洗睡了。

你这一生能跨几个年?回答这个问题,比哥德巴赫猜想还难。今晚零点之前,我会对着窗外被雾霾包裹的月亮,点一根烟,喝一口波尔多,感叹:人老,畏时间如贼。

絮絮叨叨说了些什么?

2017年还有三天就结束了。

"幻灭!"是我一个中年人对这一年的感觉。

我觉得"幻"和"灭"就是时间的本质,或者说是对人世间诸法相本质的描述。它能让一切烟消云散,物非人也非。

"幻"是虚幻、假象,空空如也;"灭"是消失,是不存在。小时候读古典四大名著真是读不懂,最多就是多认识几个字儿,年龄大了后,再翻看,才知道说了些什么——

《三国》曰"空",《水浒》曰"隐",
《西游》曰"修",《红楼》曰"梦"。
　　是非成败转头空。
不如且覆掌中杯,再听取新声曲度。
覆载群生仰至仁,发明万物皆成善。
浮生着甚苦奔忙,盛席华宴终散场。
悲喜千般如幻渺,古今一梦尽荒唐。

我把四大名著中的开篇词攒在一起，以佐证我的幻灭感。

美好的东西都是短暂的，转瞬即逝，给你瞬间快感。快感又成为你的回忆，但再美的回忆也只是回忆，而不是快感。

为什么美好的回忆带不来美好的真实感受？这是让我痛苦的来源之一。

我只有不断制造并且体验着能让我快乐的事物，才能让我有活着的真实感觉。但是这个过程异常艰辛。比如你从开始想写一本书，到付梓出版；比如从一个大肚油腻男到成为身形线条流畅的型男……

时间对每个人来说都是不公平的。我总觉得做了好多事，又好像什么事都没做，还觉得许多事没来得及做。不知道你是否也能体会到如我一样的焦虑感？

这是我自恋了吧？把我的中年危机洒向了人间。竟然觉得我有的焦虑感你肯定也会有。罢了！罢了！只说自己吧！

翻开我的工作日志，发现这一年有1200多小时的心理咨询记录；读了38本书，写了30余万字；追了三部剧，看了40多场电影；参与了100多次电视、广播、新媒体节目录制……

我发现我还可以挤出很多的时间，总是觉得愧对流逝的时间。我想有些事如果重来，也许可以做得更好；有些话如果重新说，可以说得更动听……

我总是幻想可以任意拨动时间的进度条，可以一次次重复美好，可以修正失误。我可能真的病了。脑子出问题了。

唯一可喜的是，我不再去思考人生的意义是什么了，这个焦虑病竟然奇迹般地消失了。说实话，从内心而言，其实我是想随波逐流的。我想让自己活在人间与桃园两界，可以随意转换。

回首这一年，你是否实现了自己的梦想？是否跟你爱的人在一起，抑或是他／她离开了你？

时间对每个人来说都是公平的。它不会因为你的地位和名望格外青睐于你。生老病死，爱恨情仇，你是一样也逃不掉。

成佛的成佛，作恶的作恶。

天道昭昭，循环往复。

万法皆空，因果不空。

岁月无痕，浮生若梦。

愿你和我的梦想在 2018 年幻灭之前都能成真。

愿你我心生欢喜，各自安好。

地铁，雾霾，随想
三个自由

2017年1月3日，周二，元旦假期后的第一个工作日。如果不是因为工作，我根本不会迈出家门半步。

雾霾让我的心情沉重而纠结。我像个傻子一样地带着防霾口罩，眼镜沾满了通过口罩释放出的水汽，朝地铁站走去……

上车坐定后，我在想：我究竟在为什么而忙碌？我让凌乱的思绪信马由缰。我想起常常挂在我嘴边的话。人的一生追求三个自由：时间自由、财务自由、心灵自由。盘点一下，在不惑之年，我获得了几个自由？

细思极恐，这三者皆具者寥寥。

时间不自由者，如我。时间为刀俎，我为鱼肉。

曾几何时，我被时间切割成了数不清的碎片，仿佛是摔成了一地碎片的镜子，映出的全是我肿胀的脸和带着血丝的眼。

现在，我当真听懂了齐秦的那首《夜夜夜夜》里的歌词——反正我的灵魂已片片凋落，慢慢地拼凑，慢慢地拼凑，拼凑成一个完全不属于真正的我……这首歌对我而言就是一首祭奠我死去灵魂的哀乐，有一种想哭的冲动。

30年前，我做梦都想不到，那个无忧无虑的孩子，长大后会沦为时间的奴隶。那时候天总是很蓝，日子总过得太慢。那时候可以自然醒，自然睡，自然吃，自然拉……那时的"自然"成为现在有点儿奢侈的梦想，现在天天梦想着睡到自然醒，能去做自己想做的事，能把时间踩在脚下。而现实是，现在的我被时间碾压得筋骨寸断……

人啊，无事嫌烦，有事嫌累。

财务不自由者，如我。钱为刀俎，我为鱼肉。

我被钱出卖给了时间，换来少得可怜的钱却再也买不回时间，仿佛被判了斩监候的死囚，月光下一身惨白，只剩一身枷锁和呆滞的目光，等待引颈受戮。

20年前，我做梦都没想到，对钱没概念的我，如今会沾染一身铜臭之气，日复一日地"坐台"（心理咨询），可怜巴巴地待价而沽。我也曾把陶公的"吾不能为五斗米折腰，拳拳事乡里小人邪"诤言当作处世的座右铭。而今却为半斗米，就心潮涌动，不能自已。恨自己无能，没有马云之志，没有王健林之财。立足今天，妄想赚尽后世之财。

人啊，拥有了还想拥有，失去了扼腕叹息。

心灵不自由者，如我。心魔为刀俎，我为鱼肉。

我依然为凡尘俗事心起波澜，案头枕边的佛经，口中的佛偈依然压制不住"贪、嗔、痴、慢"的躁动……所以常常被禅师教诲:"于诸病苦,为作良医。于失道者,示其正路。于暗夜中,为作光明。于贫穷者,令得伏藏。"

10年前,我做梦都没想到,如今会变成连自己都不认识的样子,一身戾气,满嘴毒舌,真是越活越倒退。回顾自己的成长历程,就是一部动物的退化史。

佛祖说:"世间一切众生皆具如来德相。"可我的"如来德相"丢在哪儿了呢?我口中念佛,心中如魔……还是祈愿终有一日,得无上正等正觉,化心魔为慈悲。

人啊,智商越来越高,情商愈来愈低。

雾霾挡不住我像精神病一样杂乱的脑电波噼里啪啦地发出不着调的信号。各种怪异的、破裂的思维片段不断涌现。地铁跑了一万年才响起报站声,打破了我如脱缰的野马般的思绪。

一个温柔女声撩了我的耳朵:"各位乘客!揭谛揭谛,波罗揭谛,波罗僧揭谛,菩提萨婆诃。"哇,彼岸到了!……

摘下口罩的那一瞬间,坐在我旁边的大妈眼睛里灵光闪动,高声道:"你就是电视节目里的那个谁谁谁!"她很兴奋,我很尴尬。我连忙道:"对对对,我就是那个谁谁谁……"看来口罩不仅有防霾的作用,更重要的是防尴尬。我爱它……

今天去广电大厦是为痴男怨女录制相亲节目,只愿他们能在雾霾中,看彼此更美,从此相爱一生,不离不弃。

若读懂此文,那你也如我,病得不轻……

我不是读书人

有人说我是"读书人",我誓死不肯承认,怕辱没了"读书人"这么神圣的词儿。虽然我也读过几本书,却依然离"读书人"足有南极到北极的距离。

如今,网络媒体发达,博眼球的视频节目、名人八卦比比皆是,剩下那点儿读纸质书的人,就成了珍稀物种。

时间被碎片化,文章也像电线杆上的小广告一样,标题醒目,内容庸俗,让人头晕目眩。看姑娘的人比看书的人多多了。

一篇好文章,是一种经过诗书的浸润,加上人格发酵而成的独特精神产品,写文章不是一种单纯的技能。现在能读到一篇好文,比去土里刨一块和田玉还难。那是因为写文章的人被诗书浸润得不够或是人格有所残缺。

前几日,朋友送了给我一个 Kindle 阅读器,说里面可以存五万本书。我脑补着五万本书的价值和体积。保守地说,五万本书值一百多万人民币,得找至少价值千万的房子才能装下。但它却轻易地被一个价值千八百块的阅读器装下。科技最牛!

我不懂什么牛科技，但我知道，我这辈子即使啥都不干，也读不完五万本书。Kindle虽然视觉上像纸质书，但我怎么也适应不了它的手感，有一种不真实感，像隔着玻璃看风景。用了两天便转手送人。我告诉那人，好好珍惜这价值几百万的Kindle阅读器，那人却在灯火阑珊处向我翻白眼儿。

本尊处女座，可以睡猪窝，吃路边摊，但精神无瑕。读书不能凑合，凑合着读一本书还不如不读。读完不等于读懂，读书的数量不代表学识。很多"读书人"实际上只是买书人，目的不是为了读，他们臆想买书就等于买到了知识，妄想占有那些书后获得内心的补偿。想到此处，我便低吟："色即是空，空即是色……"

读书，无非是通过别人的视角，多几个维度来看世界。生活亦是如此。你用心去读书的时候，也是你的世界开始变得立体而丰富的时候。

更重要的是你要学会作者的思考方式，即便你未必成功，但这是通向自我觉知之路。当你有N个思维方式时，你根本就不需要向任何人讨教，想不牛都难。

读书万卷，就连爆粗口都显得那么帅，素质非凡。你会说孺子不可教、朽木不可雕、竖子、老贼、匹夫……顿时你的世界里物种繁茂，生生不息。

读书就像吃饭，咸淡酸辣各有喜好。很多人问我最近读什么书,求推荐。我一时间尴尬症都犯了,人家看我欲言又止,还以为我自私保守。让我荐书,就像你去饭馆吃饭,你问服务员"你们这儿有什么好吃的?"一样让人难以回答。

我不知道该推荐你看佛经还是历史,文学还是哲学。推荐冯唐,你说流氓;推荐金庸,你说疯狂;推荐历史,你说虚无;推荐哲学,你说深奥……最后就是不欢而散,所以我得出的结论就是荐书毁人脉。为了保护我脆弱不堪的人际关系,我的原则是不谈国事、不荐书。

我缺钙补钙,你缺铁补铁。不必请人为你荐书,我的琼浆也许是你的毒药,完全依了自己的胃口就是最好的。

不要在乎读过的书是否能记住,就像你记不住昨天吃过什么,但它会化为能量入骨进髓,外显于气质。需引用时,复读之,此生难忘。

厚书不过五句话,薄书可写十万言。到了这个境界才不负读书人之名。

上过十几年学和读过十几年书是完全不同的两个概念。读考试的书,读一百年也变不成读书人。

想起宋真宗赵恒写的《励学篇》:"富家不用买良田,书中自有千钟粟。安居不用架高楼,书中自有黄金屋。娶妻莫恨无良媒,书中自有颜如玉。出门莫恨无人随,书中车马多如簇。男儿欲遂平生志,五经勤向窗前读。"

皇帝老子画了个饼,开科取士,不过是统治者的鬼蜮伎俩。

　　读书不为功名利禄。读书就像吃饭，吃饭是为了喂养身体，好好活着。读书是为了喂养精神，好好活着。

背后说
别人坏话的快感

昨天师姐打电话，说有问题请教。我知道这是自谦之词，像我这样把"自谦"从大脑中删除的自大狂患者，已经成了珍稀物种。而他们这帮无所不知的人，都有一副严谨、谦虚，还有点儿虚伪的面孔。

下午三点多，我酒足饭饱回到办公室，师姐凌波微步，落叶无声地飘到我眼前。

一年多没见，如领导人会晤，四爪相握，五官挤到一起，如花朵绽放一般，寒暄……

师姐说："你瘦了好多。"

我说："谁的肉谁知道，然而它们就在那里不增不减。"

她说："昨天见老李了。你们这些年变化很大，从身形上说都变得紧实了，从内在来说都变得通透了。"

会说话的人总是受欢迎的，甭管是恭维之词，还是肺腑之言，"良言"让人听起来十分受用。

忘记介绍师姐了，她是某法院法官，太极高手，作家，心理学者，品酒师，某年某地的高考状元。

但愿我对她的描述没有冒犯到她。我不是说她在自己的职业中不专业。我只是想表达对她的敬仰之情犹如滔滔江水绵绵不绝,以及后现代社会背景下的人,具有多样的社会属性。

她说:"昨天跟老李聊起你来,我说最近看过你写的几篇文章,感觉变化很大……"

我笑道:"恩师没骂我这个'孽徒'吧?"

她爽朗大笑:"哈哈哈!没有没有,只是说你写东西太老实了……"

我将一口茶喷了出来:"我这个当年的'老实和尚'经过多年吸收日精月华,已成功晋级为'老流氓',居然说我写东西太老实,恩师不是疯了就是老了。"

俩人谈论着老李,放肆地大笑……

师姐说:"他也许没看过你近期的几篇文章。"

"这是肯定的!"我毫不迟疑地分析道,"老李的自恋程度不亚于我。他只看自己的文章和他带的那帮小徒弟的文章。"

她问:"你怎么看老李让弟子们写文章,把写文章作为一个心理咨询师的必备训练和技能之一?"

我反问:"你觉得写文章是天赋还是训练出来的?"聪明人通常不作答。

我只好接着说:"我认为写作能力八成来源于天赋,两成来源于后天训练。就如你,一个法官写出的东西跟职业作家写的没有什么两样。写东西也许是一个人成长的方法，但未必适合每个人。"

就写作这个问题我跟老李做过交流，他说："你不能等着有了灵感再写东西……"

我对这样的观点是不敢苟同的，心理医生写的东西可以像作家，但心理医生不是作家。作家的职业是写作，所以要保持写作状态。但作家写出的东西未必每一篇都是精品，他们只会把自己满意的作品出版。如果过多地将精力投入写作，在心理咨询的主业中可能会失去很多。

写一篇好文章的确可以整理自己的思绪，看清来时的路，帮助自己成长，也可以让更多的人通过文章认识你，但这跟能否做好心理治疗是两回事儿。

写文章不是简单的技能训练。当然我不否认经过练习会在一定程度上提升写作能力，但有很多因素制约着一个人的写作水平。写作能力包括逻辑思维能力、语言文字表达能力、自身阅历、感悟反思、阅读能力……

师姐说："对于你说的我是认同的，我相信写作是天赋使然。有一次我去找中医诊脉。大夫不认识我，顺口说了一句你写文章不错……"

我笑了。没有几个作家是文学专业毕业的。

我跟师姐说："老李通过自己的方式成长，成为一个知名度很高的心理医生。但这不意味着他把自己的成功经验总结后传授给他的学生们，他们就能长成如他一般的参天大树。"

世界上的很多东西是可以复制的，但是成功无法复制。因为每个人的成功都有偶然因素，是各种变量的集合，正所谓因缘际会。

让马云失去现在的知名度、财富，让他重新创业，很难说是一个什么样的结局。至少社会环境这个变量发生了重大的改变……

我分析得口吐白沫，听上去鞭辟入里，师姐点头称是。对不对暂且不说，这就是口才，纯属自恋。

师姐说："你现在写东西跟以前不同，不像一个心理专家了，涉及心理学的东西也只是用几句话一带而过……"

的确，我承认，前几年我的工作之一就是装"专家"，写东西时总不自觉地把内容往心理学上靠，让内容适用于心理学理论，有削足适履之嫌，目的是要把自己变成一个专家。

有一天我突然意识到，所谓专家约等于傻子，以至于我参加电视节目和接受其他媒体采访时都会跟他们沟通，尽力避免在介绍我的身份时出现专家的字眼。

在一个多元文化社会里，用单一视角看现象得出的答案一定离事实真相越来越远。专业到了一定的程度就是障碍和束缚，管中窥豹，可见一斑。我们学完专业之后，就要扔掉专业,摆脱束缚。一定要经历这个过程。没有学过专业和学完专业后将其忘掉是两回事。

聊了半天废话,忘了师姐来的主题。

我说:"看来你已经去老李那里请教过了,没得到想要的答案,就来问我了。说吧!我好为人师,很乐意答疑解惑,但我可能也给不了你想要的答案。"

师姐说:"有单位请我去讲课,其中一部分涉及心理学的内容,所以问问你们这些心理专业的人该讲些什么。"

我说:"讲讲这个社会,讲讲自己的阅历,讲讲段子,总之讲自己已知的。"

这就是我给她的建议,不管她满意不满意。我说:"我在背后诽谤老师会不会遭雷劈?"

她很不厚道地说:"会天打五雷轰……"

写完此文时,看到窗外乌云大作,雷声隆隆。我先去躲一会儿……

逃离微信朋友圈

最近发现,关闭微信朋友圈的人越来越多。

一个朋友关闭了微信朋友圈,我问她是不是遇到了什么问题,比如失恋、事业不顺。我竟然还自以为是地给她下了"诊断"——逃避现实。

然而并没有,她说生活不只是微信朋友圈那点事儿,生活是鲜活的、实在的,她只是把自己的生活迁移出了微信朋友圈。偶尔她会给我发几张烘焙的美食或几张旅行的照片。日复一日,我看到她快乐依旧。

一段时间后,她告诉我朋友圈里的朋友对她关闭朋友圈的反应。有的人把她删了,她猜测可能对方认为看不到她的朋友圈了,以为被她删除了。有的人对她设置了朋友圈不可见,有的人发私信质问。

一开始她不厌其烦地解释,她觉得自己应该去过更真实的生活……后来觉得理解自己的人无须解释。不理解自己的人不必解释。

也难怪,时代发展至此,人人都在降低社交成本,这个社交成本主要就是时间成本和交通成本。人际交往逐渐趋向于虚拟化,打个电话就可以免于跑一趟,发个微信的成本几乎为零。

事物总是具有多面性的。互联网普及之后,我们的空间距离突然变小了,地球真的成了"村"。

我们看似降低了社交成本,将大量时间用于工作、学习、生活……但与此同时,带来的是人际关系的冷漠和疏离。

人们在现实生活中,与朋友相聚的机会越来越少了。无论你是什么人格特质的人,都会在网络上找到能满足自己精神需求的东西。网络把现在的世界割裂成了无数个虚拟世界,价值观越来越多元化,社群数量也越来越多。

大多数人的平均上网时间一年比一年长。我们不知不觉地被网络偷走了许多时间。我们开始变得陌生,也就更谈不上相互理解。

人类近百年来的科技成果,大都是为了让信息传递得更快、更广。以前互联网 QQ 是应用最广的社交工具,如今是微信,在将来什么样的社交工具会取代微信,我们不知道。一切未知在等待着我们……

朋友圈这个名词,深得中国文化的精髓。所谓朋友圈至少是由价值观、爱好、目标等一样的人组成的相对封闭的人际圈子。

起初,你的朋友圈里几乎都是熟人。后来有了微信群,于是朋友圈不再纯粹,你不知不觉地被许多陌生人加为好友。你的朋友圈突然多了不知道对方是何许人的"朋友",你被动地看他发的东西,你发的东西也会被他浏览。

这样的朋友圈打破了我们内心的边界感,你会发现有人的地方,就是生意场。主动加你的人多数是微商,而原来不是微商的人也逐渐变成了微商。

你置身微信朋友圈,仿佛进入了小商品城,喧嚣叫卖声此起彼伏。

腾讯的一项调查指出,"95 后"最常用的社交工具是 QQ,而微信的用户大多是"95 前"。一时之间,"'95 后'都用 QQ,老年人才玩微信"的段子传遍了互联网。

一些"95 后"认为,微信就像是"一个气氛尴尬的家庭派对",但是"又不能真的走开"。48.2% 的"95 后"会屏蔽自己的父母。因为这批年轻人,他们的心理边界感更加清晰。

在网上某社区看到一条留言:"微信朋友圈越来越有点儿情感绑架的味道,哪个朋友生娃,你忘记点赞,没准就暗暗结下了梁子。"就像若干年前 QQ 给人带来的社交压力,隐身容易得罪人,不隐身又不堪其扰,有时候压根儿忘记了谁是谁。

虽然微信具有分组功能,但现在,我认识的许多朋友都有两个微信号。一个给自己熟识的朋友,另外一个给陌生人、业务合作者、同事等。

朋友圈给了我们便利，但朋友圈带来的烦恼似乎越来越多。我现在还没做好准备关闭朋友圈，但我一直在采取净化朋友圈的行动。

在我的朋友圈中有五类人是被我屏蔽或删除的。第一类是刷屏的人。有许多人一天发三五十条以上的朋友圈，几乎都是没用的鸡汤。我相信这些信息连他自己都没完整地看完，甚至都没点开看就分享到了朋友圈。我不想一打开朋友圈，就看到他们一条接一条地刷屏。

第二类是自哀自怜者，晒受伤，晒各种孤独寂寞冷，抱怨世情冷暖，人心不古。成年累月这样的状态是病，得抓紧时间治，而不是把这种参加追悼会式的心情每天播撒到朋友圈，因为没人愿意看哭哭啼啼的人，没人有义务去承载这些负能量。

第三类是像打了鸡血般正能量爆棚的人。这帮人就像是刚刚进入传销组织的狂热分子，其心理并不健康。

第四类是反复求点赞、求转发者，这是一帮不顾他人感受、自恋型的人，认为全世界都要围着他们转，他们拿是否点赞、转发来验证人际关系的亲疏。这本身就是自卑、幼稚的心态在作祟。在现实中，这些人一般没有良好的人际关系。

第五类就是道德绑架者，"看到不转穷一年"，不用多说，一般发这类信息的人不用鉴定都知道是精神病患者。

因为任何一个社交工具都是毁在人性中那些你自己看不到的盲点之上,所以我们才看到越来越多的人正在或准备逃离微信朋友圈。

下一个接棒微信的社交媒体是什么样子的呢?下一个情绪宣泄口在哪里?这是我们不可知的,但唯一可以确定的是,几千年来人性几乎未曾改变。无论时代怎么发展,总像是进入了一个无尽的循环。

"攻击"是"缺爱"的表达

为什么要写这篇文章呢?我觉得是时候说一下"网络暴民"这个话题了。

我发表在网络平台上的文章和短视频,屡屡遭到"网络暴民"的攻击。

我的动机很简单,就是要通过文字和视频来释放我的表达欲。这也许就是弗洛伊德所说的"力比多"(内在驱动)。

在现实生活中,我不是一个话痨。有可能被压抑的内在驱动会通过我写的文字释放出来。

首先撇清一下,我的观点是在客观事实的基础上做出的理性分析,算不上全面,但也绝对算不上观点偏激。这种判断并不是出于我的自恋,而是多数读者的反馈。

只要遇到有攻击性的人,无论你持什么样的观点都会遭到攻击。因为他们的目的是为了"攻击"而攻击。这种攻击行为是怎么发生的呢?

网络社会放大了或纵容了某一部分人的攻击欲。但我认为这只是诱因,并非发生攻击行为的主要原因。

比如只要我发布一篇文章或一段短视频,一些煞有介事、心智不成熟的人就会在评论区里追骂。他们并不只是陈述观点，而是对我进行人身攻击。除了满嘴脏字，还用自己病态的认知去曲解别人的意思。

人格正常的人，能客观理性地表达自己的观点，不会对持有不同观点的人进行人身攻击，而是允许别人的观点与自己的观点同时存在。

对此，伏尔泰表达得更为精辟："我不同意你的观点，但我誓死捍卫你说话的权利！"

我一度觉得，有攻击性人格的人脑回路构造奇特，所以总是会夸大并歪曲别人的意思。你会看到他们莫名的怒不可遏。

"攻击性人格"的人身上似乎有一只报警器，无论什么事都会引发他们的不满情绪和攻击欲，同时兼具道德绑架。这类人在生活中缺乏爱，也缺乏爱别人的能力。所以，他们会用攻击欲表达对爱的诉求。

在"客体关系心理治疗"理论里，偏执和分裂是一个婴儿的常态。需要说明的是，这里所提到的"偏执"和"分裂"不是病理性的。他们没有能力将客体（自己以外的他人）表达出来的各种特质整合起来。成长是将"分裂"和"偏执"整合的过程。

"攻击性人格"的人其实没有处理好在婴儿时期与妈妈之间的客体关系。婴儿没有能力将"好妈妈"和"坏妈妈"

统一起来。

如果婴儿在自己欲求不满之下攻击了妈妈,但妈妈依然用耐心和宽容对待他,那么婴儿会明白——他是值得被爱的。

面对婴儿的"攻击性",焦虑的妈妈会将自己的焦虑投射给婴儿,婴儿就会逐渐增强和固化自己的偏执和攻击性。本质上说所有的攻击都是对爱的索求。当攻击发生后,他们期待客体宽容并且依然爱他们。

研究发现,没有一个"攻击性人格"的人是跟妈妈或抚养者关系融洽的。

我记得余秋雨先生面对攻击他的人时,说道:"他们最想与我'辩论',我当然不给他们机会。我以无言的方式,把他们锁定在他们的等级里。无端地攻击他人,永远是一种罪恶。古人说,天下固有百恶,恶中之恶,为毁人也。以为攻击名人可以脱罪,其实是一种暴民心理。"

余先生的话让人深受启发。如果你遇到"攻击性人格"的人,那就以无言的方式,把他们深深地锁定在他们的等级里吧!

人的一生都在代偿内心的"缺失感"

看完《人民的名义》你唏嘘了吗？思考了吗？抑或感慨了吗？

或许每个人都能从剧中的人物身上找到自己人格中的痕迹。一部好剧，一本好书，需要也应该具备扰动你心湖的能力，哪怕是荡起微小的涟漪。

当看到祁同伟饮弹自尽，我并没有产生"坏人"终于死了的快感，反而产生了一些悲悯、怜惜以及其他莫名交织在一起的情绪，有一种不可名状的感受。我嗟叹——或许多数人的一生，都是在填补内心的"缺失感"。

他为了尊严，最后死于尊严。

一个穷小子，为了前途命运，放弃真爱，选择了高官之女为妻。当他在大学校园，在众目睽睽之下，违心地跪在梁璐面前求婚时，就为他不惜用一生为筹码，找回自尊埋下了伏笔。

剧中高育良不止一次地提醒他："你还记得上学时用陈海的饭票吗……你的第一双回力球鞋是陈海的姐姐陈阳买给你的……你竟然忍心对陈海下手……"

高育良在对祁同伟说这番话时，没搞明白人性。如果他深刻地理解了人性，就不会撕开祁同伟的伤口。

　　一个人为了满足基本生存需要，是没有能力拒绝他人提供的帮助的。当生存不再是第一需要时，他被践踏或被压抑了的尊严就会成为新的需要浮现出来。很多人对马斯洛的"需求层次理论"耳熟能详，在此不需费墨赘言。

　　祁同伟说："当我下跪的那一瞬间，我的尊严就死了……"他的人生无不是在围绕着为自己洗刷丧失尊严的屈辱感展开的。

　　他在生命的最后时刻，握着狙击步枪与侯亮平对峙时，高喊："没有人可以审判我！"我理解他，他不可以再一次让自己千辛万苦找回的那点尊严丧失殆尽。所以，饮弹自尽是为了捍卫最后的尊严。

　　这就是人性。许多人用尽一生，去补偿成长中的内心缺失。

　　这就是我今天要说的关于"心理代偿"的话题。

　　心理代偿机制，可以分为自觉的和盲目的两种。

　　自觉的代偿是指知道自己的短处和缺陷所在，可以做到扬长避短。而盲目的代偿是指并不了解自己的短处与缺陷，往往导致过分代偿。

　　物极则必反！过度代偿导致人格或心理畸形发展，破坏了人格的协调统一，加剧心理冲突，会造成适应困难等一系列问题。

性格缺陷越严重的人,越缺乏自我认知。内心有深刻不安全感的人往往不能自我觉察,更不知道不安全感的根源在于基本需要未得到满足和对缺点短处的否认。

心理缺失就像是一颗伺机待发的"种子",总会在条件适宜时萌发。

所以就不难理解,为什么一个身居高位的公安厅厅长,背负着深刻的自卑感,不断地冲击高位。其实他没有意识到,再高的地位也无法治愈内心的创伤。因为要想治愈创伤,首先要接纳创伤,让创伤成为自己的一部分。

心理学家认为,"追求优越"是生命自身固有的需要,是生命的一部分,是人生来就有的基本动机,它是一种内在的驱力。

"代偿"是解决焦虑的一种最为常见的方式。

因为"代偿"能把本质上带有痛苦成分的焦虑,以一种接近其本来面目的替代方式,在个体的意识领域内呈现出来,变成可公开接受的快乐的东西,从而使人迅速解除焦虑,恢复自身生理上、心理上的某种暂时平衡。

被金钱困扰过的人,会过度地追求金钱。被权力欺辱过的人,则会不惜一切追求权力。

侯勇饰演的某部委的处长,他的两段台词深深地震撼了我:"我一分钱都没花,不敢!我们家祖祖辈辈都是农民,穷怕了……我看到这些钱就像看到了地里的庄稼……"

这些他没敢花的钱就是贫穷的代偿。代偿的力量是巨大的，一分钱的缺失可能是千万倍的金钱也无法补偿的。

他贪污这些钱，其实是代偿童年贫穷留下的不安全感。这样的代偿无异于饮鸩止渴。

高小琴的代偿在于，她要打破阶级对她的身份固化，从而改变命运被人掌控的现实。但她终究还是没有逃出命运之手。高育良在代偿对明史深刻的迷恋，他痴迷那种不稳定的政治生态平衡和师生同朝为官的首辅情结，他虽为教授，骨子里却是旧文人"家天下"的情结。唯有此，他才能感受到控制欲带来的快感。

过度的心理代偿，让他们在成为罪犯之前，就已经成为病人。

想要跳出过度心理代偿的怪圈，唯有让过去的过去，唯有不念过往，不畏将来，唯有活在当下，唯有不断成长，唯有自我接纳。自我接纳并不是认命，而是与自己的过去达成和解。

不是苍天不饶你，而是你不断喂养的那个放弃了自我成长的"曾经的自己"，缔造了命运的悲剧。

"人民"的婚姻怎么了?

除了从人性、反腐等视角看《人民的名义》这部电视剧之外,还可以从婚姻的角度来分析。它其实展示了中国人婚姻的多样性。

一、侯亮平和钟小艾——同事式婚姻

一对夫妻,在生活中,讨论的都是工作,聊天像开会。官腔、高调、忧国忧民……换作你,这日子有法过吗?

这让我想起了多年前的热剧《潜伏》里孙红雷和姚晨扮演的一对革命假夫妻,除了党的事业再无其他。一个中纪委,一个最高检,倒也相辅相成。

二、高育良和吴慧芬——演技派夫妻

他俩的确是模范夫妻,离婚六年,却还住在一起。同舟共济,各取所需。

幕前秀恩爱,展示贤惠;幕后布局官场,各种推演。

这种幕僚式的夫妻关系应该是相对稳定的,他们有共同的利益。要维护多年建立起来的社会形象,要守护既得利益。

育良书记说:"我不是贪恋高小凤的美貌,我是爱她的才华啊,她对《万历十五年》有深刻见解啊!"不知道你信了吗?反正我不信。他的原配吴教授,才是货真价实的明史专家!

有多少婚姻已经病入膏肓,又有多少婚姻亟待拯救?

三、李达康和欧阳菁——丧偶式婚姻

李达康像疯了一样地追求事业,如有洁癖一样爱惜政治羽毛。他内心深处早就丧偶,早就跟GDP再婚。

在我看来,李达康有精神洁癖,他是得了强迫症,而不是什么清廉的政治操守。清官不止他一个,做清官不意味着要牺牲夫妻关系。海瑞式的清官让人觉得害怕,因为他们的人情味已经飞出灵魂之外,他们的人格是不完整的。

于是欧阳菁在男闺蜜王大路身上找到了这种人味儿,聊个没完没了。

四、祁同伟和梁璐——政治式婚姻

明知祁同伟心属陈阳,却以官二代的身份,俘获这个"凤凰男"。祁同伟求婚那一跪,跪的是权力而不是爱情。祁同伟是梁璐的一剂药,用来医治她的情殇。

可人血馒头治不了病,那只是一种心理安慰。梁璐真的爱祁同伟吗?我不知道,也许祁同伟只是让她活下去的理由。

祁同伟恨权力让自己卑躬屈膝,所以他不惜用自己的婚姻为赌注换取权力。

所以，切记：婚姻不是生意，婚姻不是交换，也不是疗伤药。

五、被杀会计和他的妻子——博弈式夫妻

老公结婚半年就在外面乱搞，"不断换小老婆"，十几年都不在家住。

老婆坚决不离婚，因为老公搞到的一百多万家产不分给她，"我就是拼上这辈子也要拖死他"。

一股市井死轴的气息扑面而来，真是"祖传牛皮癣，专治老中医"啊！

这是典型的"上辈子有仇式"的婚姻，代价就是以牺牲自己来死磕到底。

我认识的人当中就有这么一位，可惜她没有剧中这位妻子幸运。在退休那年，即将笑傲"胜利"之时，自己得了癌症，撒手西归。身居高位的老公没出三个月，另娶佳人。

不知道这是她的悲剧还是她老公的喜剧，不知道她在九泉之下作何感想。

《我的前半生》之一——
为什么贺涵最终选择了罗子君?

如果真有贺涵这样的男人,在你身边与你朝夕相处,也许要不了多久你就会崩溃。贺涵的魅力在于他的思维缜密和情绪的理性,再加上鹤立鸡群的外表,这样的男人走到哪里都会光彩夺目。

剧中,他有大段的预知未来的台词和逻辑分析,加上永远不变的语速,失去了烟火之气。而这样的特质,也恰恰是亲密关系里的大忌。一个永不犯错、永远正确的导师,只可以活在普通的人际关系里,例如:朋友、导师、工作伙伴……

梦中情人,只可以出现在梦中。一旦出现在现实中,不是随便哪个人能驾驭的。自卑的人不敢接近,自负的人接近不了。Vivian这种妖艳的熟女驾驭不了,唐晶这种从丑小鸭变白天鹅的御姐也驾驭不了。只有那种渡尽劫波、决心蜕变的女子,例如罗子君,才能让自己变得适应这样的男人。

要说贺涵跟唐晶相恋这十年,分手早已注定。他们这种亦师亦友,最后过渡到恋人的关系不是没有先例,但是他们错过了佳期。正如陈奕迅在那首脍炙人口的《十年》里唱的：

> 十年之后
> 我们是朋友
> 还可以问候
> 只是那种温柔
> 再也找不到拥抱的理由
> 情人最后难免沦为朋友
> ……

一个女人从开始崇拜或仰慕一个男人，转变为平视，甚至超越这个人，这是一个极其残忍的过程。所以，不要轻易地跟你的崇拜者发展成恋人关系，否则稍有不慎就是万丈深渊。道理很简单——仆人面前无英雄。

当一段关系是由崇拜感开始建立的，那么随着时间的流逝，关系递进，或者当崇拜者成长后超越了被崇拜者，崇拜感消失了，这样的关系也就宣告结束了。

尤其像唐晶这样争强好胜的人，十年飞速成长，让她这样一个职场菜鸟成长为行走于都市的"白骨精"。

贺涵也坦言，唐晶是他最得意的"作品"。这就是一种典型的老师心态，希望自己的学生超越自己。对于唐晶跟贺涵去争一个客户时表现出来的"不择手段",贺涵没有愠怒,反而高兴地称赞唐晶,他似乎从唐晶的身上看到了自己从前的影子。他说:"不用感到抱歉,你有这样的状态,我都不是你的对手。"

自古师徒的关系都是很微妙的。师者盼着找到像自己而且有能力超越自己的学生。学生对老师有敬畏,有竞争,最重要的是学到了本事之后总是希望打败老师。

一旦双方心态不好,分分钟师徒反目,成为仇人的也大有人在。学生通常以对老师的"攻击性"来证明自己学艺的圆满。

贺涵在唐晶面前,不断地展示自己的功利主义和商人的嘴脸。他告诉唐晶在工作中要变得无情,变得超然理性和不择手段,自己却一次次在各种人面前妥协自己的原则。最后唐晶成为他的翻版,他却把功利和情感做了勾兑。

他改变了唐晶,唐晶也改变了他。我们都在跟彼此的互动中,或多或少地改变着自己。所以,人生怎么可能只如初见?

在亲密关系当中,女人其实不需要男人的指导,她们更多的是需要男人的倾听。

想做指导者是每个男人在亲密关系里常犯的错误,他们不甘只做一个女人的情感容器。他们觉得自己总得做点什么,却忘了无为而无不为的人生哲学。不言和倾听才是安全感无声的传递。

  一个指导者,起初会对女性造成强烈的吸引。一旦进入亲密关系后,这种指导就变成了压迫感和控制感,自然会引起对方的不良感受,关系也会受到影响,甚至遭到破坏……

  亲密关系中不是不可以有指导,但是要有节制,比如对方明确表示向你寻求解决方案的时候。

  唐晶跟贺涵在香港餐厅中的那段谈话,让我觉得他们在情感方面从未真正像恋人那样付出过。贺涵更像一个保护者。

  唐晶说:"我们之间并不是因为Vivian从中作梗,而是因为你不够爱我……"

  贺涵答道:"你何尝不是呢?"

  其实我知道唐晶说的"你不够爱我"并不是对贺涵的情感依赖或情感勒索。

  她是说他们之间缺乏恋人那样的争吵、撒娇、吃醋、蛮不讲理……

  看到这里你还认为他们曾经是恋人吗?在他们的关系中占更大比重的是"同事""合作者""学生和导师"。

  现代女性需要经济和精神的独立,但不能独立成唐晶的样子。罗子君就不同,因为她的内心有小女人的柔弱,有历劫后的重生、觉醒。这两种特质的结合才是无敌的。

她的婚姻失败不在于"小三儿"的介入,而是在于她沦为了陈俊生的附庸。她在跟陈俊生的婚姻里成了寄生者。当我不再跟你并肩前行,不再风雨兼程的时候,你将不再是我的人生伴侣。所以凌玲虽然不是那种妖艳的小女生,但依然会受到陈俊生的青睐。

起初,贺涵对罗子君这种没有人际边界感的人是厌恶的。但是他在为了唐晶不断地去帮助罗子君时,他发现,罗子君就像当年的唐晶。这又一次激发了他的成就欲望,他要通过自己的"改造",重新塑造一个"唐晶"。

好在罗子君没有唐晶那种宁折不弯的个性,罗子君在骨子里有种唐晶所不具备的韧性。这与她的婚姻经历不无关系,她懂得在婚姻关系中如何去妥协,少了些青涩、稚气。

我猜陈俊生看到成长蜕变后的罗子君,心中定是五味杂陈。他不敢相信自己的眼睛,他会问自己:"为什么罗子君是我的妻子时,不是这样最好的状态?"

人生就是由各种遗憾组成的。很多婚姻的悲哀在于缺乏经营,因为很多人的恋爱是以结婚为目的。目的达到了,在他们的潜意识里就不再去经营婚姻了。

其实从另一个角度来看,也许在婚姻内,我们都无法超然冷静地看待双方的关系。

关系结束了,反而看得更客观。很多人没有忍住痛,没有坚守在婚姻中,看彼此成长,而是选择了转身……

罗子君是一个在逆境中成长的典型案例。她没有怨天尤人，没有一身戾气，而是选择宽容和独立，这是她最大的成长和人生获益。

说到底，人生不就是一场打怪历劫的旅程吗？你何时见到一个满身戾气的人改变了自己的命运？愿你我在人生历劫的路上都能变成更好的自己。祝我们好运！

《我的前半生》之二——
再美的婚外恋也抵不住婚姻的磨砺

你以为小三儿上位是小三儿的胜利吗?那你就错了!这恰恰是小三儿不幸命运的开始。

原因且听我慢慢唠叨……

这部剧一开始就有了明显的"阶级对立",比如养尊处优的陈太太罗子君对苦哈哈的劳动妇女凌玲。她们分别代表了两个阶级的不同状态。仇富是广大人民群众自觉自愿的本能反应,所以你心中的天平自然倾向于那个苦大仇深的人。

可是后来,陈俊生与罗子君离婚了。罗子君从衣食无忧的全职太太变成了被丈夫抛弃的单亲妈妈。泪眼婆娑,没有工作。安全温暖且舒适的环境被打破,不抓狂抑郁,也得扒层皮……

乾坤挪移,观众又开始恨起了凌玲,同情起罗子君。我在朋友圈看到一句恶狠狠的评论——我就看不惯凌玲那副假仁假义的嘴脸。有群众入戏了……

纳兰容若说:"等闲变却故人心,却道故人心易变。"要我说,同情心是最廉价的伤害。

问问你自己有什么资格，今儿同情张三，明儿同情李四？过不了多久你会惊讶地发现，你同情错了人。几经反复后，你就分裂了。还是同情自己吧！

编剧其实是最坏的动物，陈俊生之所以姓陈，不是因为他爸姓陈，而是因为史上有个人叫陈世美。你难道不觉得陈世美和陈俊生这俩名字的意思都很接近吗？

坊间说：男人的尴尬在于泡妞泡成老公，炒股炒成股东……

贺涵说："男人在内心深处，永远都希望老婆是老婆，情人是情人，她们像两颗行星，永远保持在三万光年的距离，且平行运转，永不相交。"

而陈俊生这个"老实人"真的去爱了，而且是精神之恋。他真不是在泡妞儿，也不是找情人，因为凌玲长得并不比罗子君年轻、漂亮，而且带着孩子，一脸苦大仇深的样子，她最大的优势就是"婚前宽容"的姿态和一副楚楚可怜的模样。

办公室恋情的压力是巨大的，莫说许多公司明令禁止办公室恋情，跟同事搞婚外恋，那更是职场的禁忌。更何况职场如战场，舆论不容你，你的对手虎视眈眈地盯着你，分分钟等着揪你的小辫子。

想到此处，你是不是觉得陈俊生和凌玲很可怜？好日子过够了，这跟自杀有什么区别？

是什么让陈俊生顶住所有压力，对凌玲不离不弃？当然是游走在婚姻边缘的女人惯用的伎俩——欲擒故纵！凌玲说："我决定把你还给罗子君……"随后删除了陈俊生的微信，关掉手机玩消失。

这招很绝。凌玲了解陈俊生的个性，知道陈俊生是一个爱纠结易内疚的人。陈先生瞬间内疚，他觉得他伤害了凌玲。失控感袭来，让他不顾一切地飞蛾扑火。

这招对贺涵没用，因为贺涵超理性的心理防御机制已经成了他人格的一部分，足以抵消一万次内疚感。我想说的是内疚感跟善良无关，跟人格有关。所以，内心不强大的人不要去玩婚外恋，弄不好就会被婚外恋玩了。我的意思不是在暗示，你不纠结，你内心强大就可以去搞婚外恋。

罗子君问贺涵："你这十年就唐晶这一个女友吗？"在这个视角下，最有资格花天酒地的贺涵，却专一得令人匪夷所思。

他说："与其与那些艳俗的女子风花雪月，还不如去享受美食和工作。"

酱子的老板老卓也说："女人的床如果太容易上的话，恐怕没那么容易下。"

你看，凡是在寂寞中能够自律的男人，都是成熟、靠谱的男人。

相较之下，陈俊生不是一个可怜虫吗？被一个并不高明的女人耍的小手段蒙住了双眼。

人人生而孤独，尤其是在你成长迅速的时期。这种孤独无时无刻不在吞噬着你。记住！一个男人把出轨说成要找个红颜知己一诉衷肠时，要么是谎言，要么就是在心理层面还是一个不成熟的孩子。因为从心理学的角度来说，男人被理解和倾诉的需求并不像女人那样强烈。

一头雄性野兽受了伤，会躲到山洞里舔舐伤口，而不是找一头母兽叽叽歪歪个没完。在动物性上男人跟野兽区别不大。婚后的凌玲还要继续延续"婚前宽容"，这是无比痛苦的。因为她时刻要绷紧心弦，要让陈俊生的父母从恨她变为接受她，还要让陈俊生的孩子平儿接受自己，她不能松懈。

她对陈俊生说："做好是分内之事，做不好是后妈刻薄。"

对！如履薄冰，战战兢兢，就是这么可怜。

还得说名师出高徒。贺涵跟罗子君说："不能让平儿感觉到，你跟他爸爸对他的控制与争夺。"于是罗子君再也不把平儿抓在手里。

此时，陈俊生的陈旧性内疚发作。他要让儿子平儿住在自己家，为罗子君创造更宽松的工作条件。于是宽容易位，"婚前宽容"的凌玲不再宽容，她要求降低罗子君母子的抚养费，还要求让陈俊生的父母租房居住。

再美的婚外恋也抵不住婚姻的磨砺。是什么让一些人对婚外恋视死如归？是他们内心那种孩童般的自恋。他们不认为婚姻中的问题与自己有关。

处在婚外情中的女人幼稚地认为，跟自己发生婚外恋的男人对自己是真爱，却不曾想过自己的下场也许会跟他的前妻一样。处在婚外恋中的男人认为自己找到了真爱，她会一直这样理解他、包容他，却忘了他自己的妻子也曾经拥有这些特质。它们是怎么没了的？你思考过吗？

红尘多可笑，痴情最无聊。写到这里，我忍不住笑了……

《我的前半生》之三——
有些人不敢放弃，有些人不敢拥有

世间事，世间人，纷纷扰扰。几人能看透红尘而无畏地生活？接受缘起，接纳缘灭……

不敢放弃者如贺涵，十年如一日地等待唐晶。他真的爱这个女人吗？也许他只爱自己的"坚持"而已！

专一，在我们这样一个喜新厌旧的年代里，似乎弥足珍贵！这是真相吗？

我不得不遗憾地告诉你，你看到的"专一"，或者说你理解的"专一"仅仅是你理解的而已。

心理学家眼中的"专一"不过是众多人格特质中的一种。而这种特质没有价值取向，但它不可避免地被世俗的人加上了自己的好恶。

罗密欧与朱丽叶，梁山伯与祝英台，被世人传颂。

值得传颂的到底是什么？是为某人殉情吗？每次看到类似的"专一"我就头皮发麻，只觉得"专一"指向的是死亡……

人的行为特质有其恒常不变的特性。所谓成也萧何败也萧何！贺涵骨子里的那种坚韧不拔成就了他的事业，但也是这种性格影响到了他的婚姻。你换工作并不会被人说成不专一,而你换不合适自己的伴侣却会被指责为不专一。

当唐晶发现自己胃里有息肉需要做手术时,她似乎突然顿悟了。人是不是真要经历生死关头,才会明白自己的真正需要?

她决定改变一种生活方式,要婚姻,要健康,要慢生活……她向贺涵求婚,贺涵很凝重地答应了。

当陈俊生提醒罗子君,贺涵对她的帮助不是那么简单,而是有所企图时,罗子君解释说:"贺涵答应了唐晶的求婚……"陈俊生说:"那是因为责任……"

看到了吗?有时你不是看不明白,而是喜欢按自己的好恶自欺欺人。

专一除了包含人格因素外,还有文化因素,这里面掺杂了道德、责任和习惯等诸多因素。许多人的专一其实并不是出于自己内在真实的需要。那么这种专一还是你理解的专一吗?

不敢拥有者如罗子君,当所有人都看出来,贺涵对她所做的一切并不是一般朋友意义上的付出时,她害怕了,她就像出轨了一样内疚,不敢直视贺涵,不敢面对唐晶。

她觉得自己对贺涵起了念就是一种"罪恶",是对闺蜜的背叛。她不如唐晶任性和洒脱,唐晶在跟贺涵的十年虐恋里始终占据主导权,说分手就分手,说复合就复合,说结婚就结婚……

如果你是贺涵或罗子君，会不会顶住压力，义无反顾地在一起？我想也许很多人会承受道德上的压力，贺涵会背上抛弃旧爱的罪名，而罗子君就会被指抢了闺蜜的男朋友。世人皆叹：防火防盗防闺蜜……

在这一点上，她也不如自己的母亲薛甄珠。薛甄珠可以为了自己的幸福，不惜被打，也要去接近自己喜欢的崔宝剑。即使在崔宝剑儿子的阻挠下，也成功地见到了他。

离婚前的罗子君很像她妈，在人际关系里没有边界感，多事而且从不把麻烦人当作一回事。

离婚后重新杀入职场的她，变得有节制了，有边界了，隐忍了……

她脱胎换骨的变化跟贺涵是分不开的。她是贺涵的又一力作，她的变化是所有人乐见其成的。

贺涵是一个极度自恋的人，他很容易爱上自己的"作品"。罗子君却是一个极度自卑的人，不相信或者说觉得自己不够好，不敢拥有自己的幸福。

世间最悲催的是："坚持了不该坚持的，放弃了不该放弃的。"只为了心中那放不下的"执着"。

罗曼·罗兰说："世间只有一种英雄主义，那就是你看透了生活的真相，但还依然热爱它。"

道理都懂，但有几人能无畏地去爱？

《我的前半生》之四——
让罗子君逆袭的四个条件

逆袭,是每个不够走运的人的共同梦想。恐怕没有经历的人是不会懂的,在逆境中咸鱼翻身有多难!

除了要摆脱恶劣心境的影响,还要收拾心情重新上路。年逾不惑,这种滋味我是有体会的。

我始终认为,命运对大多数人来说是公平的。每个人一生要受的磨难的数量都差不多。上至君王,下到黎民,概莫能外,只是早晚问题……

一次去寺庙,跟禅师聊天。师父说:"我们活在娑婆世界,娑婆即烦恼。好在我们的烦恼都是堪受的……"

如果你可以选择,你会选择在前半生受苦,后半生享受舒爽吗?抑或反之……

基于我的上述假设,我想大多数人可能都会选择"先苦后甜"。道理很简单,没有人傻到先吃了糖再喝一碗苦涩的药,除非你有自虐倾向。

起初,罗子君的前半生是衣食无忧的,似乎闲得只剩下消费,随着婚姻的突然解体,命运发生了逆转。

她像一只寄居蟹一样,保护她的"壳"没了。无论什么人面对任何挫败，只有两种可能性，一种是就此沉沦，另一种是绝境重生。

那么是重生还是沉沦，到底是由什么决定的？这部剧开始的时候，很多人都在朋友圈点评，大意是："羡慕罗子君有个有钱的好闺蜜，希望自己的闺蜜们努力，以备自己不时之需。"

我知道这是大家的谐谑调侃，但我不认同这样的观点，有个有钱的闺蜜只是事物的外部客观条件。最根本的是自我的觉醒和敢于改变命运的行为。

假如你是罗子君，你有没有勇气从一个中产阶级富太太，抛弃面子，去做一个鞋店的营业员？

罗子君在鞋店遇到大学同学，片刻犹豫后，她表现得很职业。利用对方好面子的特点，成功地卖出了一双价格不菲的鞋子。因为她明白：自己的目标绝不是顾全面子，而是生存。

李嘉诚说："当你放下面子赚钱的时候，说明你已经懂事了。当你用钱赚回面子的时候，说明你已经成功了。当你用面子可以赚钱的时候，说明你已经是人物了。当你还停留在只爱所谓的面子的时候，说明你这辈子也就那样了。"

我们暂且不去考证这段话究竟是不是李嘉诚说的，这段话本身就是很朴素的哲理，而且是许多人做不到的。

罗子君在放下面子的时候，已经向逆袭迈出了一大步。她成功地去掉了自己内心的一大障碍。

所以，逆袭的首要条件就是，想尽办法把你认为很重要的面子扔掉。

正如贺涵所说的："世事往往如此，想回头也已经来不及了。即使你肯沦为劣马，也不一定有回头草在等着你。"所以你只有义无反顾地朝前走。

老子在《道德经》第四十一章里说："上士闻道，勤而行之；中士闻道，若存若亡；下士闻道，大笑之。不笑不足以为道。"

如果，罗子君是个"中士"或"下士"，闺蜜再有钱也无法改变她的命运。遭遇不幸的罗子君很听闺蜜的话，采纳了唐晶的建议，重新踏入职场。不要以为这是一件简单的事，要做到真的很难。

从营业员到市场调查公司的职业转换，给罗子君带来的是自信心的巨大提升。所以，逆袭时的第二个重要条件是，建立一个经过一定努力，可以跷一下脚就够得着的小目标。

她为了报答贺涵，选择冒充唐晶揭发背叛贺涵的人时，所表现出来的果断和胆识，是罗子君真正独立的开始。

她因此被迫离开调查公司。当她抱着自己的杂物，热泪盈眶地跟贺涵说的那段话，我想许多人都会被触动。

她说："我从来没有感觉如此好。虽然不得不离开这里，但我心里不为此慌张。因为我知道我自己能干什么,方向在哪里……"

内心的强大不是天上掉下来的,是经过历练体验后获得的。所以,逆袭的第三个重要条件就是无所畏惧的体验。

她去贺涵公司面试,是对她最严峻的考验。除了工作能力以外,更重要的是对心态的考验。因为前夫陈俊生和前夫的现任妻子凌玲都在这家公司,还有她跟贺涵的"暧昧"关系,都需要强大的自我来协调。

虽然贺涵建议她打消进入这家公司的想法,但她有了自己的选择。此时的罗子君已经有了质的变化。她已经不是初入职场的那个罗子君了。所以,逆袭的第四个重要条件就是,平和的心理状态和清晰的职业规划。

这部《我的前半生》,不仅是当下都市人的情感婚姻宝典,也完全可以被当作职场教科书。

佛说:"相由心生,命由己造。"不要嗟叹命运不公,去做闻道的上士。

如果你看懂了,逆袭只是个时间问题。

《我的前半生》之五——
闺蜜男友的正确撩拨方式

欺瞒才是最大的伤害。贺涵与罗子君再也不能像原来那样,心无挂碍地求助与帮助了,因为他们心有挂碍,心中藏了事儿……

有经云:心无挂碍,无有恐怖。远离颠倒梦想,究竟涅槃。

他们很在意周围人的看法。心中无事你怕什么?所谓无欲则刚嘛!他们见面要瞒着唐晶,似乎做了对不起她的事。对不起唐晶的是他们自己的"起心动念",而并没有对不起的"事实"。贺涵虽然优秀,但也不是完人。

贺涵作为唐晶十年的恋人,罗子君作为唐晶的闺蜜,他们不希望因为自己而使唐晶遭受到任何伤害,让自己落下一个忘恩负义的"罪名"。借着爱别人的名义爱自己,你爱的是自己。这种假公济私的行为可以骗过世人,然而骗不过本"砖家"的法眼。

罗子君能走到今天,离不开唐晶无私的帮助。人际关系就是如此微妙,一起念,你的行为就变形了,感觉怪怪的……

女人的第六感是很准的,唐晶不止一次地提到,自从她从香港回来,一是感觉罗子君怪怪的,二是觉得罗子君跟她疏远了。

这种疏远只有当事人双方才能察觉,不是现实中空间距离的疏远,而是心理层面的疏远。为啥疏远?心理防御嘛!我怕你看出我内心的想法。

在现实生活中,男朋友爱上女友的闺蜜,女朋友爱上男友的哥们儿,类似的事情并不鲜见。可结果基本上就是翻脸,彼此憎恨一生,老死不相往来……

在这一点上我不怪他们不成熟,要怪我们对爱的理解肤浅。我知道这样说会遭到许多人拍砖,因为我在社交媒体上听到很多同一类声音,大体意思是:唐晶对罗子君这么好,没想到罗子君还是抢了贺涵。我很可怜这类人,以他们的水平也就只能看到这个层面了。

爱是可以被抢走的吗?爱是可以私相授受的"东西"吗?爱的基本特征之一就是自由,爱也是流动的,只不过木讷的你察觉不到而已。

我既可以选择爱你,我也可以选择爱别人。你既可以接受我的爱,你也有拒绝的权利。

爱是变化的,爱也是流动的。因为作为爱的主体的我们,也是无时无刻不在变化。

一旦陷入道德评判,我们就没法聊天了。

多年后,你遇到曾经让你刻骨铭心的他,内心的感受会跟当年一样吗?也许你会质疑自己当年眼瞎了。

对于某种关系的打破与重建,是对我们大脑先前认知平衡的打破。比如你的老师成了你的后妈;你的闺蜜成了前男友的现任……你将如何重新定位与他们的社会关系?恐怕会错乱一阵子吧?内心激荡,需要时间尘埃落定。

如果贺涵尊重自己内心对罗子君的感受,如果罗子君也同样尊重自己的感受,坦诚地对待唐晶,我的意思是如果他们能将自己内心的部分分享给唐晶,而不是为了保持平衡而欺瞒唐晶,唐晶也许一时接受不了,但回归理智之后,也许就会理解,爱是给予对方自由。

都问问自己:你觉得你的恋人移情别恋对你的伤害大,还是你的恋人移情别恋后对你的欺骗伤害大?两害相权取其轻嘛!显而易见,后者会带来双重的伤害。

可是人性如此,贪得无厌。安得世上双全法,不负旧爱与新欢?

诚实是一个人品格里最可贵的部分,善意的谎言也是谎言。别信那些"我为了不伤害你,所以骗你"的鬼话。因为欺骗本身就是一种伤害,是对对方智商的侮辱。

欺骗,说得好听是为了保护对方,其实是为了给自己留条退路。

《我的前半生》之六——
男人的自我救赎

生而为人,来到这个世上,我们都要面临佛所说的,众生轮回六道所受之八种苦果:生苦、老苦、病苦、死苦、爱别离苦、怨憎会苦、求不得苦、五阴盛苦。

有经曰:人生为己,天经地义,人不为己,天诛地灭。天地都不会容纳不修为自己的人。

这个世界上从来没有救世主,唯一的出路就是自我救赎。

在城市里生活着各色男人。剧中的贺涵、陈俊生、老卓、白光分别代表了四类品性的男人。无论是凤凰男还是窝囊废,都是需要用一生来自我救赎的。

贺涵,孔雀男

他是所有女人眼中的极品。她们看贺涵的感觉,就像是妖精看见了唐长老,怎一嘴哈喇子了得。

他看上去近似完美,这样的完美只能让贺涵成为一个传说。儒雅、理性、内涵、品味……你可以将任何赞美的词堆砌在这个男人身上。

可是他依然需要自我救赎，贺涵的超理性本身就是很大的问题。一个修为很好的人内心波澜不惊和一个使用了心理防御机制变成的"波澜不惊"是有本质区别的。

我看贺涵当然属于后者。因为贺涵的超理性显然是经过压抑个性之后的产物，而并不是大彻大悟后的淡然，是经过利益权衡的结果。

修为好的人不会好为人师，不会贩卖自己的价值观。他只会以身为范，润物无声。

越理性的人，看上去越有男人味，但越理性的人越无法驾驭感情生活。因为理性时刻会与感性碰撞，许多超理性的人感情生活都不怎么顺畅。

贺涵的自我救赎之路在于：放弃好为人师的自恋和利益权衡的理智，成为一段亲密关系中的观察者和倾听者。

陈俊生，迷惘男

陈俊生迷茫的双眼中包含惆怅，他并不像一个公司高管，而是像极了一个没有自我的优等生。学习虽好，但是其他方面的能力不足，属于高分低能的那一类人。

陈俊生是一个不知道自己真正需要什么的人，他的人生受控于自己的内疚感。谁能让他内疚，谁便能控制住他。在这方面凌玲的手段显然高于罗子君，她把握住了陈俊生的软肋。

从陈俊生的性格特点反推他的成长历程，也许我们会得到以下假设：家境殷实，从小学习成绩不错，青春期几乎无逆反，成长中的重大选择几乎都是由父母替代他做出的。

所以他的离婚就是第一次逆反。但是成年后的试错成本就高了，一次错误的选择，也许一生的走向就此改变。

他至今仍没有学会选择，他需要一个给他方向的人。事业上有贺涵给他方向，感情生活由凌玲操控。他的骨子里有深刻的自卑情结。

他的自我救赎在于：发现成长中的不足，花费时间去了解自己的真实需要，从而在情感上不被任何人的外在情绪操控。也许只有这样，他才能由一个"男孩"成长为男人。

老卓，沧桑男

老卓也算是男人中的极品，否则也不会出现萝莉爱大叔的桥段。在他身上能感受到岁月的沧桑和生活的磨砺。我认为男人历尽沧桑而不世故，比金子还珍贵。历尽沧桑会让你看事物通透、明了，而世故让你没了爱和憧憬未来的勇气。

在老卓身上却有世故的味道，他能入木三分地看透他认识的每个人的内心，却不敢正视自己的感情。他可以不计成本地帮助爱过他和他爱过的女人，却对自己没有超过十年的婚姻耿耿于怀。

很显然,失败的婚姻让他的情感之门闭锁了。他像一个敬业的匠人一样,守着他的小饭馆,把全部的情感倾注到了美食烹饪之上。

洛洛是他的一颗药,既可以致命也能救命。就看老卓能不能找到正确的服用方法。

老卓的自我救赎在于:不再跟自己较劲,放弃对自己婚姻失败者的错误定位,在过去的失败经历里汲取养分。允许一切如是,对爱不再心生畏惧。

白光,窝囊男

白光这个角色塑造得太成功了,我真的不愿意,或者说我没有勇气花费笔墨,给这样一个内心充满戾气的人任何自我救赎的建议。

《我的前半生》之七——
女人的自我救赎

男人需要自我救赎,女人同样也需要。有几个厉害的闺蜜或者朋友固然是好的,但是除你以外的任何人都只能给你一时的、有限的帮助,却无法真正地救赎你,真正的救赎只有靠你自己。

自我救赎绝非易事,其实它是一个艰难的自我认知过程。人只有看明白了自己,才能有立身改命的可能。

难就难在人性有一个难以克服的弱点。我们在遇到问题时,总是会怨天尤人,习惯性地向外界寻求原因,寄希望于外部的力量来拯救自己。

人的一双肉眼,习惯性地看向外界。而这双眼常常成为欺骗我们的障碍。闭目观心者有几人?

大多数人在年轻时,都抱持着这样的一副弱者心态。结果发现,你认为很有力量的、最应该拯救你的人,未如你所愿,他们并没有在你陷入绝境的时候施以援手。

于是你咒骂世态炎凉,命运不公,人心不古。但在一次次拯救自己的过程中,你渐渐地就会明白,人们都习惯于做锦上添花的事,极少有人雪中送炭。自己何尝不是如此呢？

世态炎凉是人生常态。你也许会在一次次自我救赎中，获得最好的成长。当你走出困境时，甚至还会感谢当时的那些"世态炎凉"。

期待救世主是一种妄念，也是一种自恋，我们高估了自己在别人心里的分量，却低估了自己改变困境的能力。

罗子君，走在觉醒之路上的行者

婚姻解体之前，罗子君一直都在"沉睡"，她是那样的无知无觉，甚至有些沾沾自喜，有个百万年薪的老公，有个可爱的孩子，有大房子，有宝马汽车，还有保姆，经济状况可以满足她一切物质消费。

开始她也许觉得她所拥有的这一切是她真正想要的。这就像孩子永远不嫌自己的玩具多。有些生活未必是自己真正想要的，而是别人认为这是好的，是令人羡慕的。

即使这样，她也并不快乐。此剧接近尾声时，她的一句旁白说："孩子的世界总是在做加法，而成年人的世界却在拼命地做减法。有时觉得离开某个人活不下去，但真正离开了也没觉得非谁不可。"

著名经济学家穆来纳森提出"大脑带宽"的概念。他说："一个人心智的容量（即'大脑带宽'）总是被一种心态塞满，就会影响认知能力。长期执着于某种心智状态的人，会消耗大量带宽。判断力和认知能力因过于关注眼前问题而降低。"

的确是这样的，许多人穷其一生都不了解自己想要什么。他们拥有的是别人认为很重要的东西。

活明白了的人都在做着减法，不再只执着于物质满足。心理成熟的人有能力将自己的欲望"延迟满足"。

罗子君很幸运，残酷的现实让她补上了这一课。但她依然没有克服自卑感，也不敢正视自己的情感。从原来对他人过度索取，变成了对他人有过度的责任感。

她身上多了陈俊生和唐晶的影子，她从一个给人添麻烦的人，变成为别人解决麻烦的人。然而过强的责任感容易掩盖住真实的自己。

许多人骂罗子君不好，我不同意这样的说法。一个自强不息的人，一个为别人付出的人，无论出于什么目的，都是值得尊敬的。

对于罗子君来说，能力与责任能够达成平衡，不承担过多的不属于自己的责任；正视自己的情感，允许自己获得幸福；放弃那些所谓的成全别人的想法，也许就是她的自我救赎。

唐晶，都市稻草人

唐晶看似是强者，却是脆弱不堪的。唐晶是一大批现代都市白领女性的代表，她们看上去亮丽光鲜，内心却是最没有安全感的一群人。

她们很职业，但如同行尸走肉一般，一路狂奔，从不停歇，却忘记了看一眼沿途的风景。或者说她们没有能力停下来，深情地看一眼这个世界。

她们在生活中显得单调乏味，似乎是为工作而生。为了成为社会这台大机器里的一个小零件，她们瞧不起悠闲生活的人，或者说她们瞧不起任何有悖于自己价值观的人。她们似乎像一些丧失了右脑功能的情感缺乏症患者，不能、不会、不懂如何表达内心的情感。她们的人生是单极的。大多数这样的人，童年时是学习机器，成年后又成了工作机器，竞技成了她们人生的重要组成部分。

我不想说这是时代飞速发展的结果。每个时代都有每个时代的问题，然而我们有很多种选择。通常自我价值低的人会呈现出工作狂的状态，她们需要通过工作证明自己存在的价值。

她们从来没有觉得生活和工作同样重要。如果让我给她们下个定义，那就是认知障碍。

她们自我救赎的前提，是去寻找自己内在的价值感，调整生活、工作之间失调的关系。不再把竞争作为人生的首要目标。

凌玲，精致的利己主义者

这类人有市井的小聪明，看似一时占尽便宜，却会给人带来无尽的麻烦。

凌玲是最接地气的角色，精明有余，智慧不足。这个世界上，有大智若愚的人，就有大愚若智的人。有手段从别的女人手里把这个男人撬过来，就应该明白，不要把自己变成像这个男人前妻一样的女人，也不可像结发夫妻那样，要求过多、过高。这就是小三儿转正所要付出的代价，因为被撬过来的男人一般对前妻和孩子是有内疚感的。

虽然嘴上不说，但是在陈俊生的潜意识里已经有了"我是为了你才抛妻弃子"的心理铭印。要消除这种铭印，除了需要时间外，还需要凌玲像婚前一样一如既往地包容理解对方，让陈俊生觉得跟她在一起是值得的，从而坚定他自己的选择。这也许是她需要自我救赎的地方。

无论是电影还是电视剧，我都喜欢开放式的结局。它能带给我们更多的反思和想象空间。

最后把老卓的话送给大家："人这一生，有人到死才知道自己爱谁。有的人呢，到死才知道谁爱自己。"

《我的前半生》之八——
罗子君为什么会被黑成高段位的"心机女"？

我看了几篇没有品，还非要装作洞悉一切的文章。说罗子君在《我的前半生》里，出演了一个高段位的心机女。

世界上有"心机女"吗？我觉得所谓"心机女"只是一个伪概念而已。心机女只是一些人内心的"魔怔"。作为一个心理学从业者，我把这种现象叫作"投射"。用俗话来说就是："你心中有什么就能看到什么。"

善良的人看到这个世界是温暖的，阴暗的人看到这个世界是凶险的。他们的看法跟这个世界有关系吗？真的没有！

像心灵鸡汤里所说的那样："你的外面没有别人……"你只是通过外界的"诸多法相"，看见了自己内心的映射，却浑然不觉。

关于"心理投射"，我讲个小故事加以说明：村里有个小寡妇年轻漂亮。这个村的大部分男人对她都有性幻想。一天，村里一个二流子倚在小寡妇墙外晒太阳，被村主任看见了，于是喊来民兵，把二流子抓了起来，召集全村人开大会。在大会上，村主任说："老实交代，你在小寡妇门前晒太阳是不是想跟她睡觉？"

这就是一个典型的"心理投射"的例子，村主任把自己那种想跟寡妇睡觉的欲望投射到了二流子身上。

许多人利用"心理投射"的原理，以己度人，并且把想象的一切当作真实，替别人操碎了心。于是"你就是这么想的……"成了他们打击别人屡试不爽的武器。

把别人想象成"心机女"的人，如同唐晶一样没有安全感。她们在潜意识里把自己想象成那个被闺蜜横刀夺爱的人，或者她们有如唐晶一样的经历，所以才会产生恨不得"食其肉，喝其血"的反应。

她们骂罗子君是"心机女"的依据如下：既然罗子君最初在得到贺涵帮助时，就产生了对贺涵的"情愫"，那怎么不赶紧跟他断绝来往？这样的逻辑充其量停留在幼儿园的水平。

人对自己情感发展的把控是很有限的。今天你讨厌一个人，也许明天你就会对他转变看法，甚至爱上这个人。

你在工作和生活中，遇到了让你起心动念而"不该"接近的人，你做到立刻远离了吗？你要是做到了，那不是圣人而是"病人"。

我们应该多关注一个人的行为，而不是去揣度和投射别人的内心。我们永远不知道别人在想什么，甚至你都意识不到你自己在想什么。

在心里想杀了一个人,而行为上却保持着冷静……对一个人心动了,却发乎情止乎礼……就该被冠以"心机女"的帽子吗?有了这些念头就应该遭受鞭挞吗?我想不但不该鞭挞,还应该赞许。那些私自揣度别人的想法,成为手持鞭子的"卫道士"的人,就像是活在蛮荒时代的野蛮人。

别说罗子君只是有了对贺涵的想法,并未付诸行动,就是她把自己的想法付诸行动,也轮不到别人说三道四。爱本身具有自由的特征,而不是道德要求下的施予。本身贺涵与唐晶并没有结婚,他们三方都有重新选择的权利。他们不需要背负着所谓责任和舆论的压力,毕竟在亲密关系里说不清谁欠谁的多一些。

不是每个男人都能像贺涵那样,对唐晶坦白自己对另一个女人的爱。也不是每个女人都如罗子君那样,能面对爱的诱惑,为了闺蜜情谊而忍痛离开。诚实地面对自己的情感,诚实地面对别人就是最大的慈善。

认为罗子君是"心机女"的奇怪之处在于,你能接受别人出轨的行为,却接受不了别人的念头。

因为这是一个人成熟的标志。一个成熟的人允许自己有天马行空的想法,而不产生罪恶感,行为上却遵循法律和社会规范。幼稚的表现是情绪驾驭行为,成熟的表现是行为驾驭情绪。我想心理健康的人大抵如此吧。

你能看到什么取决于你的眼界和高度,有些人的认知偏到了令人发指的地步，就是因为自恋和自身的局限。

学过心理学的人总能看到心理有病的人。带上了抑郁的"眼镜"，你就只能看到抑郁，摘下它也许看到的更多。

因为你是在以自己的价值观为标准来定义别人。你的价值观就一定是正确的吗？放弃自以为是，放弃以己度人，才是一个人善良的开始。

心 夜 篇

闲敲棋子落灯花

所有人的幸福
并不相似

导读:

列夫·托尔斯泰说:"幸福的家庭都是相似的,不幸的家庭各有各的不幸。"我只认同后半句,因为幸福的家庭也有各自获得幸福的不同方式。幸福是没有标准的,请不要用普遍的价值观把自己的幸福搞俗气了。

一位求助者的来信:

觉民老师:

您好!很冒昧地打扰您!我最近很困扰,情绪也不稳定,想寻求您的帮助。

事情是这样的,我男朋友脾气挺好的,而我的脾气比较差。他年龄比我大一点儿,也懂得忍让。选择和他在一起,是因为喜欢他的性格,他会宠我,让着我,喜欢我。但是不知道为什么,最近我们总是三天一大吵,两天一小吵。吵架也不是因为什么大事,但我总是忍不住在一些小问题上揪住不放。

我性子急,一着急说起话来就不好听,而且就算错了也不好意思去道歉,总想着他这么宠着我,会主动给我台阶下,说白了就是有点儿"作"。静下心来,想想那些争吵,也没有什么大不了的事,可是当时,我怎么就控制不住呢?想问一下老师,怎样才能忍住不吵架,心平气和地交流?

小丽

2016-6-20

致小丽:

小丽,你好!

首先感谢你对我的信任。我想你遇到的是许多情侣间常常会遇到的问题。我认为亲密关系中最重要的不是脾气的好坏,而在于双方性格是否匹配。

匹配究竟是什么?在我看来,双方各自的需要大多能在对方的身上得到满足,也就是匹配。举个例子:周瑜打黄盖——一个愿打一个愿挨。如果把这种关系放到恋人之间,我想同样是适用的。年轻不"作"啥时候"作"?老了就没劲"作"了。

列夫·托尔斯泰说:"幸福的家庭都是相似的,不幸的家庭各有各的不幸。"我只认同后半句，因为幸福的家庭也有各自获得幸福的不同方式。幸福是没有标准的，请不要用普遍的价值观把自己的幸福搞俗气了。

在我看来，吵架不过是另一种"激情"的展现。恋爱初期，双方处在高度的相互关注状态。你们就是彼此的全部，心理学称其为"激情状态"。随着时间的推移，激情退去后，要用什么方式延续激情呢？无疑，吵架延续了这种激情状态。

情侣间没有不吵架的，吵架是乏味生活的调味剂。吵架不可怕，能控制住吵架的程度，及时终止吵架才是能力的展现，才能不伤害彼此的感情。否则吵架就是"作"，你也就成了麻烦制造者。

我建议你现在开始写属于你们俩的"吵架日记"，把你们吵架的时间、地点、事件，全部记录下来。一段时间后，你去总结一下如何更艺术地吵架、如何结束吵架。人不能稀里糊涂地重复某件事，事做到了极致就是一种"艺术"。

心医觉民亲笔
2016-6-26

让人"面瘫"的表情包

导读:

凡事过了度,就会造成困扰。过度依赖网络,放弃了现实中的交往就会造成虚拟与现实的混乱以及自我存在感的缺失等一系列问题。

一位烦恼的男生来信:

觉民老师:

您好!我是男生,到了可以恋爱的年纪,我喜欢在网络上和别人聊天。而且在网上聊天的时候,女孩子们总说我幽默。我也觉得自己挺会聊天。但是,我每次在现实中见到女生都觉得无话可说。

前一阵看到一篇文章说,现在聊天如果没有表情包都不会说话了。我觉得这话说的就是我。毕竟与不熟的人聊天,如果有表情包这种东西做调剂,说话的时候就不那么尴尬了。可是见面聊天,我总不能做出搞怪表情吧!我想知道怎么克服这个问题。而且我将大部分时间花费在网络聊天上，会不会影响我现实生活中的人际关系啊？

一位烦恼的男生

2016-7-2

致这位烦恼的男生：

我不知道你是天生不会跟女生聊天，还是经过长时间网聊后语言功能退化了？我不相信你一出生你爹妈就教你上网聊天。请记住，矫情的人是没有未来的。

你的内心隐藏着自卑。你躲在网络之中，用网络对你的自卑感做了缓冲。自卑感让你总是会反复对比自己在日常社交和网络社交中的行为，然后看到自己的不足。你的错误就是将两种不可对比的事放在一起对比。

你把文字跟口语做对比，再牛的作家在口语交流时也不会跟自己写的书一样出口成章。建议你去看看诺贝尔文学奖的得主莫言先生的采访视频，再读读他写的书，看看感觉是不是一样。

实在不行，我就建议你出门带个键盘，跟人说话时就一边按着键盘一边说话。

邯郸学步中的主人公，没学会邯郸人优雅的走路姿势，却把原来自己走路的姿势也忘了，只好以手代足爬着回家。

值得庆幸的是，你比邯郸学步的典故还强一点儿，没忘新技能。

你问我将大部分时间花在网络聊天上会不会影响现实中的人际关系，我觉得答案就在你的叙述之中——"每次在现实中见到女生都觉得无话可说。"

每个人都带有他所成长的那个时代的烙印。"宅男"是随着网络发展而出现的。科技的发展无一不是为了延伸人的各种感官功能，汽车延伸了腿的功能，电话延伸了耳朵的功能，网络也将面对面的人际交往方式取代了。这就是在互联网背景下出生的一代人所面临的问题。

凡事过了度，就会带来困扰。比如说，你过度依赖网络，放弃了现实中的交往，就会造成虚拟与现实的混乱以及自我存在感的缺失等一系列问题。网络成了社交过程中的拐棍儿，但人毕竟是社会性动物，少不了现实中人与人的互动，需要在现实交往中滋养自己，温暖别人。

网络达不到现实沟通的深度，再丰富的表情包也取代不了我们面部的42块表情肌组合而成的复杂表情。现实社交中不需要你做出搞怪的表情，做到真诚即可。其实你已经意识到了问题所在，自我觉知就是改变的开始。毕竟恋爱、工作等现实社交不仅能依靠虚拟网络。

心医觉民亲笔
2016-7-2

婚姻病了是源于
爱的枯竭

导读：

如果不努力发展自己的全部人格，那么每种爱都会以失败告终；如果没有爱他人的能力，不能真正谦恭地、勇敢地、真诚地和有纪律地爱他人，那么人们在自己的爱情生活中也永远得不到满足……

一位没有信心的妻子来信：

觉民老师：

您好！我和老公是大学同学，结婚10年了，有一个女儿。我们感情一直很好，我怀孕后，劳动合同到期，在家养胎。不久他失业了，因为家庭条件不错，所以没有为生活经济来源问题吵架。但生完孩子后，我们经常为他不照顾家、不照顾孩子而吵架。他总是把我和孩子扔一边，去打游戏或打篮球。

我想他也许因为没有工作，压力大吧。但当时我不理解，觉得在他身上得不到爱，于是有了外遇。在有外遇的这段时间，也是我在照顾家和孩子。我只是想从情人身上得到很久没有从老公那里得到过的被爱的感觉。

可我还很爱老公，觉得对不起他，就果断结束了外遇，收心好好跟他过日子。他也许不知道，也许是不想拆穿我，我们如往常一样生活着。一段时间后，他有了一份很好的工作并且干得风生水起。可没多久他也有了外遇。在外人看来我们很幸福，但只有我知道他的心不在家里。他只是拿钱给家里，其他一概不管，随时出去潇洒，可还会回来找我（指夫妻生活）。我知道后问他，他不承认，我就没有继续拆穿他。他还在继续搞外遇。我也没有去质问第三者。我知道原因不光在第三者，我也有责任。

现在我想挽回我们的婚姻，给孩子一个完整的家，回归正常的家庭，两人同心好好生活。可我们都给彼此造成过伤害，我没有信心，不知道能不能留住他的心了。我们还能挽回这个家吗？我真的不想毁掉家庭，不想给孩子带来无辜的伤害！

一位没有信心的妻子
2016-7-9

致这位没有信心的妻子：

他失业时你出去找情人，理由是他给不了你爱、不顾家。他风生水起了依然不顾家，并且有了情人。此时，你却想挽回婚姻。人性的丑恶就是这么赤裸裸地摆在我眼前。我想让你睁开眼睛看看你那颗心是不是市侩的！同床异梦的夫妻多了去了，也不差你们一对儿。

试问，谁会把爱给这样的人呢？他给不了你爱并不是你出轨的理由，你照顾家也不是出轨的筹码。铺垫了这么多无非是给自己的出轨找足理由，以此缓解道德焦虑而已。

好在他并没有跟你提出离婚，也许是出于他在事业低迷期时，你没有离开他的回报。至少现在的这种不稳定相对平衡，你老公把钱给了你，没给情人，还跟你有正常的性生活，这已经值得庆幸了。其实你们都心照不宣，很清楚你们的婚姻已经处在风雨飘摇之中。如果你们夫妻双方都不在婚姻中成长，继续不自知地生活下去，婚姻能否保住就难说了。

最伤害亲密关系的就是"付出感"。有了"付出感"就会心生哀怨，就会要求对方也有同等的付出。如果不努力发展自己的全部人格，那么每种爱都会遭受失败；如果没有爱他人的能力，不能真正谦恭地、勇敢地、真诚地和有纪律地爱他人，那么人们在自己的爱情生活中也永远得不到满足……

获取爱的唯一方式是成为别人需要的人，或者说想得到爱，你必须先付出爱。等着索取爱的人只能把对方的爱攫取干净，那时一段关系就真的结束了。我不能直接告诉你答案，别人给你的永远成不了你的感悟。没有感悟就没有成长。

请试着问问你自己以下几个问题：

1. 当他失业的时候，你有把爱给他吗？

2. 你是从什么时候教会他这样对待你的？

3. 如果你要结束目前的关系模式，首先需要做出什么改变？

等你能够认真地回答完这三个问题，我想你就知道该怎么办了。

请原谅我的直言，祝你得到想要的生活。

　　　　　　　　　　　　　　　心医觉民亲笔

　　　　　　　　　　　　　　　2016-7-10

新婚妻子是个工作狂，我该怎么办？

导读：

婚姻关系的基础是相互尊重。尊重意味着关注对方按照自身的本性成长和表现。因而，尊重也包含着不能利用对方的意思。我希望被爱的人以他自己的方式和为了自己去成长，去表现，而不是服务于我的目的。

一位苦恼的新婚老公来信：

觉民老师：

您好！一个刚结婚不久的女性，一周加班三四天，通常还到晚上10点，周末也会加班。夫妻俩在家一起吃晚饭的机会很少。一个刚结婚的女性会为了工作放下新婚不久的老公不管吗？这种生活方式是正常的吗？我们俩认识不到半年就结婚，因为双方年龄都不小了，没有挑剔的余地。可是她这样正常吗？

一位苦恼的新婚老公

2016-7-12

致这位苦恼的新婚老公：

你一连串的问题让我感觉咄咄逼人，怨气深重。这样的问话略显幼稚，你不如你的妻子独立和成熟。如果我告诉你正常，你会释然吗？如果你的答案是肯定的，如果你能释然，那么我一定会斩钉截铁地告诉你"正常"。

所谓的不正常，是因为你的内心所谓的"正常"太多。她也许会想："这么个大男人怎么连个班也不加，一点儿也没有上进心。"也许你在你妻子的眼中也是"不正常"的。

我觉得大部分女人都不想成为工作狂或女强人。从进化心理学角度来说，女人的天然属性是守护家园、采摘果实、照顾孩子。而男人则要出门在外，跋山涉水地捕获猎物。当一个女人变成了女强人，是因为她在亲密关系中没有获得归属感和安全感。你的男性属性不明显，而她的行为代偿了这种不足。

你们的结婚目的都是因为年龄不小了，抱着这样的目的结婚的人本身就给婚姻埋下了隐患。婚姻是两人在相知、相爱的过程中共同生活的愿景，而不是根本目的。认识半年就结婚，这也算闪婚了。缺少了婚前磨合，婚后难免产生冲突。

双方对彼此人格中的特质知之甚少，婚前不挑剔，婚后会一点儿不少地补上的。那就需要双方都用更多的宽容和耐心去适应彼此的人格特质。

婚姻关系的基础是相互尊重。尊重意味着关注对方按照自身的本性成长和表现。因而，尊重也包含着不能利用对方的意思。我希望被爱的人以他自己的方式和为了自己去成长，去表现，而不是服务于我的目的。

如果我爱一个人，我不会要他成为我希望的样子，以便于我的利用。不想去支配和利用别人时，尊重对方才是可能的。只有在自由的基础上才会有爱。

假如我是你，会先去跟自己的妻子沟通，在找不到答案的情况下才去向心理专家求助，而不是直接要答案。

我给你的建议是：尝试着去沟通，请进行客观、有效的沟通。所谓客观、有效，是不带着情绪呈现你们的关系模式和你内心的疑惑，将自己内心所感、所想告诉对方，也能耐心地倾听、了解对方的想法。

我发现在男弱女强的家庭中，有的男人总是愚蠢地想尽各种办法打击和阻止女人成功，而不是努力提高自己的能力去超越女人，这是一种不成熟的弱者心态。你弱了才能看到女人的强，要想成为女人的依靠，只有带给她足够的安全感和物质保障，这时她才有可能回归家庭。或者你接受妻子在事业方面比你强的事实后，你们之间的关系也就"正常"了。

心医觉民亲笔
2016-7-13

"渣"男子图鉴

导读:

缘起则聚,缘尽则分。每一个出现在我们生命中的人都像是我们的一面镜子,折射出我们人格中不为己知的一面。有的人活在抱怨中得不到成长,而有智慧的人却能从每段关系中看到成长的自己。

一位愤怒的男人来信:

觉民老师:

您好!首先声明一下,前几天我和女朋友分手了。她已经变成了我的前女友,但是我不太明白这件事怎么就成现在这样了。我现在工作稳定,是一个奔三的男人,和这个女朋友在一起两三年了,已经见过双方的父母。我们虽然还没有用仪式性的风俗来敲定关系,但是我觉得我们就应该是相伴终生的人。我喜欢孩子,而且我的家人也想让我早点结婚生子。

最近,我们在发生关系的时候,我女朋友发现我偷摘安全套,和我大吵了一架,死活要和我闹分手,而且放狠话说就算怀孕了也不要。我真是要被气死了,我觉得我没做错什么。她爱我,为我生个孩子怎么了?我这样做,她至于反应这么强烈吗?到现在,我觉得只能跟她分开了。你说我怎么能跟这种女人共度一生呢?

一位愤怒的男人
2016-7-17

致这位愤怒的男人:

像你这种男人也有人喜欢?!看完你的陈述,"渣"一样的男子便跃然纸上。我尽量克制自己的情绪,但此时我无法淡定地看待"渣"到如此地步的男人竟然还这么理直气壮。

你竟然还敢大言不惭地说:"怎么能跟这种女人共度一生?"要知道,女人只会为带给她未来的男人生娃,却不会给自私的人生娃。你几分钟的快感就可以获得一个孩子,而女人却要以十月怀胎加一生的呵护与牵挂为代价。我真想问问你前女友她是什么时候瞎的。

不过,好在你的这一粗鲁无耻的举动让她看清了你"渣渣"的本质。见过父母就是相伴一生的人了吗?结了婚还有离婚的呢！在你们这段关系中，我根本看不到你对她的爱与尊重。

斯坦伯格说一段亲密关系包括三个维度：亲密、激情、承诺。亲密、激情倒是有了，但承诺何在呢？你什么承诺也没给过她，却要让她冒意外怀孕的风险。我想不光我觉得你有问题，有正向价值观的读者读了此文后也许都有同感吧！

我不知道你在这段亲密关系中，是没有自信，还是不想负责任，要靠这样不堪的方式留住一个女人。你前女友说得不错，即便意外怀孕也不可能跟你在一起，而这一切都是你咎由自取。

生孩子难道不能等到结婚之后？要孩子也不至于急迫到这种程度啊！恐怕你是打着喜欢孩子的旗号掩盖住你们关系中的危机吧。我通过这一点也能推断出你在这段关系中有多么地独断专行。生孩子是两个人的事儿，你却要一个人做决定，还不许对方不高兴。莫说没有这样的人，即便是有这样的女人，她得有多么卑微才能配得上你？你做出这样不堪的行为来还振振有词，哪还有半点儿自知与廉耻？如果你不能从这件事中看到自己不堪的一面，你在今后的生活中也会遭遇类似情况而不自知。

缘起则聚，缘尽则分。每一个出现在我们生命中的人都像是我们的一面镜子，折射出我们人格中不为己知的一面。有的人活在抱怨中得不到成长，而有智慧的人却能从每段关系中看到成长的自己。你应该通过女友的离开学会些什么。从这个角度来看，你应该感激她。至少她教会了你要把别人当成人看，你才能活得像个人。

你爱她吗？你当然不爱！或者说你根本不懂爱是什么。生孩子就能检验一个人是否爱你吗？这种认知滑稽至极。

也许你还有一肚子怨气，你也可以抱着固有的认知继续生活，但残酷的现实会给你上一堂生动的课。我真替你的前女友感到庆幸，没有和你这种自私、自恋、自大、无知的人结婚。如果一番"毒舌"能骂醒你，也算是你的造化了。好自为之吧！

心医觉民亲笔
2016-7-18

情两难时
请给自己点时间

导读:

两个心理能量不匹配的人之间很难有平等的伴侣关系。虽然有大把的青春可以投放在这段情感经历之中,但我却不希望看到有人为此付出巨大的代价来换取人生经验。

一位困惑的大学生来信:

觉民老师:

您好!我是一名大学在校女生,因为参加一次校外活动而认识了他。他比我大十多岁,有一个儿子,他真的是一个很好的男人,平时把我照顾得体贴入微。可能因为年龄比我大,心智更成熟,所以交往时,可以感受到他的性格很好,很有耐心,很会关心我,而且从他身上我能学到很多东西,觉得自己增长了很多见识。

快毕业了,我跟父母说过我们的事,希望能得到他们的肯定,但是父母不同意我们继续来往。我想知道,我是否还要继续维持这段关系?结婚这件事真的要在意外人的评论吗?

一位困惑的女大学生

2016-7-21

致这位困惑的大学生：

关键问题根本不在于你们相差十几岁以及他还有一个儿子。我不否认在这些客观因素之下也会找到真爱。杨振宁先生跟翁帆不是还相差54岁嘛！你说了这么多，无非是想证明跟他在一起是多么明智的选择嘛！

跟谁恋爱、结婚本不该也不必在意别人的评论。但根据我的经验，你们认识的时间并不久，你的恋爱经验也不多。在你的字里行间处处透着小女生的稚嫩。

你的目的是向我要一个肯定的答案，可以支撑自己走下去。可我不得不遗憾地告诉你，在我这里找不到你想要的答案，我没有权利决定你的人生。

有些中年大叔对年轻女孩的吸引是致命的，他们成熟稳重，有事业基础，一举一动散发着熟男的魅力。

但是请不要忘记，成熟的男人也是从男孩蜕变过来的。年轻时，陪着一个男孩从青涩走向成熟本身是一种完整的情感体验。有了这些体验才有了共同走下去的基石。这就如同你从播种到收获，再把果实经过精心烹饪，成为一道色、香、味俱佳的美食一样，感受自然不同。

世上没有完美的爱情，但你的描述过于完美。恋爱的普遍过程包括：相互吸引→激情状态→产生矛盾→相互妥协等几个阶段。而完美的爱情只出现在激情状态之下，你也许跟这位"大叔"正处于激情阶段。

要知道，在激情状态下人的判断力和认知约等于白痴。但这并不可怕，时间会打破这种思维意识狭窄的状态，最长不过18个月。所以，拉长时间轴会让你更能看清一个人的人格特质是否跟自己匹配。

我不会劝你离开他，我只是建议你多给自己一些时间。一个在校生跟一个带孩子的"大叔"，你们之间的交流互动本就不在一个层级上。我想到一句话——"一叶障目不见泰山"。等你走出象牙塔，见识了广阔天地后，你也许会改变当下的心态。

两个心理能量不匹配的人之间很难有平等的伴侣关系。你虽然有大把的青春可以投放在这段情感经历之中，但我却不希望看到你为此付出巨大的代价来换取人生经验。无法做出选择时，不做选择本身就是一种选择。

你要切记，在这段关系中，把节奏放慢，把时间拉长。这也许是我唯一能帮到你的地方了。祝一切安好！

心医觉民亲笔
2016-7-22

原谅与爱
本质上是对自己最强的治愈

导读：

为人父母，作为子女，在这段关系中，我们到底该怎样做，才会让对方真正看懂自己？

一位离家出走的孤独孩子来信：

觉民老师：

您好！自从我父母离异之后，我就已经没有家庭的概念了。我妈在离婚后，离开了家，再也没有回来看过我。我爸每天下班回家，就死气沉沉地在屋里待着。我稍微出点儿声惹他烦，他就会打我。所以我从十二岁就离家出走，到现在都没有回过家。

前两年我妈妈辗转找到我。可是我觉得自己和她没有任何感情，也就吃了一顿饭，她又走了。听说她早就有自己的家庭了，不知道为什么会找我。难道她是良心发现了？看着她那个假惺惺的样子，我真是想吐。

她走了后只给我发过几条短信，还不如我身边的快递员熟悉。今天有个同事问我,过年回不回家,还说我们没多少时间孝敬父母了。我听了觉得很好笑,我所谓的父母从来没有对我尽过义务,我更不会去关心他们,否则我都觉得自己恶心。想知道有没有人觉得家人是可有可无的,生死都对自己无所谓?

一位离家出走的孤独孩子
2016-7-28

致这位离家出走的孤独孩子:

你问:"有没有人觉得家人是可有可无的,生死都对自己无所谓?"我觉得,如果真的存在这种人,那也跟你毫无关系。因为你没有经历过别人的人生,你无法借助别人的经验让自己也变成那样的人,别人的认知对你没有丝毫意义。

你问这个问题本身就说明还在乎父母,还有家的观念。我看到了你的愤怒,只不过你不敢正视或者不敢奢求这一切,因为你怕你的想法会令你更失望,否则这对你来说根本就不会是一个问题。

人这一生中唯一不能选择的就是父母。投胎是一个技术活儿,所谓幸运的人是能遇到心理健康的父母,他们会从自己父母那里得到爱并且学会爱。然而,你遇到的是这样的父母,他们给不了你想要的爱和一个家,你也没学会如何爱自己和爱别人。

鉴于童年的你受过很多创伤,让你去原谅他们,我觉得至少目前你是做不到的。我不想跟你讲一大堆道理,因为我假设你肯定是懂道理的。对于你的遭遇我的确报以同情之心,但这样的同情心不但对你毫无用处,还会让你深陷其中无法自拔。

原谅别人和去爱别人,从表面上看是为了别人。但心理学家认为,原谅与爱,本质上是对自己最强的治愈。我在你的讲述中看到你只是怨恨你的父母,在怨恨中受伤害最大的人就是你。你用怨恨的方式与父母做了最深的心理联结。以心理学的视角来看,爱与恨是没有分别的,都是对人和事物的高度关注。

怨恨消耗着心理能量,让你的心套上枷锁。子女与父母的关系是第一人际关系,我们会无意识地将这种关系模式带入其他的关系之中。所以,我断定你日常生活中的人际关系也不会太好。

你是要修复与父母的关系,还是要在怨恨中耗掉你的心理能量,都是由你自己决定的。因为每个人都是自己的上帝,所有的救赎都是自我救赎。禅语有云:"一花一世界,一叶一菩提。"你看到的世界就是你内心的全部,你的心是暖的,看到的世界就是暖的,反之亦然。妈妈来看你,你看到的却是她的"假惺惺"。这样的假惺惺对你妈妈有什么好处,你想过吗?"假惺惺"是你内心的想法投射在了你妈妈身上而已。

　　想必你年龄不大吧。改变他人连老天都做不到,我们唯一能做的就是改变自己。如果你愿意,那么从现在开始观自心,去成长。生命本身就是一个奇迹,仅凭这一点就足够我们感激一生了,何须奢望太多?

心医觉民亲笔

2016-7-29

婚姻是亲密关系
修行的道场

导读：

婚姻是亲密关系修行的道场，需要夫妻双方共同精进，否则夫妻将会渐行渐远，最终分道扬镳。

一位伤心的妻子来信：

觉民老师：

您好！我老公有份稳定的工作，家境也不错。我们刚刚结婚不久，他就说自己厌恶官场，想回到校园。于是他又重新考了研究院，还拿到了出国交换的名额。他这一折腾，我们不得不面对三年的两地分居生活。为了他想要的单纯理想生活，我忍着，自己一个人独自在国内生活。

开始第一年还能每天视频，他给我讲讲他那边的事情，我说说我的生活。可是到了后来，我们每个月才能视频一次。他说国外的学术研究很忙，没有时间。但是不管怎么样，我们坚持下来了。等他回国后，婆婆一直催着我们生孩子。前一阵我刚被查出来怀孕了，全家人都很高兴。

可是最近他回家越来越晚了。他说有实验,但是我不相信,于是我请了私人侦探帮我调查,结果查出来他在国外的时候就有一个情人,最近刚回国,两个人又在一起了。私家侦探告诉我的时候,我的情绪因为起伏太大,晕倒了,等送到医院检查完之后,发现我已经流产。孩子没了,老公也出轨了。我想知道这段婚姻让我到底得到了什么。我还有必要坚持下去吗?

一位伤心的妻子
2016-8-11

致这位伤心的妻子:

婚姻有时候不是你想坚持就能坚持下去的。你问我有必要坚持下去吗,我不知道。你得搞清楚自己到底想要什么,你就自然知道该不该坚持下去了。

你问我这段婚姻你到底得到了什么,我也很遗憾地告诉你我不知道。我只知道能够跨越过去的障碍叫作经验,跨越不过去的就叫个坎儿。人生不在于经历了什么,而在于有没有能力在经历中学到些什么。

我看你跟老公的关系不像夫妻关系,倒像是一对母子关系。一位"妈妈"含辛茹苦地培养"儿子"成才,"儿子"

长大了，出去找了"媳妇儿"，离"妈妈"越来越远了。

我一般都假设，出轨大多是夫妻关系出现问题在先，出轨的行为在后。往往我看到的却是一旦一方出轨，极少有人去反思关系中出现了什么问题，而是聚焦于出轨本身。"受害方"只为一时痛快，往往站在道德的制高点对出轨者进行各种鞭挞，心里即使不想让婚姻解体，这种行为最终也可能会导致婚姻走向解体。

我发现你在婚姻中始终处于被动地位，没有自己的生活目标，就像浮萍一样。在你老公去实现他的人生目标时，你始终是一个旁观者。爱是共同进退，荣辱与共。李亚鹏跟王菲离婚并不是因为哪一方不够好，而是生活目标不一致。这样即便是在一起，也一定是貌合神离、同床异梦。

无论你选择离婚或不离婚，在我看来并不重要。因为没有两全的选择，怎么选都会付出代价。

如果你选不离婚，就必须对你们的婚姻进行"治疗"，你们的婚姻还是有机会健康地走下去，否则离婚也只是时间问题。如果你选择离婚，那你需要治愈自己。除了婚姻中的创伤外，你还需要去总结这段婚姻中的问题。

常言道："人不为己，天诛地灭。"这个"为"是"修为"的意思，也就是我们常说的自我成长。祝你好运！

心医觉民亲笔
2016-8-12

每段婚外情都有
华丽的外壳

导读：

人们往往把如痴如醉的强烈程度当作强烈爱情的证据，而实际上这只不过表明这些男女先前是多么孤单、寂寞、无聊而已。

一位矛盾的年轻人来信：

觉民老师：

您好！我和他多年以前就认识了，我们同一年参加工作。那时我们都太年轻，也没有交流的机会，就这样匆匆擦肩而过。接下来的日子，我们并没有什么交集，我有我的生活，他有他的生活，我们都各自结婚，有了孩子。

最近，我换工作之后，发现我们成了同一间办公室的同事。他日渐成熟的气质、渊博的学识、强烈的个性，不流于凡俗。多年前的好感在现实面前彻底爆发了，深埋在我心底的情感又活了过来。我发现他面对我时也非常欣喜，我们之间心有灵犀，都不再掩饰对彼此的欣赏。我知道他不爱他的妻子,而我的生活貌似幸福,可内心深处对爱情的渴望却从未停止。

我们错过一次之后,都不想再次错过对方。虽然我们都有家庭,但是我们还是毅然决然地在一起了。那段时间我们虽然快乐,但也有着强烈的愧疚感。

近来,我们的事情被戳穿了。这段日子,我内心太矛盾。家庭、婚姻、孩子、父母公婆、亲朋好友、闲言碎语、道德界限……我感觉我掉入了生活的旋涡。冒天下之大不韪追求真爱,我就这样放弃吗?

一位矛盾的年轻人

2016-8-15

致这位矛盾的年轻人:

世间最悲催的事莫过于在错误的时间遇到对的人,最最悲催的事莫过于一段地下情被人戳穿了。

话已至此,想必你也是唏嘘不已,无限认同吧。别告诉我你们"曾经太年轻,没有交流机会",只不过那时不爱就是了,"当时没交流机会"是你现在的解读。心理动机是合理化你现在的行为。

古希腊哲学家赫拉克利特说:"人不能两次踏入同一

条河流。"这个辩证的哲学观点告诉我,当时的你和现在的你根本就不是一个人。两个此时正在相爱的人一定会说"我见你第一眼就爱上了你"这样昏头昏脑的胡话。

没有一个出轨的男人会傻傻地告诉你"我爱我的妻子"。多数出轨的男人要的是"性",而出轨的女人要的是"爱"。"不爱妻子"是多数男人为自己出轨找到的合理化的借口。你啊,把你的所谓"真爱"看得太高了,"真爱"其实是一个伪命题,因为它没有标准。

往往时间会残酷地告诉你,婚外恋中的这个"高大上、博学、强烈的个性、不流于凡俗的男人"跟普通男人没什么太大的区别。让激情冲昏头脑的你忘了一句话叫"仆人面前无英雄"。等真生活在一起后,你看到他吃喝拉撒睡、打嗝、剔牙……你就清醒了。

每段出轨都有一个华丽丽的外壳,无论如何华丽,都如同镜花水月一般,迟早要面对不堪的现实和内心的自我鞭挞。请别玷污"真爱"二字,假如"真爱"真的存在。若是真爱,问问你自己:为什么不先回家离婚再跟他交往?还不是因为现实的利益权衡嘛!

由来只有新人笑,有谁听到旧人哭?有朝一日你若成为他的妻子,从概率上来说,他现任妻子的经历会在你身上重现。因为女人的蠢就在于相信一个不忠于妻子的人会忠于情人。不可妄言"冒天下之大不韪"。别自恋,那是你家的大不韪，跟天下没半毛钱关系。

　　出来混总是要还的，心理健康的人敢于接受自己行为带来的一切结果。我告诉你要坚持"真爱"，你就能坚持吗？告诉你断掉这段婚外恋，你就能断掉吗？骗我可以，别骗你自己，在你决定是不是要坚持下去之前，去问问他，离婚后，他还会不会要你。

　　有时我真觉得自己既"毒舌"又残酷，总是愿意毫无保留地说出实话。但愿这番"毒舌"能让你悟出点儿什么。我就以心理大师弗洛姆的一句话做个结尾吧！"人们往往把这种如痴如醉的入迷，疯狂的爱恋看作强烈爱情的表现，而实际上这只是证明了这些男女过去是多么寂寞。"祝你好运！

心医觉民亲笔
2016-8-16

挽回男友的
三招必杀技

导读：

认同对方的感受才是理解对方的开始，否则再多的交流都是无效的。

一位困惑的女生来信：

觉民老师：

您好！我谈了一个男朋友，我们在一起如胶似漆，无话不说。我一直认为找伴侣就应该找兴趣相投、价值观相近的人，而他恰好满足了我所有的想法。我们决定与对方厮守一生。

我比较爱玩，经常会和一帮朋友出去吃饭、喝酒、唱歌。其实并没有什么过分的事情，但是一帮年轻人喝酒之后难免会失态，有一些照片、小视频，我一直存在电脑里，没想到被他翻了出来。

看到那些东西之后，他很郑重地对我说："对不起，我接受不了你的过去，我们分手吧！"

他这样做会不会有点儿小题大做了？而且，我真的很在乎他，不想就这样结束这段关系。我要怎么做才能挽回他？

一位困惑的女生

2016-8-18

致这位困惑的女生：

姑娘你丑俊没关系，但别犯傻啊！我有两点不解：

第一，我不知道你为什么要把这些东西存在电脑上。要是我早就删了，怎么还有人敢这么做呢？

难道是觉得自己的丑态很赞？如果你的审美观是这样的，那你男朋友的审美观一定与你不同，还谈什么价值观相同？你真得注意修正一下自己的认知了。

第二，男朋友提出分手你竟然还觉得小题大做，如果你真在乎他，会忽视、否认他的感受吗？这不是"作"是什么？

教你三招挽回男朋友：示弱、示弱、再示弱……

示弱说明书：

示弱是女人的利器，不会示弱的女人是女汉子，一生悲催的女子大都如此。男人征服世界，女人征服男人，靠

的就是示弱。老子曰:"反者道之动,弱者道之用。"我总结示弱有以下三个要点:

第一,要真诚,这就要看你的演技了。别演砸了让人看出来。

第二,要有耐心,一次不行两次,两次不行 N 次,不可半途而废。

第三,你得哭,哭得凄凄惨惨,哭得梨花带雨。反正作为男人,我对女人的眼泪是没有抵抗力的。以己度人,我想大多数的男人皆是如此吧。

三招必杀技已倾囊相授,听天由命吧,姑娘。别再傻乎乎地存那些照片了。

心医觉民亲笔
2016-8-19

秀恩爱
与爱无关

导读：

你必须花时间确定对方是否是你真正需要的人，因为爱与信仰本质上是一样的。爱情不是一种与人的成熟程度无关，只需要投入身心的感情，它不仅包括感性元素，同样也需要理性元素。

——弗洛姆

一位困惑的女生来信：

觉民老师：

我和男朋友在一起一年多了，感情还好，平时也会和彼此的朋友一起吃饭、唱歌。最近我们一起出去玩儿，拍了一张我觉得挺有艺术范儿的合影，并且发了朋友圈。我想让男朋友也发，可是他不愿意，说不喜欢秀恩爱。我不知道这已经是他第几次拒绝我类似的请求了。

前一阵儿，他说叔叔生日，让我跟他一起去参加聚会。我本来挺高兴，觉得这就算是见了家里的长辈，自己肯定是以女朋友的身份去的吧。结果,等我到那里,他叔叔问我是谁,他竟然说是同学。我真的觉得很难受。

不愿意在社交圈里秀恩爱,连承认我身份都不敢,他到底是怎么想的?

一位困惑的女生
2016-8-22

致这位困惑的女生:

经常会有人这样问我:"他到底是怎么想的?"那是他们误以为心理专家都会读心术。你跟他交往一年了都不知道他怎么想的,我只是通过你有限的描述,就更不知道他是怎么想的了。

不爱秀恩爱算不上什么问题,可是你在他家人面前得不到承认,换谁都会糟心。逼男朋友秀恩爱,其实是你对这段不确定的感情的再确认。让我奇怪的是你怎么不直接问他,反而来问我呢?看来你跟他之间的沟通还真是存在一些问题。

我觉得你在这段关系中对自己没有信心。作为旁观者,我只能用"备胎"来猜测他给你的定位了。

弗洛姆说:"你必须花时间确定对方是否是你真正需要的人,因为爱与信仰本质上是一样的。爱情不是一种与人的成熟程度无关，只需要投入身心的感情，它不仅包括感性元素，同样也需要理性元素。除了与生俱来的部分，还要体会、学习、领悟、练习、揣摩。先评估自己是否有爱人的能力，才有资格谈爱。"

这段话对每一对恋人都是适用的。很多处在恋爱中的人其实并没有认真地对待恋爱这件事。所以我们才能看到恋爱中出现的诸多问题。

每段亲密关系中的双方都是肇事者，没有任何一方可以独善其身。我想你们这段关系一定不像你描述得那么简单，实际上透过这件事也折射出你们关系中存在着某些不确定性。你应该把精力放到与男朋友深入、有效的交流之中。

亲密关系最忌讳猜疑，放弃交流。每次他模糊你们的关系定位时，你都放弃了与他交流的最佳时机，换句话说你教会了他这样对你。

心理学家从来都是教会我们认识自己，而不是猜想他人。我最怕别人把我当成算命先生——"他是怎么想的？我该怎么办？"当你把问题抛给我的时候就放弃了思考，当你把目光投向别人的时候就放弃了自我成长。毕竟你是一个成年人，面对纷繁复杂的生活要学会思考。问题解决不了才成为"问题"，当你去直面问题时，才是解决问题的开始。

心医觉民亲笔

2016-8-23

小三儿要找我谈判，
我该怎么办？

导读：

由弱变强不是朝夕之功，心理的成长总是要伴随着挫折与痛苦。有的人越挫越勇，有的人就此沉沦。任何人都替代不了我们的成长，所有的救赎本质上都是自我救赎。

一位困惑的妻子来信：

觉民老师：

您好！我和老公是由朋友介绍认识的，恋爱的时间不长，接触后觉得还可以，我们就结婚了。婚后头两年他对我还不错，关心我，工作上也上进，经常有应酬。最初我没有多想，后来才发现，原来他有小三儿了。

后来老公说他跟小三儿已经断绝联系了。从那之后，有一段时间他每天都按时回家，很照顾我的情绪。可是前一阵，小三儿威胁老公说再不见她就要自杀。我拦着他没有让他出门。但是，小三儿竟然联系我说，要和我谈谈。

如果去见她，家里人担心她刺激我，可如果我不见她，她就一直在"作"。我确实还想挽回这段婚姻，我要怎么做？

一位困惑的妻子

2016-8-28

致这位困惑的妻子：

与小三儿见不见面很重要吗？你纠结于此是因为你的心理能量不足，心乱行为则乱。可笑的是这件事搞得你好像做了贼一样，也难怪小三儿有恃无恐。

不用见面我都知道小三儿要找你谈什么。无非是劝你跟你老公离婚，展示他们之间相爱的证据，他们之间是真爱云云。而你无非劝她迷途知返、另择良木而栖……双方各自说着如车轱辘一般的废话。如果你跟她都各自带上几个闺蜜，那就更有热闹看了，群雌粥粥，大打出手也是有可能的。对方必然将"作"作为杀手锏逼你就范。如果你不搭理她的这种"作"呢？这是需要你去思考的。

从个人角度来说，我很同情你，自己的老公被别人抢得理直气壮，你却可怜兮兮地站在一旁束手无策。心理学认为：对弱者的同情其实对弱者没有任何助益，只能强化和延续弱者的痛苦。你所得到的仅仅是舆论的支持，迎风昂首地站在道德之巅，可最终该失去的还是得失去。

俗话说："可怜之人必有可恨之处。"你的"可恨之处"就在于你的弱者心态，在于你总被别人的言语和行为左右。在这点上你得跟小三儿好好学习。

其实婚外恋也遵循弱肉强食的"丛林法则"。如果把你的男人比作猎物，你弱，他自然会被其他猎人夺走。

由弱变强不是朝夕之功，心理的成长总是要伴随着挫折与痛苦，有的人越挫越勇，有的人就此沉沦。任何人都替代不了我们的成长。当你还是一只猫的时候，记得你的目标是要成为一只虎！当你成为一只虎的时候，别忘了你曾经只是一只猫！心态要高，姿态要低，不要看轻别人，更不要高估自己！

《史记》中有句话："胸有激雷而面如平湖者，可拜上将军。"静观其变是一种能力，顺其自然是一种幸福。总之你的婚姻生病了。你要做的是去找原因，去修复，亡羊补牢，犹未迟也。不要把精力放在小三儿身上。实在找不到原因就找个靠谱的心理医生寻求帮助。祝你好运！

心医觉民亲笔
2016-8-29

许多婚姻死于愚蠢

导读：

这个世界上最大的危险，莫过于真诚的无知和认真的愚蠢。

——马丁·路德·金

一位愤怒的老公来信：

觉民老师：

您好！我们离婚了。五年的夫妻生活，没想到对我来说反而是痛苦的开始。

我们两个都没有固定收入来源，家中的房和车都是依靠长辈帮助借钱购买的，所以我妈还和我们住在一起。债务对我们来说是一个不小的负担，我总觉得她这样做太虚荣，所以背着她悄悄把车卖了，想着先还一部分债务。就因为这个事，她对我生气发火，竟然砸了家里的电器，摔了很多家具。当时家里老人拦着，她还对老人动手了。我一气之下也打了她，第二天我们就去离婚了。

我一直觉得我们的离婚带有赌气的感觉，我总想着这样会让她真正反思我们婚姻中的问题，以后她能学会让步，能改变自己的急性子，端正对我妈的态度。

没想到离婚后她并没有悔改之意，没过多久，就听说她开始和其他男人交往。之后我又去约她，我总觉得她是为了气我才那样，我说她只要和老人道个歉，就没事了。

谁知道前一阵子她竟然告诉我，她已经找到真正关心她的人了，她不会和我复婚。我觉得很难受，我其实还是在乎她的，我还是觉得和她在一起才是家。她现在还没有结婚，我还有机会吗？能弥补吗？我应该怎么做？

一位愤怒的老公
2016-9-6

致这位愤怒的老公：

贫贱夫妻百事哀？不！我认为愚蠢的人才百事哀。你总想让她反思婚姻中的问题，可我却认为应该反思的人是你。让我来细数你的"七宗罪"。

首先，男人没有能力协调婆媳关系时就不要让婆媳生活在一起，否则你就是在制造麻烦！嗯，没错。我基本可以把你定位为一个"麻烦制造者"，经济状况不好，可以通过努力改变这样的状况,而不是变卖家当。

把车卖掉给你前妻传递的信息是你是个"失败者",所以,摆脱一个失败者是一场胜利大逃亡,怎么可能再跟你复婚?

背着老婆把车卖掉,是自大到目中无人。处置财产难道不需要跟家庭成员商量吗?她都跟你离婚了,你竟然还想着让她跟你妈道歉,这叫"一蠢再蠢"。如果她跪在你面前求你让她回家,你让她向你妈道歉我还能理解。在这样被动的局面下你提出这样的要求,这叫不识时务。

最该向你妈道歉的不是你前妻而是你,因为这一切都是因你而起。你应该跪在你妈面前,一边扇自己耳光一边说:"都是儿的错!儿子无能,惹您老人家生气。"你倒好,把自己捯饬得跟个无辜的孩子似的,把屎盆子都扣在你前妻头上。你觉得你借钱买房、买车是因为前妻爱慕虚荣,我却看到了你的虚荣。当年为了把媳妇娶进门你这样做了。媳妇到手后,你又开始变卖家当。说严重点你这叫诈骗、仙人跳……

在这样的状态下你想让前妻回心转意几乎是不可能的。其实这五年的婚姻一定不是那么和谐,因为你简短的表述就让我看透你的人格。你是一个没有丝毫反思能力的人,有了问题只会把责任推给别人。你看看自己的表述中还是一副颐指气使的样子,哪有半点反思忏悔之意?

你的一个致命错误给了你前妻逃生的机会。如果你前妻再回头,那真的是她脑子有问题。结婚五年还要啃老,如果没猜错,你连朋友都不会有。难道你从没想过自己为什么是一个失败者吗?

你要重生,就要经历挫骨削皮之苦!如若不然,即便前妻回归也会重蹈覆辙。有些人一旦错过就不在。选择自我成长,放过自己也放过她吧!

心医觉民亲笔
2016-9-7

用一生时间是否能调教好一个男人?

导读:

曾以为生命中最糟糕的事是孤独终老,其实,最糟糕的是与让你感到孤独的人一起终老。

一位困惑的女生来信:

觉民老师:

您好!找一个老实本分的男友,一直是我父母的愿望。他们常常把这个要求挂在嘴边。因为我挑的都不入他们的眼,所以他们托亲朋好友给我介绍了现在的男友。男友长得高大清秀,人品素质各方面都很优秀。

我们刚接触时,他不爱讲话。我跟他讲话时,他连看我的勇气都没有。我就没见过这么害羞的男生。我虽然不是闭月羞花,但长得也是水灵灵的。

长时间的接触后,我发现他有很多问题。我们之间没有情侣的默契,他总是心不在焉。按理说恋爱中的情侣只需一个眼神、一个动作就能让对方感觉到自己要做什么,可他几乎不明白我的心思。我们在兴趣爱好等方面也不一样。

身边的朋友家人劝我说,感情和默契可以培养,这样的男人老实可靠,值得信赖。可我喜欢浪漫带点惊喜的男生。这样的恋情还要继续吗?难道要花费一生调教一个男人?

一位困惑的女生
2016-9-10

致这位困惑的女生:

"找一个老实本分的男友,一直是我父母的愿望。"开篇你就点明了你的问题所在。其实你自己也不清楚要找一个什么样的男友,才把父母眼里的择偶标准当作自己的标准。

如果非得让我描述"老实",那么"老实"在我的印象里就是沉默寡言、内向木讷。其背后的心理意义在于"老实人"的人格不够灵活。

我特别不认同情侣之间所谓的"性格互补说",我在日常个案里发现,顺畅的两性关系里"性格相似性"多于"互补性"。道理很简单嘛!我们在交友过程中不也是遵循相似性(价值观)的原则嘛!首先大家要能玩儿到一起,才有一起生活下去的愿望。父母那一代人用原有的价值观衡量现在年轻人的婚姻似乎有点儿不合时宜。其实这也好理解，因为他们那代人对婚姻的需求动机和年轻人对婚姻的需求完全不同。

婚姻可实现三大功能：繁衍、经济、爱情。处在不同时代的人对这三个功能的需求程度是不同的。父母那一代人考虑更多的是婚姻的繁衍、经济功能，很少考虑"爱情"这个因素。因为他们曾经处在物资比较匮乏的年代，又深受传宗接代观念的影响。在物质丰富的年代成长起来的年轻人，他们在择偶时追求精神匹配，爱情重新回归到婚姻中最重要的序位。

花一生时间调教一个男人，如果你愿意或者能从中获得成就感，我想不会有人反对。但听你的口气似乎也不愿意这么做。我突然想起弗洛伊德生活的时代，一个人找心理医生用经典精神分析的方式做心理治疗，整整用了40年时间。听完后你是不是认为那个病人很蠢？

的确，时代不同了。后现代社会，新奇的、瞬息万变的生活需要我们用有限的生命去体验。换作我，我会花时间找个同频的人，也不愿意徒劳地调教别人或委屈地改变自己。因为每个人都是独特的。至于你做出什么选择，无关他人。

心医觉民亲笔
2016-9-11

一个人逃避寂寞，
两个人渴望自由

导读：

我一直相信，真正的爱情可以在对方身上唤起某种有生命力的东西，而双方都会因唤醒了内心的某种生命力而充满快乐。

一位困惑的女生来信：

觉民老师：

您好！我和男友认识三年，早就到了该结婚的年龄。家里人不停地催婚，可我们都没有准备好。恋爱是美好的，两个人甜甜蜜蜜地在一起。但对于结婚，我们心里没底。男友建议先同居试试看，我答应了。

刚开始因为一些生活习惯的不同，产生了不少摩擦，经常大吵大闹，但是吵完冷战之后，又会和好。最近一段时间，他说和我在一起并不开心，说自己有些抑郁，不知道怎么面对我，而且认为我对他有过多约束，他不能够随心所欲地生活，并且认为我们的感情进入了疲惫期。现在两个人躺在床上,他几乎没有任何需求。他说自己在做调整,我很纳闷。

最近他一直很排斥我,不愿意与我一同逛街,经常坐在那里发呆。我想,现在他就这样,结婚后会怎样?父母都已经开始商量结婚的日子,我又开始动摇了。我担心婚姻生活不和谐。怎么做我们才能回到恋爱的甜蜜状态呀?

一位困惑的女生
2016-9-13

致这位困惑的女生:

一个人逃避寂寞,两个人渴望自由,这是现代人情感的真实写照。婚姻是一种选择而不是一种义务,"大龄晚婚"的人比比皆是。

我们所处的时代,每个人的个性都得到了社会前所未有的包容与接纳。每个人在择偶的过程中都不想改变相识之前的个性特征,所以才有了"匹配"这个词。因为改变意味着重新构建自己来适应别人,多数人心理的天然倾向就是让环境、他人来适应我们,而不愿意改变自己来适应环境。因为这种心理倾向被父母在养育的过程中放大了。

对于试婚,我持一种支持的态度。试婚是社会宽容度给我们提供的婚前缓冲地带,这就像幼儿园小朋友在上小学前的"幼小衔接"训练一样。

可是许多年轻人不知道试婚究竟在试什么。试婚,并不仅仅是两个相爱的人空间距离的变化,不仅仅是两个人在一起吃饭、睡觉,而且是在心理层面的相互适应。心理的融合要比生活习惯的融合更重要。

我一直相信,真正的爱情可以在对方身上唤起某种有生命力的东西,双方都会因唤醒了内心的某种生命力而充满快乐。

而在你们的关系中,我看不到生命力的唤醒,反而看到的是相互消耗。你们的生命显得黯然无光。你传递给我的尽是负面信息,这样的伴侣关系是难以维系的。好的亲密关系无一不是在互动关系里以对方为镜照见自己。

在婚姻中,真正能走得长远的一定是价值观相同、生活态度一致、人生追求相似、拥有共同信仰的人。婚姻意味着双方愿意照着各自的本相接纳彼此。生活中的一切都是为了磨炼自己而存在,为的是造就更好的彼此。

心医觉民亲笔

2016-9-14

备胎男友该何去何从?

导读:

在有些情感中,我们一直自我催眠。对于无果的感情,还不如早点让它死去,别再损耗我们彼此的生命。

一位困惑的男生来信:

觉民老师:

您好!俗话说:"女大一,抱金鸡;女大二,金满罐;女大三,抱金砖。"我父母比较在意这些民间流传的话,让我找个比自己大的女友,不要找个娇滴滴的,不然带回来还要供着她。

我和女友谈恋爱时,她比我大一岁,一开始追求她时,她不同意,因为觉得我没她大,姐弟恋没有什么好结果。我不放弃,用心释放自己的爱给她,最后得到了她的认可,我们谈了三年恋爱。

打拼了几年之后,她买了房子,我找人帮她装修。她是独生女,想把父母接到身边。老人家年纪大了,需要人照顾。我们没结婚，不适合住一起。我在外面租了房子，几乎每天下班后都过去帮她一起做饭，照顾她父母。

但是一提起结婚女友就反感，嫌弃我没有房子，工作不稳定。我努力打拼，尽可能满足这些条件，她依旧对婚姻保持沉默。我如果追问结婚的事，她要不然不说话，要不然就说我们之间姐弟情感比较浓厚，如果做情侣的话她老是觉得别扭，总觉得不太合适。我真的很生气，都三年了，她还觉得不合适吗？那我这几年来所做的努力，不都白费了吗？我怎么做才能让她接受我呢？

一位困惑的男生
2016-9-18

致这位困惑的男生：

你做备胎做得够有耐性的，我在想，也许你一夜暴富后她才会接受你。你是个听话的娃，爹娘让你找年龄大的，你果真找了个比你大的女朋友。小女朋友怕供着，结果找了一个年龄比你大的人，跟找了一个"观音姐姐"似的，供了三年也没换来一张笑脸。人生的悲催莫过于此啊！

还说"女大一抱金鸡"，你的金鸡呢？我真是想破脑袋也没想明白，怎么现在找对象还会有这种观念。你的精力都用在"家政服务"上了，你天天跑到人家家里去当兼职家政服务员，工作稳定才怪，买上房子才怪。做男人做到这个份儿上也真是让我无力吐槽了。

我看再过三十年她也不会跟你结婚。按理说，面对三年如一日的付出，铁石心肠的人都会被化成绕指柔。现在还没接受你，说明她真的是接受不了。你只是描述了你付出的一面，我不知道你有多少不被她接受的另一面。

你要做的是接受这个不被她接受的事实。你爹妈知道你的遭遇吗？他们是不是还坚持女大几啥啥啥的理念？以后少拿你爹妈说事儿，你一个成年男人整天说你爹妈要你怎样，说明你根本就不成熟。

赶紧该干吗干吗去，做点男人该做的事儿。某天万一整个逆袭的事儿多解气。你问我怎么做才能让她接受你，你问问自己能接受现在的你吗？男人有没有成就无所谓，但男人一定要活得有尊严。有尊严的生活必须靠自尊和自我价值来实现。面对无果的感情，你还不如早点让它死去，否则它会缠住你，耗尽你所有精力。你跟她的感情从一开始就不在同一个层级上，何苦为难了别人，恶心了自己。

心医觉民亲笔
2016-9-19

能治愈你的
绝不是另一段爱情

导读：

有人说治愈失恋最好的良药，就是投入一段新的恋情，对此我持怀疑态度。能治愈你的绝不是另一段爱情，而是在这段让你受伤的关系中获得的成长。

一位困惑的女生来信：

觉民老师：

您好！和前男友分手之后，我颇受打击，在很长一段时间里我痛苦抑郁，浑浑噩噩地过日子，暴饮暴食，无节制地抽烟喝酒……很快，我的身材就从苗条变成像球一样了。

在我失恋的这段时间，我经常泡在交友软件上找人闲聊，通过这样的方式，认识了现在的男朋友。最初只是有一搭没一搭的闲聊，后来觉得爱好、脾气都相近。他知道我没有男朋友，就开始追求我。

确定关系后，他想约我出去，我总是以各种借口拒绝。

因为他看到的都是我瘦时的照片，而现在的我和以前比几乎是两个人了。我担心一见面这段恋情就变成见光死的结局，一直在拖延见面，可是无论怎么拖延也不可能不见面，所以就和他见面了。

见面之后没有见光死，虽然他看上去很失望，但是对我还行，就是对我的身材非常在意，尤其是我们后来住在一起之后，几乎每天都在说让我去减肥，无论怎么样都要瘦下来。几个月来，因为我没有很明显地瘦下来，他总觉得我不够用心。我能感觉到我们的感情在一点点地消失，争吵的次数在明显地增加。最近一次吵架，他竟然把我骂哭了，还说我欺骗他。

最近我的心情始终是沉重的，很困惑。我不明白他为什么这么计较外表。我瘦下来后我们真的会很幸福吗？我是否应该听他的，专心瘦下来，挽回这段感情呢？

一位困惑的女生
2016-9-20

致这位困惑的女生：

我极不看好网恋，我认为那只不过是一夜情的前奏而已。虽然也有网恋成功的个案，但是大多数网恋都是极不靠谱的。

人们借助虚拟网络社交时,隐藏了很多现实中的人格特质。也就是说,网上的那个"你"不是现实中的你。通常在网络中每个人都很善于包装自己,一个现实生活中沉默寡言的人在社交网络上也许展现出来的是一个能言善辩的形象。因为虚拟,所以无所顾忌。

在网络交友中男女心态各不相同,男人抱有猎艳的心态,而女人则想找个倾诉对象。男人无聊了才会在网上寻求艳遇,女人受伤了才会去找陌生人倾诉。所以在这样的基础上建立的亲密关系能靠谱才怪。

有人说治愈失恋最好的良药就是投入一段新的恋情,对此我持怀疑态度。能治愈你的绝不是另一段爱情,而是在这段让你受伤的关系中获得的成长。我特别不赞同在心理能量很低迷的时候就贸然投入另一段感情,因为你会吸引同样特质的人,也会重复自己原有的关系模式,很有可能是一次飞蛾扑火。

你这段感情其实还不如见光死,如果是这样的话,就不会生出这些情感纠葛来。从这一点上来看,你男朋友也是一个优柔寡断的人。他只想要事物好的一面,想摒弃不好的那一面,这本身就是不成熟的心态。爱情不是私人订制,哪有那么简单?

明明是一个外貌协会的,非要装作不在意外貌,在一起了又横挑鼻子竖挑眼。我会对这样的人敬而远之。但凡喜欢抱怨的人，我都能感受到他们身上"阴气"十足，我把这类人叫作"沼泽人"，不会与其过多交往。一旦你被这样的人缠上，就像进入沼泽地一样，会被拖入深渊。

心理学研究发现，恋爱中的人们复合胺的水平比常人低40%，和强迫性神经紊乱的患者的复合胺水平一样。这项实验告诉我们，恋爱中的人思维意识通常都会变得狭窄。有人戏言，恋爱中的男女智商水平相当于"智障"。

智慧不是来自意志，而是来自痛苦的经历。我能做的就是通过你简短、主观的描述，把我看到的东西呈现在你面前。至于何去何从，还得你自己把握，你的青春你做主。

心医觉民亲笔

2016-9-21

我的婚姻会触礁吗？

导读：

你若是一个舢板才能看到"礁"，你若是一个航母，"礁"在哪里？若说"礁"真的存在，那就是你的心太小，盛不下一些鸡毛琐事。不在亲密关系中修行，没有心理成长的情侣，就如同驾驶舢板出海，触礁只是时间问题。

一位伤心的男人来信：

觉民老师：

您好！我和老婆是通过自由恋爱结合的，结婚六年了。虽然婚后生活甜多苦少，但还是免不了一些争吵，而且每次吵架必须都是以她赢收场。她一定要吵到我肯认错、说软话为止。她从小娇生惯养，就像一个长不大的孩子。

每次我心里不舒服时，很少发脾气，最多也就是生生闷气，不太爱说话，可是她有时候连我这样生闷气的权利都不给我……总觉得我不说话或者脸色不好，就是给她甩脸子，其实我也想和她大吵一架，不想这样一直压抑自己。

可是吵架又有什么用，还不是我认错，再说又不是什么大事，我也就忍下来了。

每次吵架她可以做到撇开所有的东西啥都不管，倒头便睡或者离家出走，但我做不到。只要她一流眼泪，我就会坐立不安，再大的问题都会让步。但是，这种情况总让我觉得心里不舒服，有个疙瘩。

像我们这样的婚姻是不是已经要触礁了？照这样发展下去以后，我们会变成怎样？

一位伤心的男人

2016-9-23

致这位伤心的男人：

你把我当成算命先生了，我哪里知道这样发展下去会怎样。人生的魅力就在于对未来的不可知性，一切皆有可能。但是我知道，对未来的过度担心就是对自己命运的诅咒。

"婚姻触礁"这个词，我还是第一次听说。是否触礁取决于你自己，如果心中有"礁"不触都难。其实我觉得还不错，像你自己说的"甜多苦少"，啥时候"苦多甜少"了，你们可能就真的危险了。

你很焦虑，你太太倒是一个性格大大咧咧的人，至少我能看到她耐受焦虑的程度比你高。同样是吵架，她没有为此焦虑。总之，没有能力处理的事再小也是大事。你若是一个舢板，才能看到"礁"，你若是一个航母，"礁"在哪里？若说"礁"真的存在，那就是你的心太小，盛不下一些鸡毛琐事。

不在婚姻中成长，结婚60年也白搭。要婚姻稳固，先要修好自己的心。焦虑情绪很重的人会把这种情绪传递给家人，不良家庭关系都始于家庭成员的不良情绪。有的人把吵架看作一个家庭的活力和夫妻关系的润滑剂。而你则把吵架看成天大的事，还是静下来看看自己的心吧！问题就出在你这里，不要在外面寻求原因。吵也不是，不吵也不是，一流泪你就坐立不安，这不是你的宽容大度，而是你的抗焦虑能力有待提高。这需要你去内观、体悟。

心医觉民亲笔
2016-9-24

我爱上了同事的老婆

导读：

麻烦制造者就是不断地制造自己无法解决的麻烦，从此悲催的人生就拉开了序幕。

一位为情所困的男人来信：

觉民老师：

您好！我是一个已婚男人，有一个漂亮的女儿，我跟我妻子关系不好，经常会为了一点儿鸡毛蒜皮的小事争执，导致夫妻生活一直很冷淡。结婚前有几次要分手，她都是哭着求我不要分手，于是结婚了。可是结婚后她一点儿改变也没有。在准备离婚的时候，她怀孕了，为了孩子，我还是忍了。

我跟同事Q关系不错，两家离得也比较近。他跟老婆的感情非常好。她温柔优雅，总是给人内心温暖的感觉，对老公和孩子非常用心。我同事经常会带来各式便当。她公司离我们公司很近，中午的时候经常会跟我同事一起吃饭。我看着她温柔的样子,心都要融化了。

一次同事出差,孩子晚上生病,同事给我打电话,让我去他家帮忙把孩子送到医院。那个晚上我和她在医院里跑来跑去地照顾宝宝,让我有一种我们就是一家人的恍惚。晚上等孩子打上针睡了以后,看着瘦弱的她站在病房里,我没有忍住抱了她,她挣扎着躲开了,我的脑子一片混乱。

晚上回到家,虽然很累,但是心情特别好。之后我一闭上眼就是她的笑脸,每天总是想找机会看她一眼。最近一段时间我寝食难安,很久都没有睡好觉,整个人也变得昏昏沉沉,我应该怎么办?

一位为情所困的男人
2016-9-26

致这位为情所困的男人:

"老婆是别人的好,孩子是自己的好。"这句话在你身上体现得淋漓尽致。觊觎同事之妻总不是什么光彩之事。多年的职业习惯让我已经不在道德层面去评说事件或人了,保持中立态度,只关注求助者的心理过程。

常言道:"朋友妻不可欺。"你倒好,"朋友妻不客气"。你那糊涂同事不是引狼入室吗?

从你自己的婚姻生活来看,你并不是一个心理强大、拿得起放得下的男人,否则也不会分手分不了,离婚离不掉。与其说是为了孩子与你的太太结婚,不如说是为了你自己吧。人格偏弱的人总是容易被外界的事和人所控制。说白了就是没能力、没自我。心理能量弱不是最可怕的,可怕的是这样的人老是对自己的能力估计不足,给自己制造解决不了的麻烦。

心理健康的人首先是社会化比较充分的人,也就是说,他们在做出行为之前会充分将行为置于法律、道德和现实的框架中考量。没有经过充分社会化的人可分为两类,一类是心理不成熟者,比如说儿童,他们对自己的行为后果总是估计不足。当然也包括像你这样的已成年而心理不成熟者。另一类就是反社会人格的人,通常这部分人都被关在监狱里。

因惦记他人之妻害了单相思,寝食难安,昏昏沉沉。处理单相思最好的办法就是时间和心理成长。你爱别人是你的权利,别人不爱你也是别人的权利。你付双倍咨询费我都不想接待你,因为"杀父之仇、夺妻之恨"根本不是心理问题,而是伦理和法律问题。

1952年,美国心理学家马斯洛和米特尔曼提出的心理健康的十条标准。今天看来它仍然适用!不用我说,请您自己对照:

（1）充分的安全感。

（2）充分了解自己，并对自己的能力做适当的估价。

（3）生活的目标切合实际。

（4）与现实的环境保持接触。

（5）能保持人格的完整与和谐。

（6）具有从经验中学习的能力。

（7）能保持良好的人际关系。

（8）适度的情绪表达与控制。

（9）在不违背社会规范的条件下，对个人的基本需要做恰当的满足。

（10）在不违背社会规范的条件下，能做有限的个性发挥。

请您着重参见2，3，5，6，8，9，10条。

心医觉民亲笔

2016-9-27

一提分手男友就自残，我该怎么办？

导读：

在情感勒索的关系中，我们以自己的需要为代价，去关注别人的需要。通过对别人的让步，我们为自己制造了一个短暂的安全假象，使我们得以栖身其中聊以自慰。我们避免了冲突和对立，但同时我们也失去了一个建立健康关系的机会。

——心理学家苏珊·沃福德

一位苦闷的女生来信：

觉民老师：

您好！前几日和男友分手，男友把责任全推给了我，像是我逼他分手一样。可是我一想到我们在一起，就觉得恐惧，看不到未来。

我们在一起有一段时间了，可是有一半时间都是在吵架。他比我小一些，总是希望我事事都让着他。我也确实像照顾弟弟一样在照顾他，在衣食住行上总是担心他做不好。他最近工作不顺利,每天都骂骂咧咧。我总是劝他,让他重新找份工作换换心情。

前段时间,他又一个人在家喝醉了,看我回来,抓着我,晃着我说人生为什么这么没意思,后来又说我为什么这么能干。我看他喝醉了,就把他推开,想自己先出去静一静。现在的他和刚认识的他已经判若两人。他看我要走,竟然一把把我扯回来,说我不能离开他,然后打了我一巴掌。我当时就吓傻了,赶紧甩开他逃了出去。

等他清醒过来之后,我就去和他谈分手。结果他就拿菜刀自残,划自己手臂那么长的一道伤口。那血淋淋的场景,我真的是一辈子都忘不了。我想分手,可我不敢,现在每天照顾他、让着他、哄着他。可我真的不开心,我觉得每天他在我身边就像一个定时炸弹一样。我要怎么办?

一位苦闷的女生

2016-9-29

致这位苦闷的女生:

你不离开他仅仅是因为"威胁"吗?这样的关系让你遭罪,但必有让你获益的地方。我想至少他满足了你的母性情结,否则不会如此纠缠。这段关系开始时就不是一段正常的关系——"他希望你让着他,你也确实像照顾弟弟一样在照顾他。"看到了吗?这是你自己的原话。其实每个人都知道解决自己问题的答案,只不过不愿意承担做出抉择带来的后果罢了。恋人之间无法再在同一个精神层面交流时,"情感勒索"的心理现象就会出现。

心理学家苏珊·沃福德说:"在情感勒索的关系中,我们以自己的需要为代价,去关注别人的需要。通过对别人的让步,我们为自己制造了一个短暂的安全假象,使我们得以栖身其中聊以自慰。我们避免了冲突和对立,但同时我们也失去了一个建立健康关系的机会。"

因为你有顾忌才会被"情感勒索"成功。你顾忌的是他的自残行为吗?哪有这么简单?那只是自己不愿离开的借口而已。

你在表述当中着重说了年龄的问题,也许你们在建立关系之初,你在无意识的行为中不断地传递(投射)——他是一个小孩……时间久了,他也认同了你对他的关系定位——他是一个小孩。于是这样姐弟般的亲密关系,甚至说是"母子"般的亲密关系就形成了。"在衣食住行上总是担心他做不好"本身就属于"母亲"般的焦虑,一个事事包办的妈妈让孩子无法成长,孩子依赖并且恨妈妈也就成了必然。

看上去你是在照顾他,可是你的行为阻碍了一个男孩向一个男人的心理转变。从精神动力学的角度来看，对你而言，只有让他待在原地不成长，你们的关系才会稳固，因为一个孩子是无法离开妈妈独立生存的。一旦有一天他成长起来了，也就是他离开你的时候了。

你们的关系是不健康的，需要去改变，但变与不变还得由你来选择。解决问题的方法有很多，可以离开；可以重新定位关系；可以共同成长，但前提是你在这段关系中得有足够的自我觉知的能力。祝你好运！

心医觉民亲笔
2016-9-30

你教会了别人如何对你

导读：

爱就是实事求是地看待一个人，认识到其独特的个性，尊重他人的成长和发展。我希望被爱的人应以自己的方式，为自己的目的成长、发展，而不是来迎合我。

一位烦恼的男生来信：

觉民老师：

您好！我和女友已经交往了半年。交往之前我们就是朋友，我一直觉得她单纯耿直。交往之后发现，她过于耿直，讲出来的话让人伤心。她不分场合，从不顾及别人的感受，喜欢冷嘲热讽，让人心寒。我感觉她不喜欢和我讲话，总是不冷不热的。或许是我想多了，但我心里总归是不舒服。

出门逛街，她看中的东西，问我参考意见。没等我开口，她就说道："算了，问了也是白问，你也没什么眼光。"虽说我对女人的东西不太了解，可她直截了当地对我泼冷水，未免太不顾及我的感受。

我偶尔去接她下班，每次她都是让我在另一条马路上等着，说是单位门前容易堵车。有一次下雨，我想着别让她走那么远的路，就把车停在了她公司门口。结果她发了很大的火，说让她同事看到她男朋友开这种破车肯定要笑话她，以后再去接她，必须得换10万元以上的小轿车！听了这话，我真的很伤心。

　　上次她出差，晚上我给她打电话，想问问她安顿好了没有，打了好几通电话才打通。我听她的声音很疲惫，就关心地问晚上吃饭了吗，怎么住，钱够不够用。她直接来一句："睡哪里你管得着吗？说了你也帮不上什么忙。"在我听来，我对她的关心似乎是多余的。

　　她回来之后，像个没事儿人一样，照旧生活如常，和我嘻嘻哈哈的。我不知道我还能忍多久。两个人在一起怎么就不能彼此交心呢？她连最起码的尊重都不给我，我该怎么和她相处？

一位烦恼的男生
2016-10-3

致这位烦恼的男生：

　　我发现一个事实，即便你历数了她种种"恶行"，也始终守在她身边。问问自己：你们确立关系已经有半年时间。为什么这么抱怨，你还不安静地离开？这足以说明三点：

第一，她一定有你喜欢的地方。

第二，你允许她这样对你。

第三，你无意识里有受虐倾向。

其实关系变了，两个人的边界感也不像之前那么泾渭分明，所以彼此都会看到对方之前没有看到的人格特质，有摩擦并不奇怪。

"人生若只是初见"就是纳兰性德矫情的一句废话。你见过相敬如宾的情侣吗？如果有，要么是人生初见，要么是关系疏离。人际关系的深度与自我暴露的程度呈正相关。有完美倾向的人，开始总是容易进入一种自我催眠的状态。他们通常在"人生初见"时忽略了事物的全貌，只愿意看到自己想看到的"完美"。随着时间的推移，产生落差后往往会推翻自己之前的"认同感"，心理落差随之产生。

所以，我们经常看到喜欢抱怨的人大多具有完美主义倾向。阿伦森效应告诉我们，人的天然心理倾向是最愿意接受"由坏到好"，最不能接受的就是"由好到坏"的事物发展规律，人际关系亦是如此。而完美主义者的心理动力倾向恰恰是按照"由好到坏"的逻辑发展的。

爱就是实事求是地看待一个人，认识到其独特的个性，尊重他人的成长和发展。我希望被爱的人应以自己的方式，为自己的目的成长、发展，而不是来迎合我。

如果一切像你所说，那么你的女友在亲密关系中的表现是有问题的。你有责任帮助她成长，第一步就是要跟她做深度的沟通，将自己这些不舒服的感受全数呈现给你的女友，而不是忍气吞声。因为很多人意识不到自己的言行对别人造成的影响。

尊重是建立在自由的基础之上的。正如一首古老的法国歌曲所唱的那样："爱是自由之子，永远不是统治的产物。"读懂容易，做到很难，但不能因为它难而不去做，因为这是通向爱的必经之路，前提是如果你对爱还有渴望。

心医觉民亲笔
2016-10-4

没有应该结婚的年龄，
只有应该结婚的感情

导读：

没有应该结婚的年龄，只有应该结婚的感情。多少婚姻悲剧都是源于"我应该结婚"。不要带着前一段情感的伤痛进入下一段感情或婚姻，只有将"创伤"处理好，让它成为"已完成事件"，才会得到心理成长。

一位消沉的女生来信：

觉民老师：

您好！大二那年，在参加一次社团活动时，我认识了一个大我一届的学长，后来越来越熟，便发展成了恋人。虽然在学校的生活单调，但是因为有对方的存在，我们都感到很幸福。后来我去考研，他打算工作。

我考上研究生后，他找到一份工作。我们商议先立业后成家，等我毕业之后就结婚。就在我快要毕业的时候，他背叛了我，他告诉我，他在单位里认识了一个女生，给了他从来没有过的心动。

我和前男友在一起很多年，说不伤心是假话。这段感情结束后，在很长一段时间内我都很消沉。家里人看到我这样也很担心，托人给我介绍对象。后来碰到一个合适的人，我们很快就在一起了。我不知道我们只是看起来合适，还是真的合适，因为和现任男友在一起，没有恋爱激情，而且当他知道我之前的恋爱经历后，经常问起前男友，很在意我们同居过。

我们到了这个年纪确实需要结婚，双方父母都很着急，装修房子、买家具，我觉得所有事都进展得很快，可我们的感情一直都是很淡。我承认嫁给现任男友，我的生活会比较有保障，但我总是忘不了前男友。我也不明白自己是为了结婚而结婚，还是为了爱。要怎么做，才能明白自己的想法呢？

一位消沉的女生
2016-10-6

致这位消沉的女生：

我觉得不基于爱情的婚姻不是不能长久，而是让那些追求爱情的人无法忍受。我不想去否定没有爱情的婚姻，因为每个人进入婚姻的动机各不相同。有的人需要在婚姻中提升自己的生活质量；有的人迫于父母等各方面的压力；有的人就是因为爱情。

没有应该结婚的年龄，只有应该结婚的感情。多少婚姻悲剧都是源于"我应该结婚"。不要带着前一段情感的伤痛进入下一段感情或婚姻，只有将"创伤"处理好，让它成为"已完成事件"，才会得到心理成长。你可以将在前段感情中受到的创伤告诉父母，告诉他们你需要时间去化解内心的创伤，也许会得到他们的理解。

带着前一段情感中的情结嫁给另外一个人，于对方而言是不公平的。也请男朋友给自己时间，如果他想跟你走下去，我想这不是什么过分的要求。既然你觉得与男友的情感是很浅的，那么男友的感受也许跟你差不多。

你最需要的是正视前一段情感，加以总结并从中获得一些成长的力量。这样也会避免在下一段情感中出现相同的问题。

如果你让自己沉浸在"受害者"的身份里，便无法开始新的生活。许多人受伤后固守在"受害者"的身份中，仅仅是为了保留自己那点虚幻的期待。在无意识里，自我惩罚也是对前男友的控制，然而这种控制是徒劳的。除了损耗你的心理能量之外于事无补，愿你能及时醒来。

心医觉民亲笔
2016-10-7

与上司一夜情后被纠缠，我该如何收场？

导读：

所谓成熟，就是做跟自己年龄相符的事，并且为行为所带来的后果承担责任。

一位矛盾的女生来信：

觉民老师：

你好！我和老公是大学同学，因为考虑到我家所在的城市发展机会多，所以他跟我一起来这儿了。凭着高学历和较高的能力，他很快就找到了一份工作，我也进入了另一家企业。

因为我们在一起也有两三年了，感情相对稳定，所以就想这两年内结婚。我知道他家里经济条件不太好，所以也没有要求太多，只是要求他先买一套房子，至少两个人在一起要有住的地方吧。对于这点要求他都做不到，还是我父母付了首付，买了一套房子给我们，让我们自己还贷款。

因为这件事，我们闹得不是太愉快，和他在一起总是吵架。正好前阵子公司有活动需要出差,我就争取到这个项目,一直在外面奔波。在出差的时候,白天,我忙完客户,晚上和我们经理出去庆祝签单成功。没想到那晚我竟然和我们经理发生了关系。

　　他以为我是一个贪钱的人,之后还私下联系我,说回来之后会逐步安排我升职加薪,还想让我做他的长期秘密情人。我觉得很可笑。我每天都辛苦奔波,不只是为了事业,也是为了躲开家务事。我出嫁的时候父母给了我丰厚的嫁妆,就怕我婚后生活受委屈。我一想到自己老公连房贷都还不起,想到老公这么窝囊,就很生气。

　　所谓的一夜情也只是一个错误而已,我才不稀罕经理的条件。可是经理竟然纠缠上我了。我老公虽然有点儿窝囊,但是我才刚结婚,还不想为了一时的冲动牺牲自己的家庭。我很担心这段一夜情会被我老公发现。我要怎么做才能甩了那个经理?

一位矛盾的女生
2016-10-11

致这位矛盾的女生：

从你讲的故事来看，你是一个内心矛盾重重的人，开始还比较欣赏老公的学历与能力，后来在买房的问题上又觉得老公窝囊。

你在描述你跟你经理发生一夜情时用了"竟然"二字，词典里对"竟然"的解释：表示出乎意料。我的理解就是这件事对你而言也是始料未及的。成熟的人通常会对自己的行为有充分的预测与控制能力。这说明你的心理年龄还远未成熟。

你说你每天奔波不是为了钱而是为了事业，对于经理要给你升职加薪不屑一顾，其实就是为了把自己打扮成一个不贪图金钱的人。如果不在意钱，怎么会在买房时对你老公如此竭尽鄙视之能事？你跟经理的一夜情是为了爱，还是寻求刺激，抑或是你是个对性随意的人？其实你自己都不知道。欲盖弥彰，却越描越黑。

你出生在经济条件比较优越的家庭里，是你的幸运，而不是你努力的结果。这根本不能成为鄙视他人和炫耀自己的资本。用财富鄙视与否定别人，我想这不是认知问题，而是教养问题。

大多数人既非官二代又非富二代，一些商界大佬年轻时也都曾是贫苦大众。

人生的路还长着呢，你怎么会知道被你鄙视的老公将来会有怎样的成就呢？爱纠结、不自知的人切莫再给自己制造麻烦。

　　我不想评论一些人对性的随意态度，但是我想说没有爱的性是对灵魂的消耗，没有性的爱像是死亡的沙漠。人毕竟不同于低等动物，我们心中有一些看不到的界限。一旦逾越了这些界限，我们就会产生诸多的心理问题。

　　至于怎么甩了那个经理，这不是心理医生应该给你提出的建议，因为我无法评估你用了我的方法之后所产生的后续问题，你是否有能力承受。每个人都有解决问题的资源，不能像一个闯了祸的孩子似的，由大人替你承担责任。你问苍天饶过谁？

心医觉民亲笔
2016-10-12

负性事件之中
都蕴含着正向的能量

导读：

爱的本质是自由。人生就是一个不断被替代的过程。山盟海誓本身就是激情状态下的恣意表达，跟喝醉酒的状态没啥区别，相信海枯石烂的人都有一种孩童般的自恋。婚姻可以经历平淡，而爱情却经受不住平淡，这也是爱情的本质之一。

一位崩溃的女生来信：

觉民老师：

你好！现在一说起我和男友的事，我就有一种要崩溃的感觉，这其中有着太多委屈和不甘。我和男友从大一就开始在一起，一直到研究生毕业。我们经历了情侣在一起的所有阶段。我所有美好的回忆里都有他，对未来的设想里也都有他。我们的感情一直很好，准备在这两年内结婚。

我的单位离家比较远，一般都是他来接我。可是上周我下班的时候根本联系不上他。我以为他工作有事，并没有多想就自己回家了。但是家里也没人，我一直等。他一直到凌晨才回家，看到我在家，特别冷漠地说我们完了，哭着说我们分手吧。我说不分手。他说给双方一段时间好好考虑吧，然后就走了。

我实在搞不清楚到底发生了什么事。他走了之后，我一直在联系他，我不明白他为什么突然要分手。他一直都是一个有分寸的人，对我也好，平时我们之间并没有什么矛盾。他告诉我，他认识了一个女孩，让他有了恋爱的感觉。他们平时在网上聊得很开心，不像现在和我在一起无话可说。他们觉得彼此才是对的人，而且那个女孩已经和自己的男朋友分手了，选择跟他在一起。

这一切对我来说太突然了，一夜之间，我的男朋友就不再爱我了。我还在苦苦坚守，希望他能回头。他对我心怀愧疚，觉得辜负了我。他觉得跟那个女生在一起才是爱情，才有激情，这不是爱与不爱，而是爱与更爱的问题。有时候他去那个女生那里，就会给我说一声，他不回家了。

听着他的话，我一直在哭，我不知道自己这样坚持能换来什么，能挽回什么。但是我就是做不到完全放手啊。老师，我应该怎么做呢？不管放不放手，我自己都会受伤。

一位崩溃的女生

2016-10-15

致这位崩溃的女生：

移情别恋没什么令人稀奇的。人的成长历程就是从排斥、抗拒我们不喜欢的人和事到逐渐接纳，甚至悦纳在我们生命中出现的一切。

允许一切自然地发生，才能支撑我们走下去。许多人认为，一旦接纳令自己痛苦的事，就会深陷其中无法自拔。其实心理学家发现"接受"才是改变的开始。

命运的转折是从当下的这一秒开始的，而最可怕的一种局面是，怀念过去，幻想未来，虚度现在……

每一个负性事件之中都蕴含着正向的能量，但是我们往往会习惯性地盯住让我们纠结、痛苦的一面，从不积极思考正向积极的启示和意义。

其实痛苦并不是由事件本身带给我们的，而是源于我们自己在事件发展过程中的盲目自信和过高期待。你关注什么就会得到什么，关注令你痛苦的事情，痛苦就会长久存在。

爱的本质是自由。人生就是一个不断被替代的过程。山盟海誓本身就是激情状态下的恣意表达，跟喝醉酒的状态没啥区别，相信海枯石烂的人都有一种孩童般的自恋。婚姻可以经历平淡，而爱情却经受不住平淡，这也是爱情的本质之一。你说你们之间没有矛盾，你不觉得这本身是矛盾吗?

  人只要活着,身心都在不断地变化,昨日之人绝非今日之人。当时的他爱你不代表现在那份爱还在。一次次的失恋也许才会让一个人逐渐成熟起来。失恋会让我们懂得没有什么能永垂不朽。失恋也会让我们变得更加独立。你觉得这件事来得突然,但我认为这绝不是一夜之间的变化。事物都是由量变发展到质变的。

  你需要时间来接受这件事,需要为你行将就木的爱情找一个离开的理由,更需要为自己的麻木与迟钝买单。世间无非三件事:自己的事、别人的事、老天的事。先做好自己能做的事,其他的事交给对方和老天决定吧。也许那些旧人和往事,在未来的日子里,会成为通向幸福的道路。

心医觉民亲笔
2016-10-16

爱是两情相悦，
不需要抢夺

导读：

人的许多痛苦，来源于无法满足的欲望与自己有限的能力之间的矛盾。

一位难过的男生来信：

觉民老师：

您好！我心里很难过。我喜欢一个女生，她有男朋友，他们两个是异地恋，女生和我在同一个城市。最近我们总在一起逛街、喝茶，一起玩，做什么都在一起，她也挺喜欢我。

但我觉得她好像在利用我对她的好。我对她非常体贴，平时在一起的时候也非常亲密。她对此丝毫不介意。但是只要我一提出让她跟我在一起，就会遭到拒绝。她还在想她的男朋友，有时她会觉得对不起她的男朋友，毕竟我是后来者。

我现在心里很难受。我是不是应该放弃她？我好不容易喜欢上一个女生，我不想就这么放弃了。最近她男朋友想让她去那个城市。她也在纠结要不要去，是否要跟男友坦白这一切。这一周我们在一起疯狂地亲热，可是越这样两个人的心里越难受。我担心她去了那个城市后，很快就会忘了我。我要在她走之前把她抢过来吗？

一位难受的男生

2016-10-19

致这位难受的男生：

别想太多，内心戏不要太足，你只是个备胎而已，做好备胎的分内之事就好。别把两个人寂寞后的激情当成爱情的证据，你们越疯狂地亲热，越说明你们之前是多么空虚和无聊。

她拒绝你，并不是因为认识自己的男朋友比认识你早，只不过是因为一场利益的算计。你未婚，她未嫁，难道她要为自己的男友守贞吗？虽然你喜欢她，但是你不要把她化装成"贞洁烈女"，否则怎么解释你们疯狂地亲热？不要自恋，你就是路边的那棵野草，是她路过的风景。对你而言不也是如此吗？你若真的爱她，怎么会问我是否要把她抢过来？两情相悦不需要抢夺。

在你们俩的关系中我看到的是"偷情"后的刺激，激情的成分远大于爱情的因素。那点荷尔蒙的作用，迟早会消失。然而许多人都会把激情当成爱，其实离爱还远着呢！她之所以内疚，只是因为自己内心的道德机制发挥了作用，这样做毕竟是有违道德的行为。其实这个女生比你现实、成熟得多。

　　你说她在利用你对她的好，对此我不以为然。你如果是一无是处，她找你做什么？睡了别人的女朋友还矫情，就实在没劲了。如果你们有可能继续走下去的话，这样的想法也会给你们的关系埋下隐患。人的许多痛苦，来源于无法满足的欲望与自己有限的能力之间的矛盾。让你自己变得更优秀，成为让人无法放弃的人，这比纠结于是不是"抢"要靠谱得多。

心医觉民亲笔
2016-10-20

面对"色"老公，我该怎么办？

导读：

在性关系中，只要本着成年人之间、双方自愿、无伤害的原则即可。一旦戴上道德的眼镜看待双方的性关系就无和谐可言。性关系的和谐有时是自然展现出来的，也需要夫妻双方的相互信任、沟通、融合……

一位迷茫的妻子来信：

觉民老师：

您好！我和他结婚三年多。我们是通过相亲认识的。老公在一家国企上班，成熟稳重，收入也不错。结婚前他哪方面都是无可挑剔，但是结婚之后，他的很多毛病就都显现出来了。最让我受不了的就是他的好色。

老公看电视一般都是看穿着比基尼选美的节目，走在大街上看的都是美女，看的都是女性敏感的部位，左顾右盼，频频回头，还评头论足。他有时候玩电脑，玩到很晚才睡觉，甚至半夜爬起来打开电脑。记得有一次我半夜醒来，发现他正在看不健康的东西，趴在屏幕上，看得津津有味。第二天我打开网址收藏夹和一个隐藏的文件夹，我彻底惊呆了，里面全是不健康的网站和电影。可能他看得多了，在性方面经常提出一些下流的要求和玩一些龌龊的花样，我每次都拒绝他。

有一天他身上带着香水的味道。我问他原因，他说那是和同事开玩笑蹭上的。他还和我说，他很色，但是他很爱我，可能会跟其他女人发生性关系，但不会付出真感情。联想到前两天他半夜才回来，说是送同事，我怀疑他在外面有别的女人。我问他，他一直否认，就是送同事回家，什么事也没发生。

最近，我盯紧了他，生怕他有什么过分的行为。总是担心有一天，他会做出对不起我的事情。我需要容忍他的这种爱好吗？

我现在想生一个孩子，他会不会因此收心？可能是我们压力太大的原因，我一直都没有怀上。我知道这样下去不是办法，可是我不知道该怎么做。

一位迷茫的妻子

2016-10-21

致这位迷茫的妻子：

我对"好色"的解读与你的看法不同。我认为"好色"是一个男人的本能，就像吃饭、睡觉一样。正所谓，食色，性也，心理学家称之为性本能。

心理学认为：好色的人其实是性压抑的结果。对待性的态度也是如此，缺了自然就会对其极度渴望。他对性的期待或对性的要求是你无法满足的。你觉得他变态与好色，但站在他的角度看，你也许是保守、刻板、墨守成规的女性。

你老公的"好色"行为最初是指向你的，而你觉得龌龊并拒绝他。当欲望被阻断时，被压抑的欲望自然会驱使他不断地寻找一个适当的宣泄口，那么好色自然指向你以外的人或刺激感官的情色事物。

在两性关系中，对性的看法和性行为的方式没有统一标准。每个人对性的认知、性能力、性行为的接受度等，都是有差异的。一个人的性偏好与这个人的人品无关，不能简单地用好与坏来界定。我希望每个人都能不带道德色彩、中立地看待性。

看情色的东西与对其他女人的关注只是第一步，你老公说："可能会跟其他女人发生性关系，但不会付出真感情。"因为他说他很爱你。其实这是他在向你传递强烈的信息——他在你们的两性关系中得不到满足，就要在你们的关系以外寻求满足。另外，这也是在试探你对此事的态度和容忍度。我觉得你担心的事发生的概率很高。我认为夫妻性关系的重要程度至少占夫妻关系的一半比重。

在性关系中，只要本着成年人之间、双方自愿、无伤害的原则即可。一旦戴上道德的眼镜看待双方的性关系就无和谐可言。性关系的和谐有时是自然展现出来的，也需要夫妻双方的相互信任、沟通、融合……在性认知层面相近，从而达到相对和谐。

你希望生个孩子来转移老公对性的注意力，我觉得这本是两码事。难道有了孩子后，人就不会出轨吗？有些问题是不容回避的，需要你去直面它们。看看你自己在两性关系中是否有可以成长的部分。

心医觉民亲笔

2016-10-21

卧榻之侧
岂容他人鼾睡

导读：

人要活得有点儿精气神，别活得像做贼一样。为所当为，不问结果。人生不就是缝缝补补、风雨兼程、亦步亦趋地往前走嘛！

一位苦闷的妻子来信：

觉民老师：

您好！我和老公结婚8年了，一直感情很好。从去年开始，有一段时间，老公脾气变得不太好，对我有所嫌弃。我也很郁闷，不知道自己做错什么了。后来我总是无缘无故地做梦，梦见老公当着我的面跟别的女人亲密，还要跟我离婚，每次我都哭醒。

每当我跟老公说我做梦的内容，老公就让我别胡思乱想。前段时间老公喝酒喝到凌晨才回家，我鬼使神差地去看他的手机，结果发现了他微信上的聊天记录，从内容上看他出轨了！

我们吵到要离婚的程度，最后老公跟我道歉，说为了和员工搞好关系，这么暧昧是不对，以后不会这样了！他也不会对我变心，不想离婚改变家庭状况，等等，还打算再生一个孩子！我选择了原谅。

后来老公转变了一些，晚上应酬少了，在家也陪孩子玩了。老公唯一没有变的就是把手机视为命根子，上厕所都不撒手，就连孩子碰他手机，他都很敏感。我一直怀疑他还有秘密！总是想去看他的手机。闺蜜劝我别看，万一有什么事，我看了又生气，如果没有事又会增加矛盾！

可自从发生这件事后，我很难再信任老公，而且自信心一落千丈，被打击得体无完肤！我像有了心魔一样，在生活中到处怀疑老公，觉得他说的每句话都话里有话。一听他到手机响，我就会敏感！看他在家拿着手机聊微信，我会崩溃，憋出一肚子内伤！真的有了疑心病！觉得自己好傻！我总觉得如果我们经历一个什么大事件或者困难，或许心里的隔阂就会被消除，能让感情重生一次，但这种机会实在不多，甚至不现实。老师，我究竟该怎么重建对老公的信任呢？破除疑心病真的好难！

一位苦闷的妻子

2016-10-23

致这位苦闷的妻子:

女人的第六感真的很神奇,你竟然"梦想成真"了。你有没有想过,是你的梦在先,还是老公出轨在先?当然这两种可能都会有,抑或是同时发生。

组织行为学里有一个"自我实现的预言"理论——如果一个人对另一个人怀有某种期望,这种期望值将会不自觉地引导着这个人对另一个人的行为,导致另一个人也朝着这个原先的期望值前进,最后这个预言得以实现。

1968年,罗森塔尔和雅各布森做了一个著名的实验,他们给一个中学的所有学生做IQ测试,然后告诉老师一些学生的智商非常高,并让老师相信这样的高智商足以让这些学生在来年取得优异的学习成绩。

但事实上这些所谓的"高智商"的学生并非真的高智商,他们只是被随机抽取的。随后的实验结果是惊人的:那些被老师认为"高智商"的学生学习成绩确实突飞猛进。心理学称其为"罗森塔尔效应"。在文后我会附一篇加西亚·马尔克斯的短篇小说《大难临头》,让你更加形象地明白自我实现的预言是如何运作发生的。

言归正传,首先你要确定:能不能容忍这件事?是否想离婚?如果不想离婚,那么你要坚持三个基本原则:

(1)千万别逼男人承认出轨。

(2)千万别广而告之。

（3）千万别让外人介入。

如果不坚持这三个原则，就是自己给自己制造麻烦。聪明人面对麻烦时是会将大事化小的。

其实我认为你不必急于解决所谓的"疑心病"。对你而言，它的存在就像一个报警器，提醒着你婚姻不是人生的归宿，而是需要经营的。许多人问我怎么才能获得幸福，我通常会反问他们"获得幸福后你会怎样去生活"。如果他们能描述出获得幸福后的生活状态，那么我就会告诉他们先按此愿景去生活。这就是心理学思维——结果决定原因，而不是像逻辑思维那样按照时间顺序来走。

"卧榻之侧岂容他人鼾睡。"你得逼着自己用这样的豪气去捍卫本属于你的东西，同时去寻找婚姻中出现的问题。人要活得有点儿精气神，别活得像做贼一样。为所当为，不问结果。人生不就是缝缝补补、风雨兼程、亦步亦趋地往前走嘛！

心医觉民亲笔
2016-10-24

附:

大难临头

加西亚·马尔克斯

从前,有个很小的村子,村里住着一位老太太。老太太有两个孩子,儿子十七岁,女儿还不到十四岁。一天,老太太一脸愁容地端来早饭,孩子们见了,问她怎么了,她说:"我也不知道,一早起来,总觉得村里会有大难。"

孩子们笑她,说老太太就爱乱瞎想。儿子去打台球,碰到一个双着,位置极好,绝对一击就中。对手说:"我赌一个比索,你中不了。"大家都笑了,儿子也笑了。可一杆打出去,没有击中,就输了一个比索。对手问他:"怎么回事?这么容易都击不中?"儿子说:"是容易。可我妈一早说村里会有大难,我心慌。"大家都笑他。赢钱的人回到家,妈妈和一个女亲戚在家。他赢了钱,很高兴,说:"达马索真笨,让我轻轻巧巧赢了一个比索。""他怎么笨了?""就连笨蛋都能打中的双着,他都打不中。说是因为他妈一早起来说村里会有大难,他心慌。"

妈妈说:"老人家的预感可笑不得,有时候真灵。"那女亲戚听了,出去买肉,对卖肉的人说:"称一磅肉。"卖肉的正在切,她又说:"称两磅吧!都说会有大难,多备点好。"卖肉的把肉给了她。又来了一位太太,也说要称一磅,卖肉的说:"称两磅吧!都说会有大难,得备点吃的,都在买。"

于是,那老妇人说:"我孩子多,称四磅吧!"就这样称走了四磅肉,之后不再赘述。卖肉的半个小时就卖光了肉,然后宰了一头牛,又卖光了。谣言越传越广,后来,村里人什么也不干了,就等着出事。下午两点,天一如既往地热。突然有人说:"瞧,天真热!"这里的乐器都用沥青修补,因为天热,乐师们都在阴凉的地方弹奏,要是在太阳底下,乐器非被晒散架不可。有人说:"这个点儿就没这么热过!""就是,没这么热。"街上没人,广场上也没人,突然飞来一只小鸟,顿时一传十,十传百:"广场上飞来一只小鸟。"大家惊慌失措地跑去看小鸟。

"诸位,小鸟飞来是常事!""没错,可不是在这个点儿。"人们越来越紧张,万念俱灰,想走又不敢走。有人说:"我是大老爷们,有什么好怕的,我走!"说着,就把家具、孩子、牲口通通装上了车。大家眼睁睁地看着他走过中央大道,都说:"他走,我们也走。"于是全村人都开始收拾,物品、牲口通通被带走。就剩最后一拨人了,有人说:"还有房子呢!可别留在这儿遭难。"就一把火把房子给烧了,其他人也跟着烧,好比在经历一场战乱,个个抱头鼠窜。人群中,就见那个最先有预感的老太太说:"我就说会有大难,其他人还说我疯了!"

我该如何面对做过婚托的未婚夫?

导读:

爱恨就在一念间,与他人无关。我们需要静下来拷问自己的内心究竟在想些什么。你也许会发现陌生的自己。

一位自卑的女生来信:

觉民老师:

您好!因为小时候的一次意外,让我的脸上和脖子上落下了一道难看的疤,所以我很自卑。上学时我不敢和别人交朋友,担心被人笑话。长大后,一直也没有谈过恋爱,既没有男生来主动追我,我也不敢主动跟男生交往。

身边有些好心的朋友帮我在婚介所报名,想帮我找到适合我的男生。

在婚介所我也见了好几个男生,可能是因为我脸上那道疤痕,见面之后,他们有一搭没一搭地说两句话就找个借口走了,让我觉得很沮丧。直到遇到A,他是一个充满阳光的人,虽然第一次见面也被我脸上的伤疤惊到了,但是他宽慰我说现在整容医学很发达,这些疤痕都是可以去除的,并且帮我联系好的整形医院,陪我去就医。虽然花了不少钱,但是疤痕总算是被修复到几乎看不出来。我们也在此期间慢慢熟悉,而且开始恋爱了。

我逐渐找回自信,身边的人夸我漂亮,这让我陶醉。我真的特别感谢A,要不是他的出现和陪我四处寻医问药,我可能至今都不能够走出自卑的阴影,因此我想嫁给他。

最近我们想要租房住在一起,去帮他收拾东西准备搬家时,我竟然在他家里发现一份婚介所的婚托协议,他去做了婚托。看到这个我才突然明白,为什么平时总会有那么多的女生给他打电话,而他接电话时总是喜欢背着我,说话的声音也很低,原来是他在做这种骗人的勾当。

因为这事,我们最近在冷战。我觉得他这样骗人就说明他人品有问题,他却说这只是一个赚钱的方法。最近,还有其他男生来追我,就叫他C吧。他也很关心我,很会照顾人。和C在一起,我也很开心。

虽然A和我都要准备结婚了,可是他做那样的事情,让我没有安全感。我会想:他之前是不是也在和我演戏,是真的喜欢我吗?他能不能承担得起我的终生幸福?我要怎么办?我要放弃他吗?

一位自卑的女生

2016-10-28

致这位自卑的女生：

其实你已经为自己找到了一个离开的理由，只不过想让我帮你确认一下而已。自卑状态下产生的认知与建立自信后的认知自然是有着天壤之别的。你需要区分跟 A 先生之间的情愫有多少爱情的成分，又有多少感恩的成分。这很重要，因为我认为不以爱情为基础的两性关系一旦进入婚姻会面对严峻的考验。

爱情可以转化为亲情，恩情也可以转化为亲情，但这两种转化有着天壤之别。爱情的双方无论是在心理还是情感方面都是平等的，而恩情却不是。

都说夫妻"恩爱"，恩在爱之前，从字义分析来看，其实在中国人的潜意识中，男人娶女人为妻是对女人的恩赐。因为处在农耕社会中的女性并没有能力离开男人独立生存。虽然在现代生活中，女性的社会地位提高，经济独立，但是这种集体潜意识依然根深蒂固地存在于多数人的无意识之中。我们要清醒地看到时代的变迁。男人娶女人不是因为要恩赐于女人，女人嫁给男人也不是因为男人对她有恩。

任何人都无法替你区分其中的差别，我的态度是不置可否。因为心理医生并不是为人出谋划策的江湖术士，我只能帮你去认识自己。在你由自卑逐渐变为自信的过程中，有去看看自己的心理都发生了哪些变化吗？

真正的爱情可以跨越许多障碍，别说是一个婚托，即便是一个杀人犯也有获得爱情的权利。真爱一个人会积极地关注他生命中成长的部分，并且为他的成长愿意奉献自己的一切。

我不想就婚托的问题展开讨论，因为我不想用道德逻辑限制住你的思维。我只想让你去看看自己的内心。若要离开一个帮助你走出心理阴霾的男人，你会感到内疚吗？如果答案是肯定的，那么我更加关注如何去克服内疚心理。因为强烈的内疚感是心灵的一味毒药。我看到你对他在道德层面采用否定的心理防御机制来克服自己的内疚感。我想这是不恰当的防御机制，它迟早会变成对良心的拷问。

容我问你一句，当他在帮你恢复容颜时，你觉得他是一个不道德的人吗？有时候我们都看不清我们自己。假如我是你，我会勇敢地面对内心的感受。如果恩大于爱，那么我会用其他方式偿还这种恩情，并且不会去否定他对你付出的一切。如果爱大于恩，那么帮他去换个职业，谁生来就想当骗子？Ａ男、Ｃ男究竟谁是你的真爱，还得需要你自己深度思考后加以确认。

心医觉民亲笔
2016-10-29

我被男友变成了情人

导读：

后悔者的逻辑是永远后悔，他们耗费大量的心理能量用来后悔。人生惨淡，不过如此……

一位伤心的女生来信：

觉民老师：

您好！我和他在一起四年，彼此相爱，但因为阴差阳错，我们分手了。分手之后，我真的很难过，经常都在期盼我们再次相遇，重新爱上对方。可是后来，他和另一个女孩结婚了。当我知道他结婚之后，很多个夜晚我都是噙着泪水睡着的。

他结婚一年后，又给我打来电话，说他很后悔，不该那么草率地和我分手，更后悔走进那场婚姻。我不忍心伤害他的妻子、他的家庭，并没有再联系他。可是他每周都会主动联系我，询问我近期的生活状况，我能感受到他对我的关心。他也会说说他和妻子不合拍的事情。看着他不幸福，我也很难过。

每一次他来关心我，我都会想很多。我知道现在再和他在一起是不道德的，可是我不愿意看他那么痛苦，不愿意再次错过和他在一起的机会。我觉得从长远看，这么做对三个人都好，否则这辈子我们都会很委屈地度过。

最近这几个月他没跟妻子说过几句话。可没想到他妻子更狠，憋着一口气，让大家一起痛苦。她知道他很孝顺，就装可怜，赢得他父母的支持。没有哪个父母希望自己的孩子刚结婚就离婚的，可这么拖下去不如早点结束。

现在我很怕他们有孩子，怕伤害孩子和他父母。他的妈妈天天用死来威胁他，她根本不知道儿子过得多么不好，可我们也怕她被气病了。我们是真心想在一起的。我们该怎样做才能说服他的妈妈？

一位伤心的女生
2016-10-30

致这位伤心的女生：

你不单单是为了心疼他，看着他不幸福而难过吧！其实也难以割舍与他的四年恋情。我认为后悔这件事其实是心理不成熟的表现，成熟的人能够接受选择后的一切结果，而后悔者的心态总想穿越回过去。我看到许多容易后悔的人，总是活在悔恨的状态之中。

我在电视台做一档婚姻情感类节目时，遇到一位中年女嘉宾，后悔充斥着她那段不堪回首的婚史。她说年轻时过于冲动草率地结束了婚姻……

我在点评时说："那时的你不是现在的你，人在不同的年龄阶段会有不同的心理状态，做出的任何决定一定是符合你那时的心理能量与状态。如果当时没有做出离婚的决定，而是将没有质量的婚姻苟延残喘地坚持下来，也许你现在会说真后悔当初没有离婚。"

后悔是最损耗心理能量且最无济于事的了。后悔者的逻辑是永远后悔。无论什么误会导致你们分手了，这个决定都是他做出的。跟他现在的妻子结婚，也是他的选择，何人曾逼迫过他？人生路就像一张单程票，我们在这场有去无回的旅程中要做的就是，认清了生活残酷的真相后，却依然热爱生活，依然义无反顾地奔向未来。

你不忍心看他遭受痛苦，可这些痛苦都是他自愿选择的结果。谁能预料假如你们冲破重重阻力在一起了，就不会再遇到让他后悔的事。许多女性在恋爱中扮演母性的角色多于爱人的角色，错把同情当爱情。我突然觉得在这段关系里你更像是在充当妈妈的角色，面对犯了错的孩子，总是无怨无悔地包容。这样错位的亲密关系会影响婚姻中彼此的成长，造成各种矛盾冲突。

其实在这件事中，你最不该做的就是把自己卷入其中。作为女孩，你在爱情面前更应该保持优雅的尊严。你认为他爱你吗？如果他真的爱你，就会独自承受压力，解决完这些麻烦后再来找你，而不是对你招之即来，挥之即去。

他所描述的婚姻痛苦只是一种描述而已，不能当真也不能认真。不离婚本身就说明他的婚姻是值得留恋的。我看到一个贪得无厌的男人，而你却看到一个情圣。孰是孰非？

我更不该也不能告诉你怎样去破坏一段婚姻，成就另一段婚姻。你若是有点儿智慧就选择置身事外，静观其变。

心医觉民亲笔
2016-11-1

出轨一次
就是人生永远的污点吗?

导读：

有两种东西，我对它们越是深沉和持久，它们在我心中唤起的惊奇和敬畏就会越来越历久弥新，那就是我们头上浩瀚的星空和心中的道德准则。

——康德

一位无助的老公来信：

觉民老师：

您好！我结婚五年，没感觉到婚姻生活幸福。妻子爱玩、爱逛，购物是她最大的爱好。每天上下班就已经很枯燥了，回到家后我感受不到家的温暖，夫妻生活也不和谐。面对灯红酒绿的现实社会，背着我的老婆，我和别的女人发生了恋情。在别人眼中这就是出轨、婚外情。

出轨就像毒品一样，沾染上了就很难自控。我的异常行为被老婆发现，她哭喊着说恨我，不该嫁给我，让她人到中年，还要经受这样的耻辱。

婚外情差点让我妻离子散。看着老婆伤心欲绝的样子，我和第三者断了联系，已经过去两年了。可是我每天都受着折磨。虽然她原谅了出轨的我，答应和我好好过日子，可这两年，几乎没有给过我好脸色。

出轨让我在家人面前颜面尽失，我得不到老婆的信任，失去了奋斗的勇气。这两年我的内心承受着巨大的压力。在她的家人面前我低人一等，老婆经常会用"行得正，坐得直"来嘲笑我。我们之间的距离越来越远，我感到很无助。难道我犯一次错，就要经受一辈子的折磨吗？

一位无助的老公
2016-11-5

致这位无助的老公：

这样的状态也许会长久地存在下去。男人出轨就像男人打女人一样，无论什么原因，都会成为道德舆论的阶下之囚。道德解决不了婚姻问题。令人遗憾的是，许多人停留在戾气之中，对出轨的一方极尽鞭挞之能事，却懒得反思导致婚姻出现问题的原因。

康德说："有两种东西，我对它们越是深沉和持久，它们在我心中唤起的惊奇和敬畏就会越来越历久弥新，那就是我们头上浩瀚的星空和心中的道德准则。"

无论是什么样的社会形态都会有基本的道德观。出轨者总会为出轨行为找到恰当的理由，以便克服道德焦虑。可是理由再充分，这种行为总会受到你自己内心的道德准则的拷问。

我们来假设一下，如果你妻子对你出轨这件事的态度就跟没发生一样，你会比现在好受吗？恐怕你比现在更加焦虑，因为最悲催的莫过于妻子对你的漠视。你妻子的反应是每个妻子都会做出的反应，当然我的假设是你的妻子还爱着你。她的行为反应完全在合理的范围之内。不是她对你的态度有问题，而是你的承受力有问题。

婚姻中出现问题并不是出轨的理由。这就如同一个人有了私生子却归因于婚生子不听话一样。我想问你：在出轨之前你为不良的婚姻关系做了什么努力？在你的叙述中我没有看到你为此做出努力的迹象。

其实问题在于你的期待不合理，你希望妻子原谅你后像没有事情发生一样。换作你，你是否能够做到？如果做不到就不要期待对方做到，不要觉得你回归家庭就是对妻子的恩赐。问问自己现在能为她做点什么，而不是期待对方做出什么改变。

心医觉民亲笔
2016-11-6

狂爱作女为哪般?

导读:

爱从来就不是等价交换,附加了条件的"爱"也就不是爱了,而是一场利益交换。爱是积极关注对方的成长,而不是无底线的纵容。

一位愤怒的男生来信:

觉民老师:

您好!我一直认为,恋爱是美好的,把恋爱当作一门课程,学习恋爱的诀窍,宠爱女友,处处让着她,从来不让她受半点委屈,无论什么事情,我都会退让三分。

我认为对别人真心,才能换回真情。女友觉得我对她的好理所应当,也加剧了她无理取闹的程度。我所有的收入都要交给她。她出门逛街,看见喜欢的东西就买,不管多少钱,也不管买回来有没有用。我跟她要钱很难,要看她的脸色。总之我想做点什么事,都会被她冷嘲热讽。

我觉得她的消费观念有问题,我跟她沟通过。她跟我大吵大闹,说我只爱钱,养不起她就分手。有一次我们又起了争执。她竟然在马路上大吵大闹。我受不了被人围观,转头就走了。她没想到我竟然敢给她甩脸子,没一会儿就发来了分手的消息。我一气之下就不再联系她,过了好几天才回去。她在家里满脸憔悴,看我回来又开始哭。我的心一下子软了,我们俩就又和好了。

没几天,我就发现,她老是背着我偷偷接电话,一接就好久。后来我趁她不注意,抄下号码,打回去,才知道是她前男友。她前男友在电话里说,她和我分开那几天,他们一直联系,是他在安慰我女友,让她别再耍小性子。他还说,如果我不能照顾好她,他会回头找我女友复合。

我听到这些真的特别生气,晚上回去和她大吵一架。她并不觉得不妥,反而说我小心眼。我真的接受不了她这种行为,怎么能一生气就跑到前男友那里呢?那我算什么?她这样,我们还怎么继续下去?

一位愤怒的男生
2016-11-7

致这位愤怒的男生:

我不知道你的恋爱技巧是跟谁学的。凡此种种,我怎么觉得它更像是爱的"妖术"而非爱的艺术。总之，我不能完全同意你的看法。

你爱她的决定没人强迫，完全出于自愿。爱是积极关注对方的成长，而不是无底线的纵容。你把所有的收入放在她那里不是对她的爱，而是企图用金钱来控制她，不想反被她控制。

没有自我的人也是没有底线的人。为什么无理取闹、各种"作"的她能吸引你？我倒觉得你在潜意识里蛮享受这种被虐的感觉，否则你也不会容忍这样的事情屡次发生。

这里要说明的一点是，潜意识里的享受，在意识层面也许是痛苦。所以我看到你无法忍受这样的女生，却依然选择待在这样的关系中不肯离去。无论她现在怎么做都已经不重要了，重要的是我发现你特别害怕一段关系的丧失，哪怕是一段不堪的狗血剧似的关系。为此你应该深思。

你连发三问，我一一回答你，你问："怎么能一生气就跑到前男友那里去呢？"答："因为你没底线的行为告诉她，她可以为所欲为。"你问："那我算什么？"答："你最多算个备胎，也许是个冤大头，抑或是受虐狂？"你问："我们还怎么继续下去？"答："反正已经N次没底线了，那就继续忍呗！"

心医觉民亲笔

2016-11-8

请给奄奄一息的爱情
拔掉氧气管

导读:

一段感情结束后,如果没有完全处理好感情的创伤,就不要轻易地进入一段新恋情。在心理能量最低迷的时候,更需要反思前一段恋情出现的问题,并从中获得成长,避免将某些问题带到下一段关系中。

一位伤心的女生来信:

觉民老师:

您好!我跟现任男友的情况很不好,心里很乱。

我是在一次聚会上认识的男友。当时我工作不顺利,也没有完全走出上一段感情,那段时间真的很辛苦,整个人的状态都不好。他在聚会上以为我一个人无聊,就一直陪着我。他风趣幽默,帅气潇洒,给我留下了深刻的印象。聚会结束后,他主动提出两个人互留联系方式,方便以后联系。后来通过慢慢接近他,相互了解之后,我们确定了恋爱关系。

我们经常一起吃饭，看电影，喝咖啡，逛街，热恋中男女做的事情，我们都一一经历着。刚开始他把我照顾得很周到，我感觉挺幸福。可是后来我发现他并没有表现得那么好。他特别喜欢讲大道理，是一个喜欢管事的人，并且要求我绝对按照他的方式做事，不然只要事情出一点儿差错，他就是一副幸灾乐祸的样子，还会来责怪我，显示他多么有先见之明，多么聪明。

对于那些道理，我都懂，我也不愿意出事，我也会后悔。可我不希望再听他在我耳边一直絮叨，这样只会激起我更强烈的逆反心理，完全不想和他好好交流。我希望当我在诉苦时，他能安静听完，然后说下次注意就好了。他讲大道理，真的让我很难认同。

最近我发现男友脾气很古怪，对我时不时地冷淡，有时候约会还会放我鸽子，这与之前的他完全是两个人。并且经常会和我起争执，两个人就这样喋喋不休地争吵着。直到有一天我看到他手机上有一张和其他女生的亲密合照，而且那个女生手上戴着和我一样的戒指，我才明白是怎么回事。当我质问他的时候，他不仅没有羞愧，反而很坦然地说，这是他前女友，之前出国了。当时和我在一起也只是因为空虚，最近前女友回来了，他们又联系上而且在一起了。前一阵他故意对我冷漠，就是想让我说出分手。

他把分手两个字说得好轻巧，我不相信他是真的不喜欢我了。之前那么多甜蜜的日子不可能都是他在演戏吧。我该怎么办？我要去找那个女人吗？她不能就这样横刀夺爱啊！

一位伤心的女生
2016-11-9

致这位伤心的女生：

我始终认为一段感情结束后，如果没有完全处理好感情的创伤，就不要轻易地进入一段新恋情。因为此时是心理能量最低迷的时候，更需要反思前一段恋情出现的问题，并从中获得成长，避免将某些问题带到下一段关系中。

可是我发现许多人都跟你一样，用新感情去疗旧伤，一旦伤痛过去，这段关系也就变得不再重要了，甚至这段关系也就走到了终点。

在痛苦的时候，人所做出的选择和判断大多是不理智的。激情不是爱情，它只是爱情的组成部分。你们经过一段时间的恋爱，激情慢慢褪去。从开始的相互吸引到发现彼此的不足，而且这些不足之处似乎都是你们彼此难以容忍的。这都是你们俩心理不成熟的表现。

在你们的关系当中，我发现爱的成分并不多。爱不是去改变一个人。如果爱一个人，就要接受其本来的面目。爱更不是控制，而是促使对方的生命更加绽放。相互挑刺不是爱情的本来面目，爱是希望对方快乐而不是完美。

你要明白，让他提出分手的原因并不是他的前女友，更不存在什么横刀夺爱。前女友的出现只不过是一个提出分手的理由而已。即便没有她的出现，你们的关系也不可避免地出现问题了。长此以往，你们分手也许只是时间问题。但他前女友的出现让你把注意力聚焦在了你们关系的外部。

把关系的恶化归结为外部原因是于事无补的。聪明人能看到问题的实质，要跟你分手的是你的男朋友。假如你去找他前女友，很有可能会自取其辱。

一段即将死去的爱情，是女人之间的嫉妒让其苟延残喘地延续着。问问你自己：你是在捍卫爱情还是在嫉妒？

心医觉民亲笔
2016-11-9

"双面"男友

导读:

爱是有尊严的存在,请保留自己最后的尊严。不需要歇斯底里,不要伤心流泪。总有一个适合你的人在不远处等待着你。你只须抬起头看向前方。

一位茫然的女孩来信:

觉民老师:

您好!我和男友交往的时间不长,刚开始我们经常约会逛街,后来他常以忙为由拒绝我的邀请。我和他的关系发生变化,是从我帮他的朋友介绍女友开始的,让我认清了男友的真面目。

男友跟我提起他的一个单身朋友,让我看看身边有没有好女孩,介绍给他朋友。正好我的一个好姐妹刚失恋,于是我介绍给男友认识,并通过男友牵线介绍给他的朋友。之后,他们两个经常通过微信聊天,看上去很合拍的样子。

我的这个闺蜜一直夸对方口才好,嘴巴甜,但是至今没有见过面。她约了几次都被对方以各种理由回绝。我几次问男友，两个人聊得不错，为什么不愿意相见。如果不合适，就直接说出来。男友一脸无辜，告诉我对于他朋友怎么想的，他也捉摸不透。我闺蜜让我看她和对方的聊天记录，我发现她未曾谋面的男友说话的语气，像极了我的男友，于是我和好友一起调查他。果然发现男友在冒充我闺蜜的"男友"。

　　我忍了一个礼拜，当作什么事也没发生。后来我约他，他不出现，也不提出分手。我没揭穿他是想给他留面子。前几天，我说出了这个事实，他才承认这件事情。他说了一大堆道歉的话，还说对我的感觉很微妙，只是好感而已，谈不上爱情，自从遇到我闺蜜，那种冲动感就出现了。加之他不想破坏我和闺蜜的感情，就想到了这一招。

　　他跟我道歉，让我原谅他的行为，拜托我撮合他跟闺蜜，希望我闺蜜能够接受他。他说难得喜欢上一个人，让我成全他。我好茫然，担心我把话说给闺蜜听，她会答应。之前我经常听闺蜜夸奖我男友人好、帅气，而且他们一起聊天时很开心。怎么办？难道真要成全他们，放弃我的这份爱情吗？

一位茫然的女孩
2016-11-11

致这位茫然的女孩：

好狗血的剧情。生活中爱上女友闺蜜的事儿并不少见。你的男友一人分饰两角，我真怕他玩久了容易人格分裂。如果不是你及早发现，他也够煎熬的。不能暴露身份，想见不能见，苦不堪言。说起来他也挺不容易的，这简直就是现实版的《潜伏》。

如果你男友的劈腿对象换作你不认识的女孩，你是否会比现在好受一点儿？我一厢情愿地认为答案是肯定的。男友爱上自己的闺蜜，这对谁来说都是难以接受的。关系的丧失和与闺蜜关系的重新界定对你而言不亚于经历一场龙卷风。不仅是男友的移情别恋，还有对尊严的打击。我想你需要一段时间去平复内心的创伤。

如果男友求得你的原谅，你是否能跟他恢复如初？我认为很难。也许你会为了抗拒"丧失感"暂时将矛头指向外部。如果这件事按你的设想发展，男友留在你的身边，逐渐恢复平静，你会不会心生芥蒂呢？我觉得对一般人而言，有些关系一旦出现裂痕就很难恢复如初。

男友让你牵线搭桥介绍你的闺蜜给他。如果你不答应，能否保住你们的关系呢？我认为无论你是否答应，该发生的依然会发生。爱是自由的，你男朋友完全有权利爱上任何人，或者选择不爱谁。但他让你为他和你闺蜜牵线搭桥这件事的确做得不地道。他根本没有在意你的感受。爱是有尊严的存在，即便不爱了也不要去伤害。

小时候看到邻居家的猫妈妈生了一窝小猫，我很想去抱抱那些可爱的小奶猫，被大人制止。他们告诉我说如果小猫身上沾上了陌生人的气味，猫妈妈抢回它的孩子后就会咬死它们。有情绪时人跟动物很像。

你可以捍卫你的爱情，但我不希望你是以"拿了我的给我还回来……"的心态去捍卫它。如果是那样，也许你即使一时保住了这段爱情，但也会亲手毁了它。

此时，不要让情绪驾驭你的行为，让自己安静下来。如果你选择安静地离开，我会支持你保留自己最后的尊严。你不需要歇斯底里，总有一个适合你的人在不远处等待着你。你只须抬起头看向前方，让这样一个奇特的男子去折腾别人吧。他能爱上你的闺蜜，以后也能爱上女朋友的闺蜜。希望多年以后，当你们再相遇时，你会面带微笑地感谢他当年的不娶之恩。

心医觉民亲笔

2016-11-13

一切伤害都是你允许的

导读：

在爱面前我们应该勇敢地敞开怀抱，开始一段爱的旅程。结束一段不堪的情感纠缠比开始一场恋爱更需要勇气。无须怨天尤人，去留都是你自己的选择。

一位受伤的女生来信：

觉民老师：

您好！我和男朋友分分合合好多次，我觉得自己快要崩溃了。

我们是在朋友婚礼上认识的。男友在婚礼上很有绅士风度。我对他的第一印象很好。后来在朋友撮合下，我们交流多了，慢慢熟络之后，确定了恋爱关系。

他跟我说过，他前女友很任性，闹了很多次之后两个人都累了，也就分手了。我很感谢他的坦诚，他在事业上很上进，对人对事很有责任心。

我们在一起交往一段时间后，他突然提出分手。他觉得这段时间以来我们沟通太少，我并不适合他。我以为只是那一阵他工作压力大，心情不好才这样。我偷偷去他公司，让我没想到的是，他前女友竟然回来了。他到这个时候才承认，和我分手只是因为放不下前女友。

  我就这样被抛弃了。但是我不怪他，我觉得他可能是太心软了。没过多久，我就听说他前女友又离开他了，他回头来找我，说他自己错了，没有好好对我。我又答应他了，因为我真的很喜欢他，他能回来就行。但是我没想到，我们重新在一起没多久，他又和前女友联系上了。他一直这样犹豫不决，真的让我很受伤。我全心全意地对他，他为什么总是回头，不肯和我向前走？我想要一份专一的感情，为什么这么难？

一位受伤的女生
2016-11-14

致这位受伤的女生：

  我一直认为痛苦会让人上瘾，因为痛苦让人刻骨铭心，才够持久，才让人清楚地意识到自己还活着。这是因为生活太平淡了吗？我不知道。如果不是，你为什么不让自己远离这些痛苦呢？

在情感方面，你的男友像一个没有成熟的孩子，他不清楚自己究竟想要什么。只是他身边离不开人，不能忍受任何孤独。他把依赖当成爱，他的最终诉求就是要有一个能让他依赖的人，至于这个人是谁并不重要。说得严重点，他是一个情感依赖症患者，人格方面存在严重缺陷，而你却是他人格缺陷的填充。你是一个备胎，你知道吗？

我不知道是什么样的心理动因在维持你们之间的关系。但存在即是合理。他一定在某一方面让你难以割舍。即便所有人都看出你只是一个备胎，我也不会劝你离开他，除非你自己具备了离开他的心理能量。

有智慧的人会反思，没智慧的人只会谴责。我们不能鞭笞别人的花心，而是应该反思："为什么我会被花心的人吸引？我在满足自己无意识中的什么情结？如何避免重蹈覆辙？"

你想要一份专一的感情，这没有错。错就错在你向一个不专一的人要专一。在爱面前我们应该勇敢地敞开怀抱，开始一段爱的旅程。结束一段不堪的情感纠缠比开始一场恋爱更需要勇气。无须怨天尤人，去留都是你自己的选择。一切伤害都是你允许的。这世上没有人能伤害到我们，除了我们自己。静下心来问问自己：你在坚持什么？

心医觉民亲笔
2016-11-15

无法遏制的出轨之欲
到底是为什么?

导读:

许多人病入膏肓却并不自知。人除了有动物性的一面,还有社会性的一面。一个充分经过社会化的人,他会把满足自己本能的行为置于道德与法律之下,反之则会表现出无知者无畏,等待他的将是永无休止的灵魂拷问。

一位委曲求全的女人来信:

觉民老师:

您好!出于工作需要,我跟老公经常分居两地,有时甚至一个月的见面次数不超过两次。我们有一个四岁的女儿,由婆婆带着。老公去年出差认识了一个有钱的女客户,她离过两次婚,他们交往频繁,以至于最后谈工作谈到了床上。他们暗地里交往了半年的时间,老公才和我坦白。

用他的话来说,他爱那个女人,也离不开我。如果我能够接受,他就两边跑,不会放弃这个家。若我不同意,他也没办法,他不想离开那个女人,因为她会对他的事业帮助很大。

我不要他的施舍，提出离婚。他说时机未到，不想离婚。当我第三次提出离婚时，他同意了。离婚的前一晚，我左思右想，后悔了，第二天我没有履行承诺。

最近，我还发现他在微信里和好几个女人暧昧，他给一个女人发红包并附言"丫头，我爱你"。我以为他在外面只有这个女客户，没想到他手机里还藏有这么多我不知道的秘密。我和他摊牌。他说因为这些女人风骚，什么都敢聊，发钱只是为了买照片或是买小视频，所以就跟她们偶尔说说那些话，没有发生过任何事情。

我不知道该怎么做。难道还要相信他吗？我实在不知道该怎么接受这个曾经要和我白头偕老的男人。

我感觉自己心里还爱着他，而他怎么可以这样对我。我对这个家的付出在他眼里就不值一提吗？我不知道怎么处理我们的感情，这样委曲求全，我觉得我快憋出病来了。

一位委曲求全的女人

2016-11-17

致这位委曲求全的女人：

有人说男人是用下半身思考的动物，这一点我不否认。马克思说："人永远无法脱离动物的本性。"但这只能成为出轨的一个因素,而不是说所有的男人都会出轨。我想除了生物原因,还有心理学和社会学的原因。

站在道德的高度谴责他,简单却于事无补。如果相信道德与法律能够约束所有人性,那我只能说我们对人性不够了解。我更关注婚外性行为的发生机制与夫妻关系在其中所起的作用。为了说明这一点,我想先给大家讲个段子。也算是管中窥豹吧!

科尼基效应

美国政府要员科尼基偕夫人去养鸡场参观,太太注意到,养鸡场中公鸡和母鸡交配的行为进行得十分频繁,于是她问农场主:"这种事情发生的频率是多少?"

"每天都有几十次。"农场主回答。

"请告诉先生。"太太对农场主说。

先生听到后,问:"每只公鸡只为一只母鸡服务吗?"

"不,每次都跟不同的母鸡。"农场主回答。

"请转告太太。"先生说。

行为内分泌学家弗兰克·A.比奇(Frank A.Beach)在1956年发表的论文《大鼠的性衰竭和恢复》中第一次

使用了"科尼基效应"一词。之后,这个术语被扩展到心理学领域,成为描述男性对新伴侣表现出来的性需求现象的解释。

实验是这样的:将一只处于发情期的雄性大鼠与四五只同样处于发情期的雌性大鼠关进一个笼子里,雄鼠就会马上和雌鼠不停地交配,直到它表现得精疲力竭;过后,即便雌鼠不停地刺激和舔舐雄鼠,它也不为所动。

这个时候,当把新的雌鼠放入笼子,雄鼠又会马上表现得十分亢奋,开始新一轮的性交。比奇研究这一现象,主要是想证明哺乳动物的大脑边缘系统受多巴胺分泌的影响。也就是说,它的适用范围不止局限于大鼠。

1988年,莱斯特和果扎尔卡在《行为神经生物学》期刊上共同发表的论文《雌性仓鼠在性行为期间对新奇或熟悉性伴侣的反应》中重复了类似的实验,只不过这一次的主要实验对象被换成了雌性仓鼠。通过研究,他们认为:在这一实验中,雌性仓鼠的科尼基效应要低于雄性仓鼠,但他们并未否认科尼基效应的广泛有效性。

上述实验说明了以科尼基效应的角度,解释男人出轨现象大多是为了"新鲜感""刺激感"。还说明一点,从生物学角度来看,女人在性关系方面比男人更专一。从未婚到已婚的过程,实际上是把一种期待和不确定的体验转变为日常和可以预期的体验或一种义务,多数人对这种行为刺激的反应都会逐渐减弱。

无论时代如何变迁，人性基本上是没有太大的改变的。只要是人，无论是名人、凡人概莫能外。自克林顿与莱温斯基性丑闻后，心理以及精神方面的专家制造了一个词叫作"性成瘾"，是一种强迫性性欲亢奋的心理疾病。

我从生物性角度对此进行分析，既不是为男人的出轨行为辩护，也不是想以偏概全。虽然性在婚姻和谐中占了很大的比重，但是人除了有动物性的一面以外，还有社会性的一面。一个充分经过社会化的人，会把满足自己本能的行为置于道德与法律之下。夫妻任何一方出轨首先是因为关系出了问题。

其实你老公跟一个人或几个人出轨在我看来没什么区别。结束或维持婚姻哪个选择对你更好，需要由你自己来决定，因为我没有经历过你的人生。

无论是过下去还是离婚，我想对双方关系进行反思是极有必要的，否则出轨一方可能还会出轨，即便是离婚也要离个明白。

心医觉民亲笔
2016-11-18

相爱容易相处难

导读：

很虐心的一段恋情，对当事人来说也许充满"激情"。要知道在爱情里没有对错，我们要做的只是反思自己的行为是否真的有问题，并且帮助你爱的人克服内心的困扰。因为真爱是积极关注或帮助对方成长。

一位困惑的男生来信：

觉民老师：

您好！我和她是在网上认识的。一开始接触时，我就发现她是一个慢热型的女生。刚开始她的话很少，我问一句，她应一句，后来熟悉了，我们经常通过微信聊天。经过一番努力，她接受了我的表白。每天晚上我们都在甜蜜地聊天，确定关系后，她对我很好，特别温柔。

没想到我们交往了一个月后，她就要跟我分手，原因是我跟其他女生关系太好，她接受不了。我跟她保证，除了她我对谁也不动心，一番劝说后她才回心转意。后来她的情绪很不稳定，经常跟我吵闹，一生气少则两天的冷战，多则五天的冷战。

我们交往第一百天时，我约了女友看电影，送给她鲜花，请她吃大餐。在餐桌上，我无意中提到我的女同事失恋后找我谈心的话题。我看她脸色立刻变了，瞬间感觉自己说错话了，赶紧纠正。她扭头就走，送了我一句："你的世界我很难走进去，我们相互不打扰！"我觉得很冤枉，我不经意的一句话，她就放心上了。我尴尬地坐在那里，忍受着周围人奇怪的眼光，便匆匆结了账，郁闷地回到家里。想来想去，我还是决定跟她谈谈，努力了这么久，不想让这份感情不了了之。

我打电话她不接，给她发微信语音多说了两句，她居然把我删了。我默默地在QQ上关注她，看到空间里她发表的说说，说她感冒了很难过。我想都没想，直接买了药去她家看望她。她非但不领情，还把我给她的药扔进了垃圾桶。真看不出来，她这么恨我。现在我不知道该怎样面对她。女友铁了心要分手。我很想挽留，可我不知道该怎么做。

一位困惑的男生
2016-11-20

致这位困惑的男生：

身处爱情里的人容易陷入迷惘。爱情会让他们把全部精力都倾注在两个人的世界里，看不清事物本来的样子。局外人很难知道他们之间的真实情况。如果单从你的描述来看，你刻画了一个敏感、多疑、小心眼儿的女孩形象。可是我们知道，但凡主观的描述都不是真实的"真实"，而是描述的"真实"，因为你在这其中加入了自己对事物的主观认知和看法。

如果你的女朋友在我面前，也许我会听到另一番描述，她会刻画出一个滥情、好事、没有心理边界的男生形象。到底哪个是真的？恐怕谁都无法分辨。每个人都有独特的人格，因为每个人的成长环境和认知模式都不相同。爱一个人容易，但是要把爱延续下去却很难。

罗曼·罗兰说："世界上只有一种英雄主义，就是在看清生活的真相之后依然热爱生活。"我想这句话也适合对两性关系的描述。爱一个人不光是接受对方好的一面，还要接受对方人格中并不光彩或者让你难以认同的一面。要清楚地知道，你爱上的是这个人，而不是这个人的某个部分。

爱情是盲目的，总是有人愿意飞蛾扑火。爱情又不是盲目的，你之所以会被对方吸引，是因为她身上总有你想要的特质，也许你并没有意识到。若你真想挽留女友，不会不知道该怎么做。对于别人的爱情，没有任何人可以指手画脚。没有人能真正体会到你在这段关系中的内心感受，所以一切建议都是废话。

在外人看来很虐心的一段恋情，可对当事人来说也许充满激情。爱情里没有对错，你要做的只是反思自己的行为是否真的存在问题。如果认为自己的言行没有不妥之处，那就帮助你爱的那个人克服内心的困扰。因为真爱是积极关注或帮助对方成长。

你要去思考这么几件事：

第一，认识一百天就争争吵吵，以后的生活将如何继续？

第二，用各种方法去求证，你是否存在让她难以接受的弱点或行为？

第三，面对这么虐心的一段恋情，你还是想追回她，究竟是出于真爱还是征服欲？

心医觉民亲笔
2016-11-22

你看到的一切都是
内心的倒影

导读：

与任何人互动最终都会跟自己相遇。我总是有一种非分之想，想让所有人把人际关系当作一面镜子，希望每个人都能在亲密关系中看到自己未知的那一部分。

一位迷失的女孩来信：

觉民老师：

您好！

男友童年时父母就离婚了，他跟着妈妈生活。后来，他妈妈改嫁了，他继父家有一个女儿。他家的家庭条件不如我家。我们在一起五年，结婚时因为家庭条件的限制，他父母给我们买了一套二手房，九十多平方米的两居室。为了买这个房子，他妈妈借了不少钱。

我知道他妈妈不容易，同意结婚后，帮她一起还钱。结婚筹备中，我买东西时挑选的都是最实惠便宜的，就连结婚戒指我挑的也是最便宜的。买戒指的那天出了一点儿问题，他想要一块手表，见我们家里没有表示，他就生气了。他说了很难听的话，还说买便宜的东西，是我自愿的，这一切都是按照我的要求做的，怪不得他。

我从来不会主动花他的钱。在物质方面，我对他一点儿要求都没有。有一次去他家里吃饭。当时男友让我在他的房间里玩电脑，闲来无事，我登录了男友的QQ，发现男友和很多女生聊天，聊天内容很暧昧，很煽情。在他家里我给他面子，没有戳穿他。闺蜜的男友三天两头给她惊喜，而他从来没有给过我什么惊喜。

他朋友结婚，让我陪他参加婚礼。我因为上班不好请假就没去。他喝完喜酒没有直接回家，而是约了几个朋友去按摩店，这是后来他朋友无意中说起的。对于按摩店那种地方，我心里一直忌讳，总会联想到一些不好的画面，而且他那天还喝了不少酒。我又起了疑心。他清醒之后，我问起这件事情，他很紧张地回答我，逼问下去，他就不说话。我现在心里很乱，到底该不该跟他结婚？

一位迷失的女孩

2016-11-23

致这位迷失的女孩：

两个人的感情并不融洽的时候，婚姻更像是一场交易。很多时候我们会借助物质的形式，来感受对方是否爱我们。

你未婚夫差的真是一块手表吗？我想个中滋味还得你来体会。其实你嘴上说不重视物质，但我还是能从中嗅出一些铜臭的味道。比如你在开篇就说他家条件不如你家；强调买的婚房是二手房；男友是单亲……

在你的潜意识中，你是想通过这样的描述对我造成"催眠"的效果，让我认同你男友家境不算富裕，而且男友斤斤计较，从而让你获得更多的认同，让分手看上去更加合理正当。心中有什么才能看到什么，视金钱如粪土的人不会总把钱挂在嘴边。在心理学上，把自己心里的狭隘想法认为是别人所想，叫作"投射"。

一般人看到你描述的这样"劣迹斑斑"的男友都会劝你放手，QQ事件是你们关系的转折点，按摩事件促使你们之间的关系复杂化，手表事件也许成为压倒骆驼的最后一根稻草。去思考一下，是什么支撑你们恋爱五年？

原谅一个人很容易，再次信任却很难。这是因为原谅对方是为我们自己的"完美情结"买单，不再信任对方是避免自己再一次陷入愚蠢。世上本无完美的人，所谓的完美是我们自己选择性"失明"的结果。

与任何人互动最终都会跟自己相遇。我总是有一种非分之想，想让所有人把人际关系当作一面镜子，照见未知的自己。我也希望你能在你的亲密关系中看到自己未知的那一部分。无论分与和，别人都不会在意，所以你无须找这么多理由，更不需要别人的认同。因为婚姻毕竟是你自己的事儿。

心医觉民亲笔
2016–11–24

遇到拜金女，日子怎么过？

导读：

每个人都有自己独特的成长经历，而且这些经历会在我们的人生中留下烙印。也许这样的烙印会跟随我们一生，深深地影响着我们的认知和行为，这就是我们常说的价值观。

一位忧虑的男生来信：

觉民老师：

您好！我家在农村，家境不好，在学校读书时办理过助学贷款。妈妈曾说要帮我还钱，考虑到还有一个弟弟在读书，我就一直坚持说不用她还了，等我毕业以后自己慢慢还。毕业后，我谈了一个女友，一开始觉得她挺好的。可是随着交往的加深，我发现女友是一个爱慕虚荣的女孩，为了钱可以不顾一切，简直就是一个"拜金女"。

明明只是普通人，女友却向往公主般的生活。我现在参加工作两年了，一边还贷款一边养活自己，过得并不轻松。而她也有自己的工作，可每次一发工资，她就买各种漂亮衣服、化妆品、包包，一个礼拜不到，工资就被她花光，而后又可怜巴巴地向我讨要生活费。这让我觉得压力很大。

我承受不住她这样的花销。我提出过分手，而且将我要还贷款的事情也告诉她了。她当时就对我发火了，骂我为什么不早点告诉她我有这么大的负担。那次吵架之后，我以为我们结束了，但是没想到，她又泪汪汪地不舍分离。之后有一段时间，她真的止住自己的花钱欲望，还说我这样孝顺父母很好。但是我却很担心她并不能改掉乱花钱的毛病。这样的女友，我能和她一起过日子吗？她那么爱慕虚荣，真担心有一天她会为了物质的欲望背叛我。

一位忧虑的男生

2016-11-25

致这位忧虑的男生：

每个人都有自己独特的成长经历，而且这些经历会在我们的人生中留下深深的烙印。也许这样的烙印会跟随我们一生，深深地影响着我们的认知和行为，这就是我们常说的价值观。我欣赏你的独立和责任感，却不欣赏你把钱看得太重。

我们看到的外部世界实际上是我们自己内心的反映。年轻时贫困并不可怕，可怕的是物质贫困给心灵造成的匮乏感。把钱看得很重的人，才能看到别人的"奢侈"。

我认识很多年轻人，他们大多是月光族。初入职场，收入偏低，对理财没有概念和经验。多数年轻人因为有父母作为经济后盾，所以月光并不影响其生活质量。这也许只是初入职场时的必经阶段。

我不能认同你对女朋友的界定，也并不觉得你女朋友是爱慕虚荣的拜金女。女孩子爱美，用自己的薪水买衣服、化妆品和其他喜爱的东西无可厚非。如果像你描述的那样，她是一个拜金女，那么她怎么会找你？她在你没钱的时候没有选择离开你，反而做出了改变。我不能理解的是这种改变非但没有打动你，反而引起你对她人品的怀疑。

你可以说我的思想里还有封建意识的残留，但是我依然认为男人养女人是天经地义的事。在婚姻里，她要为你怀胎十月，相夫教子，做家务……女人要为家庭付出很多。再不用你负担经济，那要你做什么？看似是你对她的不满，实际是对自己无能的愤怒。

爱情不是一味索取，而是我愿意为你付出。别轻易用背叛这个词，爱情都是你情我愿的事，只有适合或不适合。如果她要"背叛"你，不需要"有一天"，分分钟都可以，不需要委屈自己来迎合你。我倒觉得你当下的心态真的配不上这样的女孩。切勿人穷一时，心穷一世。即便女孩离开你，我想也不是因为你一时的贫穷，而是因为你心理能量的匮乏和对未来生活愿景的悲观情绪。

我看到的不是你的女朋友拜金，而是你的能力不足，无法满足她的物质要求。我想一个心理强大的人不应该指责女友拜金，而是应该由此产生努力的动力。如果你觉得女朋友是负担，那我还是建议你跟她相忘于江湖。

如果你真心爱她，就好好珍惜眼前人，而不是盯着女朋友的花销。别在拥有时不懂珍惜，失去时懊悔不已。男人有责任为你爱的人创造未来。

心医觉民亲笔

2016-11-27

闪婚的烦恼

导读：

在这个世界上，没有一劳永逸、完美无缺的选择。我们不可能同时拥有春花和秋月，也不可能同时拥有硕果和繁花。我们要学会权衡利弊，学会放弃一些什么，然后才有可能得到一些什么，要学会接受生命的残缺和悲哀，然后做到心平气和。

一位闪婚女子的来信：

觉民老师：

您好！我和老公算是闪婚，从相识、相恋到结婚，只有短短三个月。第一次见到他，我就被他的外表所吸引，我认定他就是我要嫁的那个男人。虽然在相处过程中，我发现他有很多缺点，但是我都故意视而不见地包容他。

我们是先领证后办婚礼。筹备婚礼的过程中，每当遇到问题的时候，找他商量，他总是做不了决定。酒店不好订，我说换一家酒店，他死活不同意。因为他父母觉得现在选的这家酒店很划算，一定要在这家酒店举办婚礼，实在不行可以推迟婚礼。我不想为这种小事跟婆家闹得不开心。在订酒店这件事情上，我做了让步。

婚后老公坚决反对我们单住，说是因为他父母年纪大了，万一老人出现什么问题，可以及时照应。我不好反驳，便跟他父母住到了一起。当在生活中遇到分歧的时候，老公从来不会主动解围，反而帮着婆婆一起指责我。

老公把工资交到婆婆手中，家里花费都是婆婆安排，每个月给他零用钱。我们买东西，要跟婆婆商量。如果婆婆不同意，我们就买不成。这样的生活太委屈。我找他沟通，但是他从来不听我的。

上周我去逛街，看中一件男式外套，我把它买回来，想给老公一个惊喜。没想到他看到外套，就抱怨没有婆婆买的衣服好看。我很生气，为此我们大吵一架后一直冷战。事后我一直反思，我的婚姻到底出现了什么问题，婚后老公犹如变了个人似的。我真的不知道，在接下来的日子，我该怎么办。

一位闪婚女子
2016-11-29

致这位闪婚女子：

我没见过有几个闪婚闪好的，闪着腰的人倒是有一大片。你老公真是婚后才像变了个人似的吗？我想应该是你被他的颜值闪瞎了眼吧！从恋爱到结婚只有三个月，这个时候的恋人还处在激情状态呢，智商低迷。

有一种女孩就像"结婚狂"，还没弄明白婚姻是怎么回事，也没经过长时间了解对方的人格特质，就迫不及待地进入了婚姻这座围城。

你很清楚地知道他有很多缺点，你"故意视而不见地包容"。没有婚前的磨合就等于给婚姻制造麻烦。所以我常说每个人都知道自己的问题所在，可无奈的是懂了很多道理却依然过不好这一生。为什么会这样？我觉得是心理不成熟带来的结果。

闪婚的人在心理层面上往往都是不够成熟的，他们错把激情当成了天长地久的爱情。他们相信这样的激情状态就是婚姻的全部，殊不知那只是荷尔蒙的小把戏。

我不知道你的描述有没有夸张的成分，就你的描述而言，你老公就是一个典型的"妈宝男"。他在心理层面上还是一个嗷嗷待哺的孩子，娶了媳妇也离不开妈。有一种说法叫"跟谁结婚都一样"。我对这种说法是持反对意见的。如果真的修为到那样的境界，人就不需要婚姻了。我始终相信人与人之间必须"磁场"同频才能长久地相处下去。

  闪婚现象越来越多，原因各不相同。能静下心来认真地谈一场恋爱的人越来越少。越来越多的人做什么事都匆匆忙忙，急着要一个结果。美国心理学家约翰·格雷把恋爱分为五个阶段：吸引、不确定、排他性、亲密性、订婚。在每个阶段我们都需要认真地度过，而且不可跨越，否则将会带来无穷后患。

  我们的悲哀在于"社会抚养期"变长之后，许多年轻人与原生家庭太过密切，导致大龄晚熟。我把这样的群体叫作"奶嘴男女"。

  建议你们去找心理医生做婚姻咨询，缩短心理成长的时间。在这个世界上，没有一劳永逸、完美无缺的选择。你不可能同时拥有春花和秋月，不可能同时拥有硕果和繁花，也不可能所有的好处都是你的。你要学会权衡利弊，学会放弃一些什么，然后才有可能得到一些什么，要学会接受生命的残缺和悲哀，然后做到心平气和。

心医觉民亲笔
2016-12-2

亲情与爱情该如何取舍？

导读：

让爱情和亲情决斗，极其残忍。这两者本来就不是对立的。一切不幸的命运都始于软弱的人格。

一位纠结的女孩来信：

觉民老师：

您好！

去年我认识了他，两情相悦，我们同居了。没过多久，我怀孕了。我的早孕反应特别厉害，身体虚弱，没法办婚礼，就商量先登记结婚，生了孩子再补办婚礼。我们争吵几次后，我跟妈妈倾诉。她考虑到我以后的生活，让我把孩子做掉。我也有这个想法。这事儿传到男友耳朵里了，他很生气，觉得我妈妈在拆散我们，对母亲的态度很冲，什么话难听他就说什么。

我受不了他的态度。我妈妈这边的亲戚都反对我们在一起，说男友态度这样差，孩子也没有好的成长环境。一怒之下，我去医院流产了。当失去孩子的那一刻，我彻底崩溃了，痛不欲生。男友得知消息后，冲到我家里，很懊悔，一边打自己的耳光，一边骂自己，说不应该在我家人面前无理取闹，没有尽到做男友的责任。

男友求我不要分手，强行给我戴上他买的婚戒，说是按照我的尺寸买的，希望我不要拒绝。于是我又原谅了他。妈妈说往后我再受到伤害，别再找她诉苦，她再也不会管我了。看着她失望的眼神，我非常心痛。我爸爸常年在外工作，很少管我，一直以来都是妈妈陪我。接触半年后，我又感觉他不好了。他父母因为我私自堕胎的事情，对我也有意见。我犹豫不定时，他向我求婚。

考虑之后，我还是接受了他的求婚。而我妈妈觉得我浪费她的心血，白养我这么大，对我很失望。怎么办？结婚就等于伤害我母亲。我该怎么抉择？

一位纠结的女孩
2016-12-4

致这位纠结的女孩：

"跟他结婚就等于伤害我的母亲，我该怎么抉择？"这样的问题和那个经典的问题："我跟你妈同时掉海里，你先救谁?"有异曲同工之处。我至今也没搞清楚为什么很多人喜欢拿亲情跟爱情来做对比。

让爱情和亲情决斗,极其残忍。这两者本来就不是对立的。我认为年轻人在恋爱时吵吵闹闹是很平常的事。这一地鸡毛本来是属于你们俩的,而你却把这一地鸡毛展示给你的家人看。从这一点来看,你的心理成熟度远没有到可以进入婚姻的程度。

在两个人的亲密关系中,无人可以独善其身。旁观者总是轻描淡写地出一些馊主意。而这些馊主意基本上是不可操作的,或者说是你无法做到的。道理很简单,因为他们不是你。在情感世界里,无论发生了什么,都是双方当事人自己的事情。你的亲人一定是站在你这一边,不可能客观地看待你们之间的问题。

你的错误有以下四点:

第一,未婚先孕是对自己的伤害。

第二,背着男友把孩子打掉。作为孩子的父亲,你的男友怎么能坦然接受?

第三,打掉孩子后本应以分手告终,可是你却答应跟他结婚。

第四,你将你们的矛盾暴露给家人,本身就给了他们一个对你负面暗示的机会,让他们笃定地认为你们一定会分手,从而造成了你的纠结。

你现在能看出你有很多的问题吗？我倒是有点儿同情你那苦苦哀求你嫁给他的男友，他是一个人在战斗。

解铃还须系铃人。在一段看似不堪的关系中，恰好是自我成长的好时机。你如果不能在这段关系中得到充分的成长，那么以后还将延续你的不幸。心理成长在于，凡事反求诸己。从现在起，自己解决自己的事情，管住自己的嘴，守住自己的心。没人可以替代你的生活，一切都要自己承受，不要再给自己制造麻烦。

心医觉民亲笔

2016-12-5

爱你不可随便说

导读：

不懂爱的人以为嘴上说"我爱你"就是真的爱了。若真是那样，这世界将"爱满为患"。

一位心烦意乱的男生来信：

觉民老师：

您好！我是真不知道要拿女友怎么办了，她现在一生气就要跟我分手。

我们认识快一年了，我很爱她。在认识三个月的时候，我决定去另外一个城市发展。当时我还在追求她，走的前一天我们两家人还坐在一起吃饭。她和她家人表示不能理解我的做法。虽然相隔两地，但我们通过电话、短信和网络相处得很不错，基本上一个月见一次。半年以后她才算默认是我的女朋友。

我始终认为爱要相互包容。虽然我们感情越来越深，但是难免也会出现争吵。最近一个月我们连续发生两次争吵，其实在我看来都是因为很小的事。

第一个就是房子的问题。我不想过多跟她讨论这个问题。其实房子已经在准备了。她看到我这样的态度就提分手。后来我把情况讲出来，她说分手不是因为房子的事，而是因为我的态度问题，一谈到更深的话题我就不想说了，这辈子也无法和我讨论更深的话题。后来我认错哄她，说以后无论什么话题都奉陪到底。其实我那时候因为生气了才不想和她讨论。

第二个是她跟我聊天说她妈又说我了，还把我家人都说了个遍。她妈对我一直都不是很满意。只说我也就罢了，但她妈还说了我家人，我就不高兴了。我们当时正打电话，我就说了一句："我还有一大堆话说你妈妈呢！"这是我的气话。她听后又提分手了。

我承认我说得过分，但我也主动认错了，劝了好久才挽留住她，第二天才和好。我问她分手两个字怎么能这么轻易地就说出口，她说因为生气。我又问算是气话吗，她说不是，我感觉也不是。她提分手的时候态度有多坚决，我是清楚的。一旦我同意，这段感情就结束了。

我想不到她会突然因为这些问题提出分手，可能在她看来这些问题很重要吧。以后事还多着呢，我不能保证每次都忍住不说让她生气的话。我该怎么办？

一位心烦意乱的男生

2016-12-7

致这位心烦意乱的男生：

在开始回答你的问题之前，我想先问你几个问题：

第一，你说你很爱她，体现在哪里？

第二，你为她做了什么？

第三，关系尚未确定时，为什么要让两家人在一起吃饭，你还没长大吗？

你根本没有理解爱是什么。到底该如何判断一段爱情的优劣？我认为：首先要两情相悦，这是走下去的基础。处在亲密关系中的两个人都能感受到对彼此生命的促进，而不是消耗。这便是健康的爱情。成熟者的亲密关系不会大起大落，而是细水长流的稳定状态。双方都心甘情愿地为彼此付出，并许以未来。

"两情若是久长时，又岂在猪猪肉肉"的年代也许早已过去。恋人在空间上长久分离，容易导致亲密关系的淡化，甚至丧失。

我们常会看到很多外国人出国工作总会拖家带口。他们的家庭观念很重。他们会把家庭摆在第一位，工作永远在第二位。在他们看来，分居两地三个月以上就可以结束婚姻了。如果你真爱一个人，会在追求她的过程中毅然离开她去外地发展吗？你向她传递的信息是她没有你的工作重要。

爱不是挂在嘴上随便说说，而是要体现在日常行为之中。她跟你谈某个话题你心烦，这不是爱；她说你家人，你锱铢必较地反击，这也不是爱；你对你们的未来没有规划，这更不是爱。

在两个人的情感中掺杂双方家人的因素，就会让问题变得更加复杂。问题不在于你说出让她生气的话，而是你们关系中的不稳定因素早已存在了。提出分手的目的是试探和控制，这是希望促使你改变你们的现状。你意识到了吗？

在心理上没有长大的"奶嘴男女"们，怎么能独立地处理好个人的感情问题呢？长此以往，分手只是迟早的事。好自为之！

心医觉民亲笔
2016-12-8

恋上比我大13岁并离异的她，我该怎么办？

导读：

在爱中遇到的障碍都是自己内心的障碍。我们需要对爱充满信仰，用信仰的力量冲破内心的阻碍，走向未来。

一位不知所措的男生来信：

觉民老师：

您好！我24岁，大学毕业两年，一直在一家公司工作。我喜欢我的一个同事，她比我大13岁。她在工作上帮我很多。开始我只把她当姐姐，后来才知道她离过婚。因两地分居，老公有了别的女人而离婚，11岁的孩子和她老公一起生活。我租的房子到期，一直没时间找房子。我找她诉苦，说房子难找，房租太贵。她就提议说可以搬到她那里住。她离婚后一直一个人，房租让我看着给。

她对我很好，上班早餐，下班晚饭，都是她做给我吃，把我照顾得无微不至。后来我对她越来越依赖，和她在一起的感觉越来越好，经常一起出去逛街，看电影，吃饭，回家就像夫妻一样生活。我发现我真的爱上她了,对她越来越依赖,关心她的一切。

我家人催我回去,想让我回老家上班。我一直不同意,不想和她分开。每当家里人让我去相亲,我都会拒绝。这些我都没有隐瞒她,她也从来都没有表达什么。

我们能在一起吗?我问她,她也不说什么,可对我却百般的好,不用我的钱,让我存着,什么也不求我的。可她也不说我们将来能怎么样。我该怎么做呢?

一位不知所措的男生

2016-12-10

致这位不知所措的男生:

爱没有道理可讲,爱一个人也不需要太多的理由。爱情可以跨越年龄、种族、国界等看起来不可逾越的障碍。

你说的"能在一起"是指的结婚吗?她的确比你成熟得多,她知道自己要什么,她也知道如何去爱和生活。因为但凡明白如何去爱和生活的人,都不会拘泥于两个人在形式上是一种什么样的关系。

成熟的人不会过于在意别人的眼光和外界的评价。他们的注意力都在生活和自己本身。她在等待你的成熟,让你确认你对她是依赖还是爱情,所以她保持缄默。

你的纠结并不来源于她没给你一个明确的答复，而是来自你对这样的关系产生的恐惧，所以你不敢告诉你的家人，你爱上了一个比你大十几岁而且有孩子的离异女人。在爱的面前你如同卑微的奴隶。

你担心这样的关系会被别人嘲笑、奚落。之所以她对你提出"我们能在一起吗"的问题不置可否，是因为你没有对她传递爱的坚定，她在等待这份坚定。请确定自己对她是爱还是依赖。

你的脑海中会时常浮现出和她一起生活的未来愿景吗？你需要给自己时间去确认。如果你真爱她，不会在家人逼你回家工作、相亲时犹豫不决。在我看来，你在这份爱中处于被动地位，希望她给你一些坚定的信念。其实，信念只能自己给自己，别人给你的只能成为你的压力。

在爱中遇到的障碍都是自己内心的障碍，我们需要对爱充满信仰。用信仰的力量冲破内心的阻碍，走向未来。成长是需要时间的，你要做的是不要急切地做出任何决定。你可以告诉家人现在想留在这里工作，不急于结婚成家。你才24岁，年纪还小，给自己时间去确认，在生活中多去经历一些磨炼。

心医觉民亲笔
2016-12-11

丈夫的出轨对象竟然是我的妹妹，我该何去何从？

导读：

一切道理或心理分析，在伦理面前都显得苍白不堪。

一个失魂落魄的女人来信：

觉民老师：

您好！

我和老公结婚四年了，孩子三岁。我一直觉得自己是很幸福的。如果不是在老公手机里发现一条短信，或许我的"幸福"还会继续下去。那条信息是我妹妹发给他的，妹妹称呼我老公"宝贝"，这两个字太刺眼了。

再三逼问之后我才知道，结婚这四年里，有两年的时间我老公都在跟我妹妹发生婚外情。我妹妹还曾经为他流产过一次。我真的无法接受，像天塌了一样。

我坚持要离婚。父母劝我，看在孩子的分上别轻言离婚。老公也苦苦求我，说他是爱我的。他说他会跟我妹妹断了一切联系。可是无论他说什么，我都不会再相信了。

我很矛盾，也很痛苦，我真的想离婚，没有办法跟他再继续走下去了。可是孩子怎么办？都说单亲家庭不利于孩子的身心健康。如今孩子几乎是我的一切，我不能不为他考虑。我父亲告诉我：一个伟大的母亲就要牺牲很多。我该怎么办，我的心态该怎么调整？

一个失魂落魄的女人
2016-12-13

致这个失魂落魄的女人：

兔子吃了窝边草。遇到这样的问题，说实话我真的很为难。伦理问题是我一直不想触碰的，因为伦理大于一切。这事儿放在谁身上都是难以接受的。我明白你的痛苦和压力。也许你无数次希望，跟老公出轨的那个人是别的女人，而不是自己的亲妹妹。

离婚不离婚在我看来实在不是一件很重要的事，因为无论做出哪种选择，你都必将经历痛苦。不离，如何面对丈夫和妹妹？离了，你就能真的解脱吗？我现在开始替你痛恨那个说了实话的老公。真相很残酷。如果是我，打死我都不会承认这件事。

这不是简单的婚外情，而是乱伦，这是整个家族的悲哀。

我猜你跟妹妹从小就是竞争关系，而且你各方面都优于她。你妹妹很可能是一个争强好胜的人，所以在这样的心理支配下，造成了如今的局面。

你父亲告诉你："一个伟大的母亲就要牺牲很多。"问题是你想做一个伟大的母亲吗？父亲不让你离婚，让你承受这样的牺牲，仅仅是为了你的孩子吗？我想发生这样的事，你父亲也是痛苦的，只不过为了脸面，他不愿意让外界知道这样的丑闻而已。

如果你自己选择压抑，会不会产生更大的问题呢？例如，你因自己长期摆脱不了不良情绪，患上严重的身心疾病。

如果孩子在这样压抑的家庭氛围中长大，是否能够健康成长？我们做了许多假设，说白了是自己给自己不想改变的借口。面对这样的伦理问题，似乎心理学起不到什么作用。我不想分析是你们之间的关系问题导致了你老公跟你妹妹的婚外情。一切道理或心理分析在伦理面前都会显得苍白不堪。

可以先把这件事当作一个普通出轨的问题来看，问题解决不了就先不解决，或者交给时间，或者交给别人去解决。暂时让自己的生活正常化，去吃饭、睡觉、工作、照料孩子……有必要时，接受专业的心理治疗。

心医觉民亲笔

2016-12-15

抠门老公在网上狂发红包为哪般?

导读:

自卑感是需要用一生来克服的。有社会学家研究发现,男人的自卑强于女人,所以我们看到男人更爱面子、更自大、更虚荣,这是因为社会文化赋予男人更多的期待。

一位疑惑的妻子来信:

觉民老师:

您好!我的婚姻经过了七年之痒,如今已形同鸡肋。从表面上看,我们的婚姻幸福美满,我们都有一份稳定的工作,老公是副处级干部。我们还有一对可爱的龙凤双胞胎,走到哪里,人家都是赞叹不已。

但自从孩子出生以后,我和老公之间的话题就越来越少了,有时候一天不会超过十句话。他一回到家里,不是看电视,就是看手机。到周末的时候,我想让他陪陪孩子,一起去逛逛书店,或者到户外参加亲子活动,但他总是有一百个不愿意,总以要开会、有应酬为由推托。好几次他说去出差，其实都是在外面玩。我不想这样生活下去，也不愿意让他觉得我是一个无理取闹的女人，我还是想和他好好交流，但他就是不愿意吭声。

他是一个生活特别节俭的人，因为是靠自己的能力从农村走出来的凤凰男，有时候连打车的钱都舍不得。可是，他这么抠的一个人，竟然老是在网上发红包。我知道他至少有几十个微信群，其中有五六个群的群主就是他。在那些群里，大部分成员是女人，他在那些群里表现得特别慷慨，有时候一天会发上千块钱的红包。我从他的红包记录中看到，去年他光发红包就发了三万多块钱，今年也发了将近两万块钱。

我不知道怎么说他，而且一说他，他肯定和我急，说我查他的手机。我也没办法管住他的钱，他把钱看得特别重。有时候，我在网上买一件几十块钱的便宜衣服，他都会说我乱花钱。我在楼下买菜会方便一些，但是比外面稍微贵几毛钱或一块钱，他也会怪我不去外面买菜。他这样一个一毛不拔的人，却可以在网上那么大方地发红包，完全是发红包成瘾。他这样做正常吗？这究竟是一种什么样的心理？他是不是已经出轨了？

一位疑惑的妻子

2016-12-16

致这位疑惑的妻子：

考量一个人的行为是否正常，最重要的是看其行为是否符合当时的情境。你老公是好几个微信群的群主，通过发红包增强群的活跃度其实也没什么不正常的。只是他平时在你面前展示出来的是凤凰男的小气，跟在群里慷慨地发红包的形象形成了鲜明的对比。

这背后一定有其心理动因。我发现在现实中很压抑的人，往往在网络虚拟的环境中肆意地释放自己被压抑的那一部分个性。"凤凰男"的心路历程大多是冲突、自卑和压抑并存的，这在许多影视剧里都有展现。而内心自卑的人往往会用物质和金钱来弥补内心的缺失。你虽然是他的太太，但却不了解他。在现实世界中，找不到存在感或价值感的人又怎么会积极地面对生活？

一个幸福的女人肯定能够深刻理解人性或者了解男人。在你怨妇式的唠叨中，我发现你在两性关系中束手无策，而且对男人缺乏真正的了解。你老公真的不傻，也没有吃亏，他仅用一年三万块就买来了在现实生活中无法得到的满足感，我觉得这对他而言还是很划算的。再说，你只看到他发了不少红包，你看见他收到多少红包了吗？

人的一生都在为内心的缺失忙碌着，心理学把这种现象叫作"代偿"。这是一种自我心理防御机制，很显然他的这种心理防御机制需要通过自我价值感的提升来弥补。

自卑感是需要用一生来克服的。有社会学家研究发现，男人的自卑强于女人，这是因为社会文化赋予男人更多的期待，所以我们看到男人更爱面子、更自大、更虚荣。"凤凰男"的心态尤为如此。他们的自卑感是浸润在骨髓里的，并不能通过现在所获得的地位和金钱来弥补，必须通过自我内在价值感的提升和重塑自我认知来获得。

英国心理学家贝特汉莱密认为：认同从三个层面展开，即从群体认同经过社会认同，再到自我认同。认同给人带来的直接好处就是获得价值感和归属感。我猜想你在日常生活中，对他的观点、行为等诸方面极少认同吧。

心理学家马斯洛把需求分为五个层次：生理需求、安全感、爱和归属感、尊重、自我实现。每个层次的需求被满足后就会进入更高层次的需求。总之你老公在现实生活中得不到的在网络中获得了，虽然这种获得就像饮鸩止渴，但他毕竟得到了。他是否出轨，你不应该来问我，作为妻子的你应该最清楚。我说了这么多，给你的建议是，去探究他的内心想法不如先修复你们之间的关系来得实际。

心医觉民亲笔
2016-12-17

上门的女婿
不易做

导读：

每个人的人格里都带有原生家庭的烙印，所以我们都拥有各自的价值观。婚姻中的价值观冲突是很难弥合的，除了需要我们以同理心站在对方的角度思考问题外，还需要放下我们内心的执着。当然这一切都要在尊重的基础上发生。

一位委屈的妻子来信：

觉民老师：

您好！我从小生长在城市，家境富裕，父母对我百依百顺，只要是我喜欢的，他们从来没有说过不。因为我是家中的独生女，所以我父母就要求我在家招上门女婿。经人介绍，我认识了我现在的老公。他家是农村的，虽然贫困，但他很努力，大学毕业后留在了城市。我父母依托关系，给他找了一份不错的工作，日子刚开始过得很美满。

结婚的时候我家一下子给了他家20万元，让他家重新改造房子。他很感激我父母，加倍地对我好。但他父母时不时要来我家，说想见见他儿子，每次我都看见他拿钱给他父母。刚开始我没说什么，毕竟孝敬父母是应该的，但次数多了，我不禁就问他："怎么你父母老是问你要钱？"他说，他父母觉得他结婚了，是时候该享福了，问他要点钱也是正常的。叫我别多想，反正我家不缺钱。

他的工资是他自己管的，因为我家里有好几套房子出租，租金足够开销，所以我一直没问他要工资。但偶然一次，我看到他手机上的短信，他的卡上竟然只有几百元钱。我很纳闷，他每月有8000多元的工资，家里又不用花他的钱，怎么会只剩几百元呢。我问他，他说他把钱都给他父母了。我很生气地说："适当地给一些钱是可以的，但是每个月都给钱的话，是不是有点儿频繁呢？"他就一句话："反正你家钱多，我给的都是我自己赚的，你别管了。"

他还有一个弟弟，处在适婚年龄，一直游手好闲。他父母对他弟弟很宠溺，我想肯定是他父母都把钱给他弟弟了。我把他的银行卡偷了过来，每个月我给他3000元的零花钱。一开始他不知道我偷了他的卡，对于我给他的钱，他还推托不要，说自己的工资够用，但我执意给他。很快他就发现了，质问我是不是拿了他的银行卡。他对我吼道："你拿我的卡干吗？你又不缺钱用。"我说："我就怕你把钱给你父母，那是个无底洞。"

他随手打了我一巴掌,我一下子就哭了出来。我父母也知道这事了,虽然没说他什么,但看得出来,他们还是对他有意见的。毕竟他是上门女婿,是我们家的人了,不应该一直拿钱给他父母。他那个好吃懒做的弟弟也应该承担养家的责任啊,不能整天就知道伸手要钱。

我们已经一个礼拜没有说话了。我很爱他,但却不知道该怎么办。

一位委屈的妻子
2016-12-18

致这位委屈的妻子:

对于婚姻,我历来主张先看是否"门当户对",再看性格是否匹配。这种想法是不是有些陈腐?但在当下的社会发展进程中,这是一个不容回避的问题。也许再过几十年,随着城乡差距的缩小,这样的问题会逐渐减少或消失。不容否认的是,你在跟他从恋爱到结婚的过程中,始终清楚地了解他的家庭背景。

很多"凤凰男"同时存在自卑与自大的心理倾向,而上门女婿更会在心理层面增加自卑的因素。

一方面,他要向农村的父母证明,他们这么多年含辛茹苦地供养出的大学生在城里生活得还算不错；另一方面，他还需要平衡自己的家庭关系。

你应该很清楚父母为你选择上门女婿的意图。作为一个从小在蜜罐里泡大的女生，父母不希望你嫁入婆家受委屈，所以选了一个条件没你好，但对你好的男人照顾你。你也说过结婚后，你家给了他家20万元改造房子，他也加倍对你好。说白了是你父母用钱去换取他对你的好，而且也达到效果了。话虽然难听，但这是事实。这不是各取所需吗？你还有什么可抱怨的？你说他成了你们家的人，这句话本身就是一种居高临下的态势。

从结婚时的20万到对他在经济方面没有任何诉求，就是在告诉他你们家不差钱。他没变，你却变了。

你一旦选择了他，就应该做好价值观层面有冲突的准备。有些事婚前不在意，婚后也就不需要在意。正像他说的"反正你家钱多"，这样的印象是谁传递给他的呢？

心医觉民亲笔
2016-12-19

每个人都应该
向初恋致敬

导读:

不是每个人都有运气在恋爱中获得成长。许多人都会在恋爱中抱怨或做出伤害对方的事。只有在亲密关系模式中发现未知的自己,才能获得成长和爱的能量。

一位犹豫不决的女生来信:

觉民老师:

您好!

人们都说恋爱是一件单纯、美好的事情。可自从恋爱后,我却变得多愁善感。和男友交往半年多以后,我发现恋爱的时间越久,我就越敏感多疑,总是担心男友脚踩两只船。

和他在一起的这段时间,他从来没说过带我回他家。我很纠结,心中有太多的疑问。我家和男友家不在同一个城市,我感觉他在老家还有女朋友,于是把自己的疑问告诉他。他一口否定,说要等到家里条件好了,再带我回家。

他是我的初恋,我不想轻易放弃。我也清楚我的这种心理有些扭曲。可我不是无中生有，因为男友比较喜欢跟女生开玩笑，他的异性缘很好，对待其他女孩子简直和对我一样好。

以前他无意中提到过女同事失恋后找他谈心的话题。起初我们刚恋爱时，我对此不太在意，可渐渐地我开始厌烦。特别是看到他对别的女生笑，我心里的火气就莫名其妙地升起来。有时父母都怀疑我得了抑郁症，吵着、嚷着逼我跟他分手，还要带我去医院检查。

"分手"这两个字我不忍心说出来。父母就托付我表姐，把我的东西从我和男友的出租屋里搬出来，硬生生地把我拽走。他慌了，祈求我不要走，还说对于我的任何要求他都答应，只要我不分手。当时，我也不知道自己哪来的勇气，竟然头也不回地跟着表姐走了。或许是因为压抑太久，看到他一副失去我后悔的样子，特解气吧。到现在为止，男友还在祈求跟我讲和。我也很苦恼，担心我们继续交往，我又会想入非非。有什么解决的办法吗？

一位犹豫不决的女生
2016-12-21

致这位犹豫不决的女生：

初恋其实就是初练，每个人都应该向初恋致以深深的敬意！他们很勇敢地面对我们这样一个在爱情世界里的新手，没有望而却步，反而耐心地做我们的陪练。在爱的旅程中，初恋为我们每个人在恋爱中的成熟与对爱情的理解做出了不可磨灭的贡献。

不是每个人都有运气在恋爱中获得成长。有的人就会在恋爱中抱怨或做出伤害对方的事。只有在亲密关系模式中发现未知的自己，才能获得成长和爱的能量。

你在初恋里看到了自己什么样的人格特质呢？没有安全感的人必然会折射出敏感多疑……你会不断地放大男朋友的行为，来证明自己缺乏安全感是由他的行为造成的。但是安全感必须从自己内心里寻找，而不是外界或者某人可以带给你的。我在猜想，缺乏安全感是不是源于你强烈的自卑呢？

你折磨他有快感吗？我想这跟爱没有丝毫联系。两个人在一起至少是 1+1=2，最理想的状态是 1+1 > 2。当你发现两个人在一起变成 1+1 < 2 时，这就不是一段高质量的亲密关系。

我始终认为两个人能相濡以沫地在一起，一定是双方都能提升对方的生命价值，而不是相互损耗。我不能苟同你父母和你表姐的做法。他们的行为就像在安慰一个受了欺负的小孩。他们让你丧失了在恋爱中成长的机会。

有时候我们不知道家人的支持是否真的有利于我们的成长。你呈现给我的是一种没有"自我"的心理状态。换言之，你的心理年龄还小。对于很多事你都不能自己做主，你不能确定是否应该跟他交往下去，在这段感情中显得极为被动。爱要越挫越勇，爱要肯定执着……所有的心理成长都是伴随着痛苦的。我只给你一条建议：把自己置于生活中去体验痛苦，感悟人生，然后成熟。

心医觉民亲笔
2016-12-22

结婚其实是一件私事

导读：

不要做违背自己意愿的事,要学会真诚地面对自己内心的感觉,否则将会为违心的决定付出代价。

一位恐惧婚姻的女孩来信：

觉民老师：

您好!我和男友是通过相亲认识的,我们仅仅交往了一个月,他就开始向我求婚。我很惊讶,感觉恋爱的进度太快了。我无法确定自己是不是喜欢他!我对他没有特别的感觉。之前我谈过一两次恋爱,而这次我没有那种怦然心动的感觉。当男友捧着鲜花,拿着戒指,当着父母的面,跪在我面前时,我很尴尬。父母一脸满意地看着我们,我不知道该怎么拒绝,只是略带委婉地说:"我年纪还小,还没有做好结婚的准备,让我考虑一下!"

父母觉得我已经23岁了,该成婚了,让我接受他。父母看中了他的家境,希望我早点嫁过去,了却他们的一桩心事。如今我对感情接近麻木，我分不清他对我的感情是否真诚。其实要说家境，他们家并不是很富裕，只是一个拆迁户而已。但是父母认为很多拆迁户都是一夜暴富。

我感觉男友没有主见。比如我第一次见他父母，约在一家餐厅里，一顿饭下来，大多数时间里是他父母在和我沟通，而他几乎没有说话。就连我要走，都是他父母让他送我，他才起身。这让我觉得没有安全感。总之我不认为他适合我，可父母硬生生地要把我们拉在一起。我压力很大，不知道该怎么办。我父母很固执，我该怎样和他们沟通？

一位恐惧婚姻的女孩
2016-12-24

致这位恐惧婚姻的女孩：

违心地做事，到头来迟早会得到生活的报复。恋爱是一个成熟的人基本的能力。说白了，恋爱是自己的事。

如果一个人还不能决定去爱什么人，不能决定选择跟什么人生活在一起，就说明他的内心是不成熟的。这样的"奶嘴男女"比比皆是。我历来主张不要选择在婚姻中成熟，而是要在成熟时再选择婚姻。我们看到的多数情况是许多人在不够成熟时选择婚姻，在成熟以后婚姻却解体了。

不要指望一开始没有感觉的两个人相处后会渐入佳境，这种情况发生的概率很低。如果你觉得不合适就赶快拒绝，不要拖泥带水，这对你们两个都好。你可以把自己的感受告诉你的父母。父母的态度跟你没有多大关系。闪婚是一件风险极大的事。我见过许多闪婚的人在婚后出现了很多问题。

记住一点，去爱一个人或和一个人结婚都是你自己的事。无论压力来自哪里都可以置之不理。心理健康的人会先爱自己，先关注自己内心的感受。婚姻就像鞋子，别人的判断都不如自己的切身感受。婚姻中的一切都需要自己承受，没人替你分担。不要为了别人的期待搭上自己的人生。那种代价是任何人都难以承受的。如果你理解了我所说的，就应该知道怎么跟你的父母沟通了。

心医觉民亲笔
2016-12-26

婚前我依然忘不了前任

导读：

初恋的美好时光是未来婚姻幸福的障碍。人们往往会把初恋的激情程度当作评判未来感情生活的标准。为了婚姻的幸福，请淡忘初恋！

一位忘不了前任的女生来信：

觉民老师：

您好！与前任男友分手后，我的状态一直不好，心里空落落的，也没有安全感。一个人的时候，免不了寂寞和空虚。我和前任男友是大学同学，在校期间我们是很耀眼的一对。我是奔着结婚去的，前任男友也对我体贴入微，我能感受到他想和我结婚过日子。但是现实太残忍，爱情终究没能避开一毕业就分手的潮流。

分手之后，他的影子始终在我脑子里挥之不去。我跟现任男友是通过相亲认识的，一系列的事情都是家里人安排的。从他看到我的第一眼，我就能感受到他对我很满意。

为了摆脱刚分手的痛苦，我选择接受他。恋爱三个月后，他们家人张罗着为我们订婚，他在我身上花费了不少金钱、时间和精力。

我们谈恋爱快一年时间了，他着急结婚，他家人也不断地催促他，他也没了耐心，今年十月份就准备举办婚礼。可是我一点儿精神都提不起来，他越着急，我越想分开。他跟我说，结了婚他就踏实了，他的付出也就能够得到回报。这种想法让我感觉他目的性太强。我觉得他根本没有考虑我的感受。他一心想达到自己的目的，有点儿大男子主义。

我开始怀念前任男友，他总爱给我一些小惊喜。我和前任男友在一起感觉很自由，出去游玩也比较随心所欲。而现任男友考虑事情太过周密，总是带有计划性和目的性，考虑得过于全面，让我觉得很不自在。表面上他好像在征求我的意见，实际上全在他的计划中。如果我不按照他的要求做，他就会很不开心，情绪都写在脸上。

我的心情很差，我想跟他分开一段时间调整一下心情。可他不愿意，一再催促我，让我快点调整状态，进入婚礼筹备当中去。我现在一点儿结婚的心情都没有。结婚是一辈子的事情，我不想草草了事。我还是放不下前男友。我该如何调节？

一位忘不了前任的女生

2016-12-28

致这位忘不了前任的女生：

有人说时间是治愈一切创伤的良药，可我却说时间抹去或治好的只是皮外伤。心理学研究发现当你去排斥、摒弃一些人或一些事时，反而是对这些人和事的强化。如果前男友的影子挥之不去，就让他留在那里，一切在我们生命中发生过的人和事都会印记在我们的意识或潜意识里。

为了忘记前任而开始的恋情，大都存在隐患。这不是我的主观臆想，而是我在日常工作中发现的普遍规律。千万不要相信"忘记前任一靠新欢、二靠时间"的传言。

英国学者马尔科姆·布里尼恩教授做过一项研究，发现初恋的美好时光恰恰是未来婚姻幸福的障碍。他认为，人们往往会把初恋的激情程度当作评判未来感情生活的标准。他曾呼吁：为了婚姻的幸福，请淡忘初恋！

初恋或前任不是想忘就能忘记的。很多人的心中一直有个像神一样的初恋或前任，要么总是想着心中的"神"，要么总是拿现在认识的人跟"神"比，开始不了新的恋情。

人往往会被自己的记忆欺骗，会在潜意识中自动美化记忆。如果再走走儿时上学的路，你会惊讶地发现，这条路跟记忆中的不一样，并没有那么远……分手后，留在两个人记忆中更多的是两个人在一起的美好时光，自动屏蔽了不好的部分。再见见当年的前任，让自己的记忆发生改变，是送"神"离开的好办法。

我建议你再去见一下前任。如果无效,你的损失无非是路费和时间而已。如果他未娶,你们都有意愿重续前缘,也不失为一段佳话。

人总是难以忘怀未完成的事件,心理学家把这种心理现象称作"蔡格尼克记忆效应"(Zeigarnik Effect)。在这种时候,人们内心的力量会一直集中在如何才能在一起以及不能在一起的痛苦上。请把未完成事件做完整,这是心理治疗派别中"完形学派"所秉持的理念和所倡导的方法。

需要提醒你的是,忘不掉前任和不喜欢现任是两回事,不能混为一谈。事情要一件一件解决,你具有什么样的人格就会有什么样的命运。从你处理问题的方式上,不难看出你在生活中是一个优柔寡断、回避问题的人,所以才会给自己制造了麻烦。人生的路该怎么走,由你自己决定。

心医觉民亲笔

2016-12-30

男友用从地摊上买来的戒指向我求婚，我该答应吗？

导读：

自我价值感不足的人才会特别注重物质满足。内心富足的人通常不会用物质来提升自己的价值，因为他们认为，自身的价值已经超越一切物质。

一位悲愤交加的女生来信：

觉民老师：

您好！我和男友的关系一直游离在爱情与亲情的边缘。平时男友对我很好，特别照顾我，我们交往了大半年。他是一个细心的人，当我生病的时候，他总把我照顾得细致入微，为我做饭、洗衣服，令我很感动。我们两个人的关系很融洽，加上父母那边催得紧，我们也到了结婚的年龄，是该考虑结婚了。

不知为何一提到结婚，我的内心久很恐慌。男友对我很好，就是把钱看得太重。好几次我发现只要提到结婚彩礼钱，他就会一脸笑意地说："我们属于自由恋爱，跟别人不一样。你父母是明白人，不会问我们要礼金的。再说了，你将来嫁到我们家，钱给了他们，以后我们花什么？"

当时听到他似开玩笑又不像玩笑的话，我有些不懂。自由恋爱就可以省下这些彩礼和风俗规矩吗？私下我和父母沟通，父母的意思是他们只有我一个宝贝女儿，结婚是两个人的事情，只要我觉得可以，他们就没意见，随男方的意思。想想父母的话，我心里还算踏实了一些。

就在前几天，男友的行为让我对他失望透顶。听他朋友悄悄给我透露，男友要向我求婚。我听了后既激动又期待。他的这个计划让我很开心。当这一刻终于来临时，我却非常失望。他拿着一个戒指伸到我面前。起初我很开心地接过去，却被他的一句话震惊了："我想和你结婚，所以买了这个。"敷衍的话语，根本不像求婚，我感觉不到一丝一毫的诚意，而且打开盒子一看，一个涂着金粉的地摊戒指映入眼帘。

虽然我不要求多么贵重的戒指，但起码也要像那么回事吧。他给我买的是婚戒，不是随随便便的礼物。婚戒是爱情的信物。他这么抠门，我实在接受不了。他拿着我的手，直接给我戴上，不管我脸上的表情，继续说道："手镯和项链，你妈妈已经给你买了，就差这个戒指了。"说完笑眯眯地看着我，根本意识不到我已经生气了。

我努力压制火气，没有当场和他翻脸，留下一句"给我时间考虑"便回去了。委屈的泪水一个劲儿地充满眼眶。他口口声声地说爱我，结果连个像样的婚戒都不舍得买。我就这么不值得他去花钱吗？他这么抠门，我们将来怎么在一起生活呢？

一位悲愤交加的女生

2017-1-6

致这位悲愤交加的女生：

其实在我看来，戒指的价格并不能反映他爱你的程度。但是你的男友也太不了解自己的女友想要什么了。就比如我想吃个苹果，你却给了两个梨。

戒指的寓意是人赋予的，而不是在于它本身的价值。郑伊健、吴倩莲主演的电影《庙街故事》中，男主角用易拉罐的拉环向女主角求婚，在《第一百零一次求婚》中也有类似的场景。你看到这样的场景会觉得他们爱得不够吗？反正我在看这个电影场景的时候被深深地感动了。

问题当然不是彩礼的多少和戒指价值的高低，而是你们之间价值观的差异。你想用物质的价值来称量你在他心中的分量，而他却不解风情。

戒指承载的是爱的表达，而爱却不依靠那枚戒指存在。

一个经济状况很好的男人，可以一掷千金地给你买钻戒，但想抛弃你时也许不会有丝毫犹豫。现代人的悲哀在于他们总是用物质来衡量感情，却忽略了情感本身。其实，你对婚姻掺杂了许多物质方面的期待。

我不了解你男朋友的家庭背景，但我知道一个人的价值观一定与其成长的原生家庭是密不可分的。如果男朋友的家境并不是很好，那么他的行为就可以得到合理的解释。也许你男朋友是一个比较注重精神层面富足的人，而忽视了你在物质方面的需求。这些我都无从知晓。谈婚论嫁时最能看出双方价值观的差异，在这个时候，是可以通过沟通来了解彼此的，而不是妄自猜度对方的想法。

找一个爱自己的人不是一件容易的事，如若遇到应倍加珍惜。自我价值感不足的人才会特别注重物质满足。内心富足的人通常不会用物质来提升自己的价值，因为他们认为自身的价值已经超越一切物质。你什么时候看到马克·扎克伯格名牌加身，豪车出行？什么时候看到比尔·盖茨披金戴银？

你看到的外界的一切就是你内心的全部。婚戒和彩礼都不重要，提升自己内心的价值感才是正途。

心医觉民亲笔
2017-1-7

具有完美情结的人
都有一颗不完美的心

导读:

所谓心理成长,就是要克服人性中那些让我们不堪、让他人难受的部分。

一位不开心的男生来信:

觉民老师:

您好!女友是我父母朋友的女儿。我们是因为她跟随父母到我们家做客认识的。当时我们还在上大学,于是谈起了恋爱。那时候她对我很认真,人也勤快,一到暑假就来我家玩,帮我妈妈做饭,给我洗衣服,识大体,不乱花钱,会过日子,最重要的是很会哄我妈妈开心,妈妈也认定了这个准儿媳。

一想到将来能够娶到这样贤惠的媳妇,我就很开心。毕业后我们一起到大城市工作,在外面租了房子,开始了我们的二人世界。自从我们两个住在一起之后,她开始慢慢发生变化。先是脾气变坏了,动不动就生气,再就是她的体形。我发现她特别能吃,而且控制不住自己,身材越来越胖,穿衣服很难看。我说过她很多次,要她控制食欲,注意营养搭配,而她总是左耳朵进,右耳朵出,天天喊着减肥,却管不住自己的嘴。现在一米六几的她,体重已经达到了七十千克,快赶上我的体重了。

我和她吵过很多次,她理解成我不愿意让她吃,怕花钱,并且还告诉她妈,我被她妈教训了一顿,心里很委屈。我真想和她分手。人不能光看外表,心灵美才是最美,这些道理我不是不知道。可和一个完全没有自控力的人在一起,我真的好累。我现在带她出去参加聚会,朋友们都会笑话我把她养得白白胖胖,夸她好福气。她倒好,不仅不嫌别人说她胖,反而嘻嘻哈哈地谢谢别人,完全听不出言外之意。

我带她出去见朋友和亲戚都倍感压力。或许大家会认为我肤浅,注重外表。可哪一个男人愿意和没有自控力的女人生活?和她交往这么久了,要说分手,我真有些说不出口。我想改变她,可不知道从何说起。一看到她那不成样的身材,我就开心不起来。我该怎么办?

一位不开心的男生
2016-1-8

致这位不开心的男生：

你很"聪明"，知道别人会用什么样的语言回应你，所以抢先说了本应该由我跟你说的话，堵塞了我的逆耳忠言。说实话，我不太喜欢这种自以为是的"聪明"，因为我见过许多这样的人，只活在抱怨之中，放弃了成长。希望你能看到自己的思维模式。

她现在变胖，将来还会变老，你做好心理准备了吗？没人会心甘情愿地被他人改造成别人希望的样子，除非自己愿意改变。初识万般好，久而生厌。她对你悉心照料也就成了理所当然，这是喜新厌旧的人性使然。

对别人要求完美的人，其内心一定是不完美或残缺的。我从心理学的角度看到的是你将不完美的内心（完美情结）投射到了女友身上。

如果从心理层面看你女友的"贪食"行为，也许可以解释为她是一个内心缺乏安全感的人。贪食行为与过度购物行为一样，内心缺乏安全感的人通常会用这样的方式获取安全感。

两个刚刚走出校门的年轻人到大城市打拼，生活和工作都会面临巨大压力。你只看到了她的贪食，却没看到她贪食背后的心理动因。一味的抱怨只能加剧恶化你们之间的关系。你存在的问题是太好面子，需要多承担一些责任。

其实你所谓的面子一文不值，没人在意你，都是你的完美情结在作祟。

通过自我成长来获取安全感是满足安全感需求的基本途径，但这条途径会很艰辛或者很漫长。作为亲密关系中的一方是有责任帮助对方获得安全感的。

爱美之心人皆有之。但两个人在一起绝不是为了按照自己的意愿改造对方。我常常看到许多人在这样不合理的期待之下，亲手将亲密关系葬送。期待别人变得完美，自己先得向完美靠近。

心医觉民亲笔
2017-1-9

婚姻不是亲密关系的避风港

导读：

没有安全感的人，不能把婚姻当作亲密关系的避风港，婚姻是两个人在共同生活意愿之下的相互妥协。

一位没有安全感的女孩来信：

觉民老师：

您好！我和男友交往两年了，他和我同龄，都是26岁。我父母很看重男友，觉得他是成大事的人。我们偶尔会吵架，但是大多数时间过得很开心。

男友家在农村，我家在市中心，我家的条件稍好些。我是家里的老大，有一个妹妹比我小一岁，谈了一个和我同龄的男生。男孩子很照顾她，他们已经在商量结婚的事情。妹妹在姐姐之前出嫁虽不是新鲜事，但我心里很别扭。

我生性有点儿娇气，妈妈从小遵循"穷养儿子富养女"的理念，把我和妹妹宠得像公主。求婚这件事，本来就该男生主动些，他一直不提，我心里有些着急。前段时间，妈妈聊起我和妹妹结婚的事情，催我快点结婚，不然妹妹赶在我前头，旁人会说闲话。

我找男友说起这事，男友说现在没有能力结婚，没买新房，也没有车，不想裸婚。我爸妈本来就知道他现在的实力，并没有要求他现在就买车买房，我和我的家人并不介意裸婚。可男友说他很介意，这是面子问题。他必须等到买得起房子再娶我。

先立业后成家，听起来似乎是雄心壮志，但女人的青春能有几年？再过几年我就奔三了，万一我们将来出现什么问题，或者他在功成名就之后不要我了，我到时候连个选择的权利都没有。他用坚定的语气告诉我，他现在不可能跟我结婚，我该怎么办？

一位没有安全感的女孩

2017-1-11

致这位没有安全感的女孩：

正如你所言："偶尔吵架，常常开心。"这比什么都重要。在农村成长起来的男孩，找了生在城市的女朋友，心里或多或少会有一些自卑感。所以，男友想有了事业或经济基础之后再结婚也在情理之中。我想你的不安跟许多女生都很相似，如果会出现导致你们分手的问题，我想即便结婚了，问题也依然会存在。

你要明白，婚姻不是亲密关系的避风港，而是两个人在共同生活意愿之下的相互妥协。没有安全感的女孩通常都会假想男友或老公功成名就后便抛弃自己。我把她们的这种表现叫作"秦香莲症候群"，因为自己缺乏内在价值感，觉得自己不配得到幸福，从而预设自己得不到幸福，于是无意识围绕着这样的自我心理暗示开始了自己不幸的命运……

"因为我老公发达了，所以他不要我了"，听起来似乎因果对应，合情合理，其实是由自我暗示导致的。这与老公发达了无关，而与你自己内在的焦虑有关，比如父母的压力、妹妹的婚期逼近、所谓别人的眼光……这一切都与自我弱小有关。

你不是自己情绪的主人，你的情绪受控于他人。你为了自己的面子逼男朋友结婚，男友为了自己的面子现在不能结婚。仔细想想这多有意思啊！

心医觉民亲笔

2017-1-12

愚者多怨，
仁者不言，智者不记

导读：

我可以带领一个迷失的人走出困境，却无法帮助一个人迅速提升智慧。

一位情绪失控的女孩来信：

觉民老师：

您好！男友比我小一岁，我身材娇小，在旁人眼中，我比男友小很多。但他在心理方面较为成熟，我个性比较直、任性，情绪波动大。刚接触没多久我们就分隔两地，通过电话和网络进行联系。都说距离产生美，可我和男友分离的时间越长，我们之间的隔阂就越大。

我常常因为他的一句话而不开心。为了一件鸡毛蒜皮的小事我们就争执不休。吵架无论谁对谁错，男友都会把责任揽到自己身上，把我哄得很开心。现在我们住在了一起，同居的我们就像一对小夫妻，每天过着柴米油盐酱醋茶的琐碎生活。平时的家务活基本上是由我做。

我的洁癖症比较严重，看到脏乱，心里就会很难受，就想嘟囔两句发泄。特别是我在忙的时候，看到他躺在床上玩手机，玩电脑，莫名的火气就会蹿上心头。我总爱要求他把这里做好，把那里弄干净，如果他达不到我的要求，我就会大吼大叫。我感觉自己有强迫症，一点儿女人的样子都没有。每当发完火，气氛尴尬时，我就很后悔。为什么我就不能好好说话呢？

可能是他习惯了我的行为，现在对发脾气的我爱理不理，即便是我郁闷至极，他也不会来哄我。前几天，我又发脾气了。我把洗干净的衣服堆放在床上，他不但不收拾，还直接躺在上面玩手机，我气得吼了他，还把衣服摔在地上。我也是第一次摔东西。我把他惹火了，他瞪着我，选择沉默。我更加猖狂，像疯了一样地吼他。我也不知道自己想要一个什么结果，就是忍不住发脾气，特别是看到他不在乎时，我就更加上火，感觉自己像是崩溃了一样。

如今我和男友说不上三句话就来气。这样下去，我们之间的隔阂越来越深。我们还能走到最后吗？

一位情绪失控的女孩

2017-1-14

致这位情绪失控的女孩：

知道自己不可理喻还有救，你还不适应有一个人来到你的生活中。接纳一个人和他的生活习惯不仅仅是嘴上说说而已，还需要成熟的人格和包容的内心。我们得伤多少人，被多少人所伤，才能把那个成熟了的自己全心地交给另一个人？说实话，你的表述鸡零狗碎，让我头疼。

请记住并理解这句话："愚者多怨，仁者不言，智者不记。"我最不愿意看到怨妇式的抱怨，这至少说明你缺乏智慧，才会陷入这样的情境中难以自拔，完全是无事生非。面对这样的人，我该怎么办呢？我可以带领一个迷失的人走出困境，却无法帮助一个人迅速提升智慧。你的问题难住我了。

心医觉民亲笔

2017-1-15

男友看到别的女孩会脸红,正常吗?

导读:

有时候我们看到的"不正常"真的是不正常吗?也许我们太过自恋,把我们内心的标准当成了衡量外界一切事物的准则。

一位焦虑的女生来信:

觉民老师:

您好!我和男朋友是今年初经人介绍认识的,交往了一段时间,波澜不惊,平平淡淡。他是一个细致、体贴的人,会点我爱吃的菜,带我去看电影,上下车会帮我开门,散步的时候也会让我走在马路内侧。分开到家后,他也会主动给我报平安。

他周围有很多异性好友,都是漂亮的单身美女。他说这些异性好友是他的"哥们",但我感觉不太对劲。我发现他看她们的眼神不一样,而且会脸红,然后低着头。

周末我的一位大学女同学从外地来玩,我们一起吃饭,他看着人家,脸一下子就红了,弄得我同学都很不好意思。我本来以为他是因为内向害羞,但是只要人家没看着他,他就会紧盯着人家看,人家发现了,他就会马上转过头去或低着头。

他这样是不是不太正常?我见过腼腆的男孩子,但和他不一样。腼腆的人都不爱说话,也不会偷看人。可是他说话挺有水平的,有幽默感,还总是喜欢偷偷盯着美女看。我怀疑他之所以有这样的表现,是因为心理有些阴暗。

双方家人都催着我们年底结婚。男友的这种情况,是我多虑了吗?以后和他交往时,我需要注意些什么?

一位焦虑的女生来信

2017-1-17

致这位焦虑的女生:

这是一个有趣的问题。如今会脸红的人越来越少了,会脸红的男人更是濒危生物。如果男友见你也脸红,也许你就不会那么纠结。而他见别的女生脸红,见你却不脸红,这让你情何以堪啊!

从精神动力学的角度来看,见异性就脸红的人一定在潜意识里萌发了对对方的"性渴望"。当然这一切都是在无意识中发生的。可是精神动力学只是看问题的一种角度，而这种视角并不代表能给出的答案是唯一正确的。也就是说，我的推论是一种可能性，而不是唯一的可能性。许多患有"社交恐惧"的人在与陌生人打交道时或在特定的场合下常常会不由自主地脸红。

　　心理现象是奇妙的，同样的外显行为成因却各不相同。也许你的男友在童年时期的遭遇形成"情结"，进入了无意识。如果你的男友觉得自己脸红是一个让他很困扰的问题，我想他应该尽快寻求心理医生的帮助。可是在他脸红的过程中，似乎你的焦虑不安要高于他，你想过这是为什么吗？

　　有时候我们看到的·"不正常"真的是不正常吗？也许我们太过自恋，把我们内心的标准当成了衡量外界一切事物的准则。

心医觉民亲笔
2017-1-18

生活的魅力在于
对未来的未知

导读：

生活的魅力在于对未来的未知。假如我们能预知未来，生活将失去意义。

一位 30 岁的剩女来信：

觉民老师：

您好！我是一个即将 30 岁的剩女，事业上顺风顺水，可感情生活却糟糕得一塌糊涂。我相过两次亲，一次是过年回老家，亲戚非要我去见见那个男生，说他条件非常好，错过就不会再遇见条件这么好的男人了。

那个男生具有硕士学历，在一家公司担任中层领导职务，经济条件好。可唯一不合适的，就是他离过婚，且承认自己有家暴倾向。我刚开始以为他是对我不满意而故意说出来的借口，可是打听之后他果然如自己所讲的那样。

第二次相亲更奇葩，那个男人长了一副猥琐的样子，聊天时总盯着我的胸，还想约我晚上在外面过夜。对于这种男人，就算打死我，我也不敢交往。

后来我在网上认识了一个男生，聊得很投缘。他说喜欢我，而我对他也有好感，见面后彼此相见恨晚。他为人诚恳、踏实，有孝心和爱心，但就是一直不太顺利，家里做生意亏了很多钱，现在正努力赚钱还债。我把他带回家见父母。爸妈知道他家的情况之后告诉我今后不准和他再交往，否则就不认我这个女儿。无奈之下，我们只能转入地下恋情。

可是我实在拖不起，不得不重新面对现实，我再一次鼓足勇气向爸妈提起了他，妈妈说结婚可以，但他必须拿出20万块钱。我知道他拿不出这么多钱，而我工作了这么多年，攒下来的钱也够20万，我想拿这笔钱以男友的名义给我爸妈，这样他们就说不出什么了。

可是我心里一直担心，就怕他觉得我这么做是在倒贴，怕他以后会辜负我的一片真心，到时候我岂不是人财两空？最主要的还是怕他不懂得珍惜我。现在我该怎么办？

一位30岁的剩女
2017-1-20

致这位30岁的剩女：

我很清楚你问我这个问题的目的，是希望我能给你一个确切的答案——婚后男友是对你忠诚还是背叛，从而决定你是否付出这20万。如果我有预知未来的能力，我一定不会在这里回答你的问题，而是去买彩票或股票。

对未知的焦虑是人生的常态，谁都无法预知未来会发生什么。生活的魅力就在于对未来的未知。假如我们能预知自己何时离开这个世界，我想很多人都会焦虑不安。我的确无法告诉你，将来你的伴侣是跟你白头偕老还是分道扬镳。遇到什么事不要紧，重要的是你有没有承受风险的能力。

你在最后一段用了一个"担心"和三个"怕"。既然这么怕就分手得了，干吗活得提心吊胆？你在潜意识里很想让别人来替自己承担"怕"，自己却想过逍遥的日子，所以你才表现出一副楚楚可怜的样子，才不断地问我怎么办。

所有人的婚姻都有风险，与投资一样。如果你选择对你的婚姻投资这20万，那么就要用投资人的心态好好学习经营婚姻。如果用20万能买到幸福，我倒觉得是很划算的一件事。如果觉得无法承受失去钱财的后果，那么就不要成为麻烦的制造者。30岁的成年人需要承担一些生活中的风险，也需要自己选择走什么样的人生路，过什么样的生活。

心医觉民亲笔
2017-1-21

有时候
依赖会伪装成爱的样子

导读：

具有依赖型人格的人通常会把自己的幸福感建立在他人如何对待自己的基础上。这样的人需要一个寄主去依赖。学会独处时自立，相处时亲密，才能成为一个自我相对完善的人。

一位迷失的女子来信：

觉民老师：

您好！我的男友是一个出色的程序员，他的父母在他上初中的时候就离婚了，我很爱他。我们在一个公司上班，初识时，我的电脑坏了，他帮我修，我很感谢他，请他吃饭，他的言谈举止吸引了我。三个月后我们确定了恋爱关系。

很快我们同居了。我经常在朋友面前炫耀我男友是个很有本事的人，有时候他还帮我的朋友修电脑，我在朋友面前很有面子。半年后我们的关系开始发生变化。他经常在公司加班，有时候即便回来，也是在电脑前编程。好不容易熬到周末，他在家呼呼睡大觉，每次答应好好地陪我逛街，基本上都泡汤了。

面对这种情况，我心里总是藏不住话的。我跟他抱怨也没用，他依旧我行我素。我开始找人倾诉，朋友们似乎都很忙，发微信给他们，他们大都敷衍了事。我找到了前任，尽管我们已经分手，但朋友的关系还是存在的。我跟他诉说了男友对我的冷漠，倾诉了自己的委屈。他约我见面，陪我去吃饭，看电影，那一刻我很放松。

此后我继续过着无聊、痛苦、委屈的生活，男友不知从哪里得知我跟前任约会，还附上了照片给我。我很惊讶。他怎么会有照片？我问他是不是跟踪我，他一副无所谓的态度，说："不跟踪你，我怎么知道你是这种女人。分手吧，我可不想被人戴了绿帽子，还装作若无其事。"我无论怎么解释他都不听，铁了心要跟我分手。

我确实不该找前任倾诉，让他产生误会。可是爱情给人的感觉应该是愉悦的。他整天以工作为中心，视我为透明体，侵犯我的私人空间，就一点儿错没有吗？突然变成这样子，我很不理解。他到底怎么想的？

一位迷失的女子

2017-1-23

致这位迷失的女子：

很多人在跟我讲述自己的故事时，总喜欢说"我很爱他（她）"。我敢肯定有相当一部分人在说"爱"时，并不了解"爱"到底是什么。

你说你很爱他，其实我真没觉得你有多爱他。我倒是觉得你在所谓的爱中很功利。他会编程，能为你和你的朋友修电脑，让你觉得很有面子，这才是你跟他恋爱的动机。你根本就没有搞清楚爱的本质是无条件的接纳和奉献，只是一味地想从男友身上获取更多自己想要的东西。

你问过自己你为他做过什么吗？有时候依赖会伪装成爱的样子，让我们看不清楚自己。

我不知道他怎么想的，也许我知道你是怎么想的。你的字里行间渗透着"我需要人陪，需要人爱，只要能陪我，即便是前任也无所谓"。如果换位思考一下，你没时间陪你男朋友，他找到了自己的前任陪自己逛街、看电影，你会很平静地对待这件事吗？

其实我觉得爱抱怨的人自身一定存在着很多问题。一边抱怨对方种种不好，一边不肯放手。我更不能认同"我的错都是因为你有错……"这样的认知模式。既然你历数男朋友的种种不足，就此分手就是了，何必纠结？

具有依赖型人格的人通常会把自己的幸福感建立在他

人如何对待自己的基础上,这样的人是没有自我的。当他不能再满足你的需要时,你就会转向另一个寄主去依赖。学会独处时自立,相处时亲密,才能成为一个自我相对完善的人。

有的时候弄清楚自己是怎么想的,比搞明白别人是怎么想的更重要。反思自己要比指责别人更能让自己获得成长。

心医觉民亲笔

2017-1-25

愿你无畏地去爱

导读:

未必每段恋爱都能让你得到你想要的结果,但至少会让你获得爱的经历。这种经历并非没有意义,这会成为你找到真爱的基石。

一位没有安全感的女孩来信:

觉民老师:

您好!我今年25岁,大学毕业两年了。我性格内向,不爱说话,至今都没有男朋友,也没有恋爱经历。上学时有暗恋的对象,父母对我管得很严,不让我早恋。我只能暗恋着对方,久而久之失去了表白的勇气。

我不敢保证对我有意思的男生是真心的。我怕我付出了真心,到头来什么都没有,在爱情方面我惧怕失去。

现在有一个大学时期的同学在追我,他是通过朋友知道我单身的。我身材高挑,长相还行。他对我穷追不舍,又是送玫瑰花,又是请吃饭。说实话我不喜欢他,总感觉他油腔滑调的，让我心里不踏实。我感觉不到他的真心。他说他付出了，让我相信他。朋友们也七嘴八舌地撮合我们，可我心里对他就是有一种讨厌的感觉。

我身边还有一个条件比较优秀的男生，比我小一岁，有事没事就来找我玩，基本上是他主动找我。我对他谈不上喜欢，只是有好感。但他的行踪不固定，我想找他时根本找不到，这一点让我没有安全感。

总之，喜欢我的人我不喜欢，我喜欢的人又没有给我安全感，怎么会这样啊？现在我的年龄越来越大了，我不知道如何冲破这种心理障碍，找到属于我自己的那份爱情。

一位没有安全感的女孩
2017-2-3

致这位没有安全感的女孩：

我并不认为你现在的状态是心理障碍。有的时候恋爱的感觉很重要。也许能让你全身心投入恋爱的人还未出现。25岁的年龄并不算大，你有大把的时间去恋爱。你说自己内向，其实在我看来，性格内向也好，外向也罢，都不是获得爱情的必要条件。

你说不敢保证对自己有意思的男生是真心的，怕付出了真心，到头来什么都没有。这本身就是一种不成熟的心理。如果说我爱的人同时也爱着我，那么我们是幸运的。但这并不代表你付出爱的前提条件是确认对方对你是真心的。难道单恋不是一种付出吗？

未必每段恋爱都能让你得到你想要的结果，但至少会让你获得爱的经历。这种经历并非没有意义，这会成为你找到真爱的基石。

表达爱意是你需要学习的。同样，拒绝别人也是你需要学习的。那个对你穷追不舍的男生，你为什么不跟他直接说明自己的态度呢？那个你对他有好感的男生行踪不定，让你没有安全感，为什么不直接告诉他你的感受呢？有效的沟通不只在恋爱方面可以起到事半功倍的作用，它还是一个人在社会中生存的基本能力。

说到底，你现在依然没有开始一段真正意义上的恋爱，只是在患得患失地抱怨。去思考一下自己这样的认知模式是怎样形成的。只有学习无畏地去爱，在爱中受伤，在爱中成长，才是人生的常态。

心医觉民亲笔

2017-2-4

两情相悦
才是相恋的基础

导读：

顺其自然地发展情感，两情相悦才是相恋的基础。爱与被爱都不会让人感觉累，这也许是检验爱的标准之一。

一位失控的男孩来信：

觉民老师：

您好！女友性格古怪，喜欢被重视的感觉。为了追到女友，我骗她说她是我的初恋。一般女孩子被人说成是初恋，都会很开心。没过多久，我们确认了恋爱关系。我带她去逛街，还把她介绍给我的哥们。一次聚餐，一个哥们喝醉酒，胡言乱语，问前任嫂子现在过得怎么样。话音刚落，女友的脸一下子就红了，眼睛直愣愣地盯着我，让我给她解释。

我没法继续骗她，只好跟她坦白说那是善意的谎言，是为了和她在一起。女友对我的解释不屑一顾，对我的态度很差。她没有提出分手，但是也不跟我多接触。最近出现了一个男的，对她很好。她没有拒绝，而且很享受那种被男人追捧的感觉。我警告过她,这样做影响不好。她不屑一顾地回答我,这是在报复我。

她跟陌生男人暧昧了一个月,我从中阻挠了很多次,她听不进去。我们一周见一次面。我很爱她,不想看她因为报复我,而去作践自己。她亲口告诉我,她喜欢这种被人爱、被人追的感觉,她很享受。她说,如果我想分手,她不反对,随便我。

我千辛万苦地追她,可她现在这么讨厌我。即便我在她门口苦等几个小时,她也没什么感觉,也不会感动。我打听过追她的那个男的,就是一个花花公子,仗着有钱到处找情人。女友执迷不悟,我说什么都没用。真感觉她心理不正常。我该怎么办?

一位失控的男孩
2017-2-6

致这位失控的男孩:

她跟别的男人暧昧借此报复你。你想过可以找个女人暧昧报复她吗?然后你们顺利分手,各自过上幸福的生活……

要来的迟早会来,这根本与报复无关。心理健康者不会将亲密关系中的矛盾引向复杂，而不成熟的人则相反。

以我的经验判断，即便是你们重归于好，这件事还将成为你心里的一根刺。这给你们今后的关系埋下了隐患，让你们从此彼此怀疑，猜忌不断。也许女友会故技重施，因为这样会让你紧张，控制你的目的也就达到了。

亲密关系的维持一定不是以一方控制另一方为前提，这样的关系持续不了多久。哥们的一句戏言就将你们的关系拖向冰点。除了脆弱不堪，你还能找到更合适的词形容你们的关系吗？

没有难追的女生，只是你不够优秀或是对方不够爱你而已。你要从你的恋情中反思自己的行为和思维模式，你太刻意了，也太用力了。我历来主张顺其自然地发展情感，两情相悦才是相恋的基础。记住，爱与被爱都不会让人感觉累，这也许是检验爱的标准之一。

心医觉民亲笔

2017-2-7

恋爱无非就是
更深入的人际关系而已

导读：

永远不要期待有外力来帮你突破自己的某些限制，根本就没有什么捷径。改变是从行为和认知开始的，得逼着自己去经历，经历多了就是自己的人生经验。

一个不会恋爱的男孩来信：

觉民老师：

您好！上学时我家境不好，一直想通过学习知识来改变命运。从大学到研究生期间，课程比较轻松，身边的朋友都是成双入对地出现，我只有书本的陪伴。当时也有女孩子向我表白，可我忙着各种考试，希望毕业之后能用得上，再加上我本身的内向性格，结果耽误了恋爱的好时机。

毕业了，我的努力没有白费，我如愿进入了一家薪资待遇很好的公司。公司里有很多年龄相仿的女孩子，大多名花有主。自从进入公司之后，我开始寻找自己的另一半。我找到了心仪的女孩子，很投入地去追。追了三个月，到头来她跟别的男生走了。朋友说我追女生的方式不对,应该直接跟女孩子表白,再去追。磨磨唧唧搞暧昧,没几个女生喜欢。

我在工作方面很优秀,一追女孩子就变得很胆怯。本来要说的话,一到关键时刻就卡在了喉咙里,明明很喜欢别人,却不敢说出来。我的爱情之路为何这么难。我今年已经27岁了,我该怎么办?

一个不会恋爱的男孩
2017-2-10

致这位不会恋爱的男孩:

柏拉图说:"若爱,请深爱,若弃,请彻底,不要暧昧,伤人伤己。"听上去蛮有道理的,可是暧昧是爱情的前奏啊!暧昧是爱的试探。但前奏太长会令人生厌。不过我想你心仪的女生投入他人的怀抱并不只是因为所谓的暧昧,而是压根就对你不"感冒"。

让我教你恋爱?很遗憾,有两点理由让我不能教你。一是因为我在恋爱方面的经验不一定比你多;二是因为人具有的人格特质各不相同,一样的方法,有的人用起来得心应手,如鱼得水,而有的人则显得艰难生涩。而且你所遇到的女孩都有着不同的人格特质，需要你灵活应变。

永远不要期待有外力来帮你突破自己的某些限制，根本就没有什么捷径。改变是从你的行为和认知开始的，你得逼着自己去经历，经历多了就是自己的人生经验。你的欲望被你的认知压抑了。从表面上看你是因为害羞而难以启齿，实际上是因为你存在人际沟通方面的问题。在我看来，恋爱无非就是更深入的人际关系而已。

去观察自己和别人在人际交往中存在的差距，去体验、学习、模仿别人的沟通方式。爱的表达是一种基本的能力，我不相信一个连喜欢别人都说不出口的人在工作方面会有多得心应手，更不要说有什么成就可言了。

努力地去补恋爱这一课吧！愿你无畏地去爱。

心医觉民亲笔

2017-2-11

劈腿的爱情
该何去何从？

导读：

如果把爱情比作投资，那么投入最多的那个人一定是受伤最严重的。也许你会感到莫名的委屈，可是这一切都是我们自己允许的。

一位游走在婚姻和分手边缘的女孩来信：

觉民老师：

您好！我和男友是通过朋友介绍认识的，两个人通过聊天感觉合得来，就试着恋爱。谈了三年多，也该对这段感情有所交代了。两个人商量着结婚的事情，将恋爱告一段落，迎接婚姻的到来。他对我很好，我也从不怀疑他。

前段时间我发现他"劈腿"已经差不多半年了。起初他说要对那个女人负责任，但后来还是选择和我在一起，继续我们结婚的计划。这么多年我对他的感情一直在升华，而他背叛我，欺骗我，我难以释怀。左思右想我觉得他之所以选择和我继续，仅仅是因为所谓的责任心，他应该是害怕别人在背后说闲话。

我和他沟通,想试探他内心的真实想法,也让自己对这段感情有一个新的认识。我清楚地记得,他告诉我,他和我继续交往是希望将来我们家能够对他有所帮助,对他有利用价值。原来几年的感情在他眼里只是有利可图而已。我想让他重新爱上我,我可以原谅他之前的龌龊行为。

现在我越是关心他,他越是觉得自己做得对。整天黑着一张脸,懒得跟我说一句话。我一想离开他,他就立马对我好,献殷勤。我不知道我该以怎样的态度对待他,更不知道我在他眼里是不是只有利用价值,没有感情可言?

一位游走在婚姻和分手边缘的女孩
2017-2-13

致这位游走在婚姻和分手边缘的女孩:

说实话,我不看好你们的婚姻。感情和现实总是那么密不可分,你很难将这两者分开。有人说爱情就是荷尔蒙所致;也有人说爱情就是看到对方有自己内心缺失的部分;还有人说爱情就是一场交易……孰是孰非,没人能说得清楚。

以上说法都有道理,但都很片面。每个人的爱情都是不同的。托尔斯泰说:"幸福的家庭都是相似的,不幸的家庭各有各的不幸。"而我要说:"不幸的爱情都是相似的,幸福的爱情各有各的幸福。"

即使我告诉你一个明确的答案,你也做不出一个明确的选择。因为答案是现实和理智的,而情感则是感性和纷繁的。

劈腿,无疑对爱情的伤害是巨大的。这里有两个问题,不知你是否想过。第一,你知道男友有劈腿的行为,但你探求过劈腿的原因吗?第二,即便你知道男友是为了利益选择跟你结婚,你能果断地跟他分手吗?

至少在我来看,你不能轻易地做出选择。因为你说你对他的爱逐渐升华,所以你原谅了男友的劈腿行为。这样一来,你求证他是否在利用你就变得不那么重要了。你之所以去求证,无非是因为想给自己一个理由,或是让自己死心。

你有不舍,有不甘心,这才是你面前最大的障碍。如果把爱情比作投资,那么投入最多的那个人一定是受伤最严重的。也许你会感到莫名的委屈,可是这一切都是我们自己允许的。如果你们不经历浴火重生,依然故我,那么我不看好这段婚姻。

心医觉民亲笔
2017-2-15

爱情有七种类型，你属于哪种？

导读：

不是每段恋爱中都有爱情的成分，因为爱情不是本能，而是需要学习的技能。

一位犹豫不决的女孩来信：

觉民老师：

您好！我和男朋友是通过相亲认识的。开始的时候，我对他印象挺好，他长相不错，收入稳定，人也善良。介绍人跟我说，他是一个好男人，老实、踏实。

但是，几次接触下来，我却被男朋友的"不解风情"惊呆了。刚认识的那一个月，他还知道下车时给我开个门、约会后送我回家，后来慢慢熟了，他就不在意这些细节了。晚上看球赛时不接听我的电话；他走路快，我要一路小跑才能跟上他；我想和他拉个手，都被他拒绝，说街上人太多，不好意思……有时我气急了，逼着他说甜言蜜语，他一脸无辜地跟我说"说不来"。

我很苦闷，不知道我们还要不要继续走下去，也不知道能不能要这个不解风情的男人。如果分手，我觉得可惜；如果继续这段感情，我实在不能确定在往后的几十年里都要和这个木头人一起生活，自己能否撑得下来。我们交往大半年了。我希望老师给我出出主意，是继续交往下去，然后结婚，还是趁着涉足不深尽快抽身出来？

一位犹豫不决的女孩
2017-2-17

致这位犹豫不决的女孩：

我不能也不忍心告诉一个人，在他自己的亲密关系里是分是和。我认为我没有权利左右他人的人生。

耶鲁大学社会心理学家罗伯特·斯坦伯格（Robert J.Sternberg）提出了爱情三角理论（Triangular Theory of Love），他认为爱情由三个基本要素组成：激情、亲密和承诺。激情是爱情中的情欲成分，是情绪上的着迷；亲密是指在爱情关系中能促进亲近、连属、结合等体验的情感；承诺是指维持关系的决定期许或担保。激情、亲密和承诺三大元素大致组成了七种不同的爱情类型。

从你的描述中我真的没看出一丁点爱情的影子。你们之间的关系更像是普通朋友之间的关系。也许你碰到了慢热型的男生,也许他对你不来电,又不方便直说。

　　心理学家发现在婚恋关系中,男生和女生的心理、行为存在明显差异。男生在恋爱中,即使不爱对方了,一般也不会直接提出分手,他们会用各种冷漠的行为方式传递"我不爱你了"的信息,他们希望对方觉察后能主动离开。我认为这是在保护女生免受伤害。而女生一般会直接拒绝或提出分手,从这一点看女生比男生直接得多。

　　以上都是我的主观臆测,也许还存在其他可能。如果你觉得他是符合你期待的男生,不妨把他当作一座迷宫,带着好奇心去探索和发掘。

　　下面介绍七种类型的爱情:

　　第一种是喜欢式爱情,只有亲密,没有激情和承诺,如友谊。很明显,友谊并不是爱情,喜欢不等于爱。不过友谊还是有可能发展成爱情的,尽管有人因为恋爱不成连友谊都丢了。

　　第二种是迷恋式爱情,只有激情,没有亲密和承诺,如初恋。第一次的恋爱总是充满了激情,却少了成熟和稳重,是一种受到本能牵引和导向的青涩情感活动。

　　第三种是空洞式爱情,只有承诺,缺乏亲密和激情,如纯粹为了结婚的爱情。此类爱情看上去丰满,却缺少必要的内容,金玉其外,败絮其中。

第四种是浪漫式爱情，只有激情和亲密，没有承诺。这种爱情崇尚过程，不在乎结果。

第五种是伴侣式爱情，只有亲密和承诺，没有激情。这种爱情跟空洞式爱情差不多，没有激情的爱情还能叫爱情吗？这里指的是四平八稳的婚姻，只有权利和义务，没有感觉。

第六种是愚蠢式爱情，只有激情和承诺，没有亲密。没有亲密的激情顶多是生理上的冲动，而没有亲密的承诺不过是空头支票。

第七种是完美式爱情，包含激情、承诺和亲密。只有在这一类型中，我们才能看清爱情的庐山真面目。

心医觉民亲笔
2017-2-18

处女情结不过是对女性的歧视

导读：

有处女情结的男人不在少数。他们从来没有把女人当作独立的个体看待，而是把女人视作私有财产。这体现了男权主义的自大、自恋与自私。

一位闹心的女生来信：

觉民老师：

您好！

最近很闹心。我31岁，未婚，各方面条件都还不错。经人介绍认识了一个比我大一岁的男生，他的家在农村，家里的经济条件一般，但他从小努力学习，一直考到了博士。我感觉他很有上进心，所以愿意与他交往。

见了三四次面后，他就问我是不是处女。他说他还是处男，所以想找一个处女。我算是那种很传统、洁身自爱的女孩，只谈过一个男朋友，曾跟前任有过性关系。我如实告诉了他。他考虑了很长时间后才又开始和我接触，态度一直不冷不热。

现在我很纠结,毕竟刚交往,感情无从谈起。他与我继续交往,是因为真放下了心结,还是因为怕找不到像我这么条件好的女朋友了?他真能放下处女情结吗?以后会不会经常拿这个说事?我要不要与这样的男生继续交往?

一位闹心的女生
2017-2-20

致这位闹心的女生:

32岁的男人还是处男,并不能说明这个男人在道德层面高人一等,我倒觉得如果排除生理和心理问题,从精神动力学的角度来看,至少这个男人"本我"的力量是弱小的。心理学家发现的一个普遍规律是,一个人的社会成就跟"本我"的强弱呈正相关。

说到这儿也许会有人质疑,甚至是批判。有些男人用处女情结掩盖自己脆弱、自卑的心,而且这颗心还停留在封建礼教的时代。

一位社会学家到一所中学搞社会调研。他找了一位初一男生,问他课余都做些什么,男孩说谈女朋友,专家说:"你才上初一就谈女朋友,是不应该的,会严重影响学习。"

男孩不假思索地反驳说:"现在不抓紧时间谈恋爱,再等一段时间就没有处女了。"

看看吧!这就是文化的力量,儒家文化倡导并坚守了几千年的女性"贞洁"观,连一个乳臭未干的小子都深受影响。在我看来,所谓贞洁不过是对女性的歧视,是道德之下窝藏着肮脏的内心。

男人总是希望自己是女人的第一个男人,而女人则希望遇到的男人是自己的最后一个男人。至少我觉得处女情结是停留在肉体占有层面,而与爱情没有半毛钱关系。处女情结是男权社会中贞洁文化长期累积的结果。文化的力量是巨大的,它可以润物细无声地影响在这种文化沐浴下成长起来的人,这就是心理学家荣格所说的集体无意识。

20世纪60年代,在处于性解放时期的美国,科学家做过一项调查,结果显示,无论是阿拉伯人、美国人,还是其他地方的人,具有处女情结的男人占男性总人数的比例大致相等,都约为82%。如今,通过网络调查发现,具有处女情结的中国男人所占的比例也是82%左右。

女人应成为独立的个体。具有处女情结的男人从来没有把女人当作独立的个体,而是把女人视作私有财产。这体现了男权主义的自大、自恋与自私。

说了这么多,归根到底,问题的关键并不在于你是不是处女,而是你自己究竟是否可以强大到不作为男人的附属品。如果这样的女人成了社会的主流,你开口就可以问男人:"请问你是不是处男?如果不是,给我麻溜儿地滚开。"

最后,我不得不遗憾地说,我真的无法替你做选择,但至少我知道,你找一个没有处女情结的男生要比他找一个处女的概率高得多。

心医觉民亲笔
2017-2-21

这世上最不靠谱的就是承诺

导读：

痴情者总能看到别人的无情，可少有人埋怨痴情者，大家总在谴责无情的人。在情感关系中双方无所谓对错，一旦有怨恨掺杂在情感关系中，人的心就被囚禁了。

一位不相信感情的女孩来信：

觉民老师：

您好！大学期间，我遇到了男友，他比我高一级。女生都喜欢帅帅的男生，我也不例外。他是篮球队的，我很喜欢坐在操场旁边看他打球，并为满头大汗的他送上一瓶水。或许是因为寂寞，或许是因为情窦初开，我喜欢上了这位师哥。

转眼间他毕业了，我还有一年才能走出校门。我很担心毕业之后我们会分手。我跟他沟通，讨论我们接下来的感情之路怎么走。他说会在这座城市找一份工作，等我毕业之后，一起到一线城市发展。我很欣慰，感激他对我的真诚。

可他找工作的过程并不顺利。找了两个月，他依然没有找到工作，却已经用光了生活费。最后，他家人托关系帮他在家乡找了一份工作，想让他回去，不再寄给他生活费。与家人商量之后，他决定回去，等我毕业后，再帮我安排工作。我心里没底，担心在感情方面，他会再次听从父母的安排。

一年后我毕业了，他却服从父母的安排，跟一个家境相仿的女生恋爱了，还订婚了。他给我解释，说是父母逼他的，我只能冷笑以对。就这样我们分手了。时至今日，他已经结婚一年多了。我还在这段恋情里迟迟走不出来。家人为我安排了好多次相亲，我都无法接受。我好像不再信任感情了。在感情中受到的创伤，真的很难愈合吗？

一位不再相信感情的女孩

2017-2-23

致这位不再相信感情的女孩：

这世上最不靠谱的就是承诺，最幼稚的就是相信海誓山盟。承诺，只是在特定环境中某种心境的产物，我通常把它看作酒后之言。如果能认识到这个程度，就证明你已经成熟了。

古希腊哲学家伊壁鸠鲁说："人们并非被所发生的事情困扰，而是被他们对于这些事件的看法所困扰。"毫无疑问，所有错过的情感都是不适合的关系模式。双方没有成熟的心理和完善的人格，即便是强行在一起了也会出现许多问题。执着于此便是内心存在障碍。痴情者总能看到别人的无情，可少有人埋怨痴情者，大家总在谴责无情的人。在情感关系中双方无所谓对错，一旦有怨恨掺杂在情感关系中，你的心就被囚禁了。

学生时代的恋爱总是那么纯粹，有多少象牙塔里的爱情能经受住象牙塔之外的现实考验？像你一样的同学，他们的校园恋都修成正果了吗？他们是不是也像你一样走不出来呢？如果他们没受什么影响，我觉得你可以多与几个跟你有类似经历的同学聊聊，看看他们是怎么应对的。

我总是对那些抱着"有朝一日剑在手，杀尽天下负心狗"心态的情场失意者忍俊不禁。对于当初那个"负心狗"，你不是也爱得死去活来吗？对于爱，不能太过用力。不合适就分开，这是太正常不过的事了。痴心一片只能说明你的见识少了，活得还不够灵活。

人总要慢慢学着自己长大，但前提是能遇到让你长大的事儿。恭喜你遇到了，成长与否由你自己选择。

心医觉民亲笔

2017-2-25

是男朋友太抠门，还是我有玻璃心？

导读：

恋爱跟交友一样，都是价值观的融合与妥协。有的时候需要双方妥协，有的时候需要有转身的勇气。

一位疑似玻璃心的女生来信：

觉民老师：

您好！我和男朋友是通过相亲认识的。从认识到现在，他从不主动给我打电话，也从不主动用微信聊天，只有我先跟他聊，他才聊。约会的时候，每次都是我等他，至少要等半小时。

我们一起到超市买东西，我把选好的东西放到他手上，他看一下价格，然后不管东西是便宜还是贵，都直接放回货架上，我给他一样东西，他就放回去一样东西，他自己要喝的饮料除外。

我们用微信聊天聊到结婚的事情，他就直接一两天不说话了。这几天又在暗示我，约会的时候不一定要去餐馆，吃便宜点的东西就行。我们约会时吃饭也才花八十多块钱，我总不可能每次出去都和他吃路边小摊的东西。和他相处真的很累，中秋小长假我想让他多陪陪我，早上我打他电话，他关机了，微信也不回，晚上七点多给我发了一条微信，说他早上去亲戚家，手机没电，把我说的事情完全忘了。

其实我也理解，因为两个人的成长环境不同，价值观也不同。我的脾气也不是很好，性格比较直爽，有什么事都说出来，不会藏着、掖着。我说他抠门，他说他不是抠门，只是在有些方面很节约。

我想和他分手。可介绍人又一直在说，他只是太老实，没有花花肠子，让我和他将就结婚就行了。我也很矛盾，毕竟我们年龄不小了，他又大我五岁。是不是我太玻璃心了？

一位疑似玻璃心的女生
2017-3-1

致这位疑似玻璃心的女生：

你有没有玻璃心我不知道，我只知道介绍人的外号叫"大胆儿"，竟敢让你拿婚姻凑合。你的别称叫"没自我"，不知道自己究竟需要什么。对于没自我的人，无论你给他什么样的选项，他都无法做出正确的选择。他们往往坚持了不该坚持的，放弃了不该放弃的。似乎人生处处与他们为难，但本质上是因为他们在成长过程中都是由别人替他们做选择。恋爱中的人最接近真实的自己。也就是说，恋爱期是个人心理成长的最佳时期。在恋爱过程中，最重要的不是看对方的问题，而是要将注意力放在自己身上。

恋爱跟交友一样，都是价值观的融合与妥协。有的时候需要双方妥协，有的时候需要有转身的勇气。婚姻不是儿戏，很多人在不成熟时经常会问别人关于自己婚姻或情感的意见。其实，任何人的意见都是废话。他们不是你，给出的建议自然是不适宜的。

知道自己想要什么不是一件易事，首先要学会承担选择带来的结果。这也是一个成熟的人必须面对的。

我们暂且不去讨论孰是孰非，或是你的所谓玻璃心。有一点我要提醒你，结婚前双方未曾解决的问题，尤其是涉及价值观冲突的问题，不要指望婚后能被解决。

心医觉民亲笔
2017-3-2

女友和前任领过结婚证让我纠结不已

导读：

在亲密关系中锱铢必较的人，既不懂爱，也获得不了别人的爱，毕竟亲密关系不同于一桩生意。

一位心有不甘的男生来信：

觉民老师：

您好！我与女友在一起一年多了，我们感情非常好，已到了谈婚论嫁的年龄，也见过双方的父母，彼此都很满意。

最近，女友告诉我一件事。她以前谈过一个男朋友，两个人头脑冲动，领过结婚证，但没有办酒席，所以知道的人也不多。后来在相处的过程中，发现彼此不合适，两人就办理了离婚。

如此一来，女友和我结婚就算是二婚，而我是头婚，这让我心有不甘。女友也看出来我很介意，主动提出分手。因为我的坚持，我们现在还在一起，但我内心一直很纠结。

我很爱女友，但又在意这件事，不敢告诉身边的人，担心父母和朋友知道以后会说三道四。婚姻不是儿戏。我现在该怎么办？

一位心有不甘的男生

2017-3-4

致这位心有不甘的男生：

女朋友跟你结婚属于二婚，而你是头婚。我看你现在的感觉真是"头昏"了。要不然你也找个人领个结婚证，然后再换成离婚证，再跟你女友结婚，这样一来你们就扯平了。

你看上去像个锱铢必较的势利商人，在情感关系中生怕做了赔本生意。"哇！这个我喜欢。唉！可惜是个二手的。"将完美主义表现在两性关系中就是对关系的最大破坏。完美主义者接受不了伴侣有半点瑕疵，所以他们活得纠结，也让对方活得痛苦。

你介意的真是那一纸婚书吗？你介意的是女朋友之前的情感经历吧。怕家人和朋友知道后会说三道四。这都是你的借口。这是绑架别人的想法为己所用，以证明自己纠结得正确、在意得合理。

最介意这件事的那个人是你。谁会比你更介意？扪心自问，你真爱你女朋友吗？

如果在亲密关系中苛求完美，那就是灾难，是心魔。你还没有长大，你的心里住着一个任性霸道、占有欲强的孩子。无论你用什么方式，都必须让内心的那个孩子长大。请感谢你的女友，她让你遇到了未知的自己。

心医觉民亲笔
2017-3-5

花300元买唇膏，
男友骂我败家

导读：

没有多少恋爱经验的人总是相信爱情能战胜一切，而有过几次情感经历并且在其中有所反思的人才懂得爱情和面包同样重要。

一位孔雀女的来信：

觉民老师：

您好！我是一名"孔雀女"，大学即将毕业，在一家国企实习，我的月薪两三千，刚够我花销。我男友比我大两岁，在一家效益很好的国企做技术人员，月薪过万。

男友家在农村，他勤奋上进，考上重点大学，毕业后又找了一份好工作。他家还有一个弟弟和一个妹妹，都在上学，男友把每个月的大部分收入寄给了父母，所以男友虽然收入高，但生活非常节俭。我的父母在金融机构上班，收入可观，所以我没有经济压力。

我和男友一起去看电影，位置已经选好，两张票共

100多元，正准备付款，男友说太贵，然后转身就走了。后来我和男友就很少出去看电影了。男友的这种消费观念，让我非常不适应。

　　之前闺蜜送我一支口红，我把它放在车上的储物格里。那天早上，我怎么也找不到口红。晚上男友正好在车里，我问他有没有见到我的口红，男友说他妹妹很喜欢那支口红，就让她拿走了。

　　我当时有点儿气急了，朝他发了一顿脾气。男友起初还哄我："那支口红也没剩多少了，我去超市再给你买一支。"我告诉他，口红是闺蜜在国外买的，300多块钱，在超市里买不到。男友突然提高嗓门朝我吼道："一支口红就要300多块钱，你钱多烧的？"我瞪着眼睛看着男友，气得说不出话来，以我的经济条件，花300元买个口红也不算奢侈。

　　朋友们都和我说门当户对很重要，但我和男友平日里感情很好，只是消费观念有点儿差异。因为口红的事，我开始怀疑，我俩还有交往下去的必要吗？

一位孔雀女
2017-3-8

致这位孔雀女：

有的贫穷是内心的贫穷，而不是现实的贫穷。这并不在于当下拥有多少财富。价值观的形成是日积月累的结果，它跟成长经历有着密不可分的关系。其实，你知道问题出在哪儿。

我历来主张简生活，但是这并不意味着降低生活品质。简生活的目的不是省钱，而是让我们的心灵不被过多庸俗、杂乱的东西所绑定、控制。看场电影属于基本的日常消费，跟吃一顿快餐没什么分别。如果连这样基本的消费都要省，我不知道生活还有什么情趣。如果你提出要跟他出国旅行，对他而言，岂不是天都要塌下来？

有些人注定就是属于不同世界的人。如果你能忍受以后抠门的穷酸生活，那么请珍视你们之间的感情。不过你说你们平日里感情很好，对此我表示怀疑。有可能你们交往时间不长，还处在"激情期"，你更多的是被对方的外表和外部因素吸引，比如他的高薪职业、名牌大学的学历……

我很好奇"凤凰男"与"孔雀女"的恋爱日常是什么样的。你们约会都去哪里？都干什么？吃饭是你买单还是他买单？弗洛姆说："爱是无条件的接纳和奉献。"在"凤凰男"那里，你能看到他对你的接纳和奉献吗？至少我在你的描述中没有看到，我看到的只是他那副锱铢必较的嘴脸。难道你所谓的"感情好"是建立在不食人间烟火的基础之上的？

没有多少恋爱经验的人总是相信爱情能战胜一切，而有过几次情感经历并且在其中有所反思的人才懂得爱情和面包同样重要。你的问题其实并不复杂，就是希望精神层面和物质层面兼得而已。但是，你不要指望改变一个人的价值观。你自己的价值观也是无法轻易被改变的，而改变物质生活则要简单得多。

所以，我历来主张两个人先在价值观方面相互匹配才有可能顺利恋爱，才能走进婚姻。不要被眼前的东西所迷惑。名牌大学毕业的人，不一定人品就好，赚钱再多不给你花也是白搭。两个人的感情最终如何收场不是我这个外人能决定的。你始终需要自己选择自己的生活。选择也无所谓正确或者错误，要看你能否承担自己选择所带来的结果。

心医觉民亲笔
2017-3-10

闺蜜男友向我表白，我凌乱了

导读：

别试图成为别人的"人生导师"和"上帝"，那样会扰乱别人的生活，让自己也不得安宁。

一位心乱如麻的女生来信：

觉民老师：

您好！我和小晴是大学闺蜜。毕业之后我们合租了一个单间，过起了朝九晚五的生活。我俩都是单身，合租之前商量好了，一直住到一方有男朋友，再结束合租生活。我没想到才三个月的时间，小晴就谈了一个男朋友。

于是，我向闺蜜提出要搬走，她反倒笑话我较真了。

每次她把男友领回家时，我就借口离开，直到闺蜜打电话叫我才上楼。他们在一起大概一年的时间了，三天两头闹别扭，很多次都是我当中间人劝和。这个男生还不错，对闺蜜挺好，她打一个电话，人家就能为她鞍前马后地忙活。我羡慕闺蜜命好，能找个这样的男友，可她撒娇、任性惯了，经常乱发脾气。

前几天，他们又吵架了，闺蜜打电话给我，说男生要和她分手，她哭得很伤心，让我去劝劝他。我只好硬着头皮去劝那个男生。我打了他的电话，约他出来吃饭。他愁眉不展，边喝酒边向我诉苦，醉得一塌糊涂。我给闺蜜打电话，让她过来一同把他送回去。

他喝得很醉，说了一大堆胡话，说他早就喜欢上我了，要不是看小晴是我的好朋友，早就向我表白了。小晴太任性了，根本不了解他。我愣住了。这时闺蜜跑过来了，我俩把他弄回了家。他嘴里还在念叨着，喊我的名字。闺蜜问我他说的什么，我转移了话题，生怕她知道男生向我表白的事情。

最终，他们还是分手了。现在他每天都会发微信给我，一看到他的信息，我就胆战心惊，真担心闺蜜多想，解释不清。现在我究竟该怎么办？我承认对这个男生有好感，但是我不想对不起闺蜜。现在闺蜜还沉浸在失恋的痛苦中，一想到这个男生就落泪。我好乱，究竟该怎么办呢？

一位心乱如麻的女生

2017-3-12

致这位心乱如麻的女生：

不要在犹豫不决时做任何决定。我理解你的两难处境。接受闺蜜前男友的追求怕对不起闺蜜，不接受又怕错过一个好男人。用心理学的话来说，你陷入了"双趋冲突"。

所谓"双趋冲突"，是指对于矛盾的两种选择你都想得到，但是只能择其一。举例来说，一个人既想享用美食，又想保持身材。而你既想与闺蜜保持友谊，又想跟闺蜜的前男友有所发展。

人生处处充满这种"双趋冲突"，所以及早遇上这样的冲突并学会取舍对每个人来说都具有重要意义。

我想你一定很喜欢闺蜜的男友，而不是像你说的有点儿好感而已，否则你也不会纠结成这个样子。没有人逼你，你可以暂时不选，请给自己多一点儿时间，让时间去沉淀纷乱的思绪。

我在此提醒你，如果今后遇到类似问题，不要将自己卷入别人的情感纠葛。也许你的初心是好的，想帮助闺蜜获得幸福，但把握不好尺度，很可能带来不好的结果。

人在成长的过程中，应该逐渐学会找到人与人之间那条看不见的边界，即"心理边界"。所谓"心理边界"是指：分清哪些问题是属于对方的隐私，哪些问题是需要对方独立处理的。例如：情感、家庭等问题都属于私密的问题，别人无法干预。不逾越心理边界是保持长久、良好的人际关系的必要条件。

即便是闺蜜之间,你也只用扮演一个"倾听者",而不必扮演一个"拯救者"。别试图成为别人的"人生导师"和"上帝",那样会扰乱别人的生活,让自己也不得安宁。

不得不说从一开始你心中的天平就是倾斜的,而不是客观的。两个人的情感纠缠怎么会被第三个人完全了解和理解呢?况且在情感中两个人没有绝对的对与错。

事已至此,我想你们三个人都需要时间来消除这段关系所带来的影响。过早地接受一个刚刚失恋的人的追求本身就是风险极大的事,而且你闺蜜的情绪也是不理性的。要让自己先从这件事中抽身,别让自己在这件事里受到伤害。

待尘埃落定,如果你闺蜜跟她的前男友没有复合的机会,如果闺蜜的前男友依然喜欢你,如果你依然对他有好感,时过境迁,不用我教你,你就可以从容地做出任何决定。

心医觉民亲笔
2017-3-13

团购让我相亲失败

导读：

什么叫多余？比如夏天的棉袄，冬天的蒲扇，还有等我已经心冷后你的殷勤。这样的付出越多，对方逃得越快。

一位节俭的男孩来信：

觉民老师：

您好！不知道您怎么看待请人吃饭时团购买单，是节约还是小气？我和相亲对象第二次见面，因为吃饭时是团购买单，她现在把我拉黑不理我了。

我27岁，在一家公司做财务出纳，薪水不高，属于中等水平。我从小就养成了勤俭节约的习惯。

我是一个中规中矩的人，一直到大学毕业，也没有谈过恋爱。毕业几年后，我一直没有感情稳定的女朋友。父母就开始为我的婚事着急了。妈妈托身边的好友帮我介绍女朋友。

我和她就是通过相亲认识的。初次见面时，我特别注意自己的着装和言谈举止，和她聊得很愉快，彼此都很满意。她是湖南人，我就特意花100多元团购了一个湘菜馆的双人餐。吃完饭之后，我又团购了两张电影票，电影散场时已经是晚上9点，我又打车送她回家。

那天晚上，我和她发微信交流，她就给我发了两条消息。一条消息的内容是"你是一个非常懂得节约的好男孩"，另一条消息的内容是"我累了，休息了"。我本来还满怀热情地想和她聊聊，看到她的消息后也只好作罢。

到了周末我又约她见面，我陪她逛了两个多小时。到了饭点，我带她去吃牛排，她说能换一家吗，我告诉她我已经团购好了。吃饭时，相亲对象有点儿沉默，我也不知道她是怎么了，问她她也不说。女孩子善变，心思很难猜，我也就不多问了。

那天我送她回去之后，她就不搭理我了。听介绍人说，对方不喜欢我团购。两次吃饭、看电影都是团购，团购之前没有和她商量，她也不喜欢吃牛排。她说，节约不是错，但是为了省十几块钱，而勉强去吃自己不喜欢吃的东西，那不如不出去吃。团购这件事让她觉得我有点儿不尊重她。

两次团购之后，我的这次相亲又失败了。难道团购是错吗？

一位节俭的男孩

2017-3-15

致这位节俭的男孩：

节俭,在任何文化背景之下都是一种美德。但你要明白,其实这并不是节俭本身带来的相亲失败,而是你做的事有些不合时宜。让我们再仔细看看你的陈述。

"她说能换一家吗,我告诉她我已经团购好了。吃饭时,相亲对象有点儿沉默,我也不知道她是怎么了,问她她也不说。女孩子善变,心思很难猜,我也就不多问了。"

其他女孩子的心思也许要猜上一猜,可这个女孩子的心思还用得着猜吗?话都说到这份儿上了,如果你还不明白,这可真不是女孩的问题了。在智商过剩的年代恋爱,走心是唯一的技巧。如果不用心,你当然听不到她在"说"什么。

什么叫多余?比如夏天的棉袄,冬天的蒲扇,还有等我已经心冷后你的殷勤。这样的付出越多,对方逃得越快。你虽然有付出,可是忽视了对方的需求。谁愿意按照一个早已设定好的模式去生活?从这一点上可以看出,你给女孩传递了这样的信息:你是个极其"自我"的人。女孩并没有感到你为她做了什么,她只能去将就你。

你对自己的评价是:"我是一个中规中矩的人,一直到大学毕业,也没有谈过恋爱。"不会谈恋爱的人多了,何止你一个人？根本原因在于你是否具备有效的沟通能力，而沟通能力源于情商。一个人的情商体现在感受别人情绪的能力，不是一味地对人"好"就一定会得到回报。

其实只要你仔细阅读自己的陈述，就不难找到答案。我们再来看一段你自己的陈述："后来听介绍人说，对方不喜欢我团购。两次吃饭、看电影都是团购，团购之前没有和她商量，她也不喜欢吃牛排。她说，节约不是错，但是为了省十几块钱，而勉强去吃自己不喜欢吃的东西，那不如不出去吃。团购这件事让她觉得我有点儿不尊重她。"

是这段话说得不够明白，还是你自己读不懂？否则你怎么最后还会问难道团购是错吗？我重申，你的错不在于是否"团购"。你难道就不能先问一下女孩想吃什么，再团购吗？我从这段话中看到的关键词是：勉强、不喜欢、不尊重……我从以上文字看出，这是一个性格独立，追求生活品质的女孩，而你的自我已经膨胀到了目中无人的程度。

心医觉民亲笔
2017-3-16

男友不能给我承诺，
要不要去相亲？

导读：

一个心理能量或心理资本极低的人，遇到问题时总是会举棋不定，总喜欢问别人怎么办，即使从别人那里得到建议也无法做到。所以，我从不告诉别人该怎么做。因为废话终究是废话。

一位徘徊不定的姑娘来信：

觉民老师：

您好！我26岁，跟男朋友相识在大学校园，毕业后一起去了北京，感情非常好。我们的事业刚刚起步。男友家是小城市里的工薪家庭。我家是农村的，条件很一般。我俩买房的压力很大，赡养父母的压力也很大。他和我说过，现在不会考虑结婚的事情，也给不了我任何承诺。

他既不会说让我安心好好做他的女友，也不会说让我和他结婚。

假如男友对我说，他非我不娶，那我肯定会死心塌地和他一起等下去。事实上他没有说过。我的想法很简单，不管他有多穷，我只要喜欢和他在一起，我就会陪着他一起奋斗。但是，如果他遇到条件比我更好的女生，我也会衷心祝福他，因为在经济方面，我能帮到他的地方很少。

我的年龄已经不小了，身边很多同学的感情生活都很稳定，就算不结婚，至少还有个承诺。最近我同学给我介绍了一个相亲对象，条件还不错，我有点儿想去，毕竟男友没给我任何承诺。我也没向他隐瞒，他说他内心是不想让我去相亲的，对我有感情，但是自己什么也给不了我，怕耽误我，如果我跟着他没有未来，他会内疚。

我该放手去相亲吗？还是继续等一个未知的结果？

一位徘徊不定的姑娘

2017-3-18

致这位徘徊不定的姑娘：

如果我告诉你毅然决然地离开他去相亲，你能做到吗？如果我告诉你继续留在他身边坚守，你便能从此摆脱没有获得承诺的焦虑感吗？

一个心理能量或心理资本极低的人，遇到问题时总是会举棋不定，总喜欢问别人怎么办，即使从别人那里得到建议也无法做到。所以，我从不告诉别人该怎么做。因为废话终究是废话。

承诺对一段亲密关系至关重要，而一个自卑的年轻人完全给不了你这些。完美爱情 = 亲密 + 激情 + 承诺，看看你们还剩下些什么？

我很想给你一个答案，但我也会为此陷入纠结，因为无论给出哪种答案都意味着难以两全，而这种遗憾则完全由你来承受。选择的结果都是未知的，这也是人生的魅力所在。

你男朋友并不是一个自信和对爱情坚定的人，同样，你也是如此。也许你离开他以后，会找到能在物质方面满足你的人，如果幸运，你还会跟爱情相遇。但是，我们假设如果在另一个人身上找不到你要的爱情，你会不会对当初的选择懊悔不已？

懊悔不是因为我们做出了错误的选择，而是因为我们对选择后的结果无力承受。如果一个人强大到对任何选择所带来的结果都能接受、承受，甚至悦纳，那他所有的选择都是正确的。

自我并不强大的人，要做的就是让自己的内心得到成长。一个自我强大的人基本特征之一就是凌驾于事物之上，而不被事物所控制，即使暂时达不到想要的目标，也会坚定地向前走。他们始终相信人比事大，而不是事大于人，相信最终能够实现自己的目标。反之自我弱小的人总受控于外部环境。

　　这个男人没有给你足够的安全感,你没有给这个男人奋斗的动力。有多少这样的爱情被现实打败?以你目前的状态,你能够跟一个给你提供足够物质条件的男人走得顺风顺水吗?

心医觉民亲笔
2017-3-20

真心相爱，
但父母不同意怎么办？

导读：

当一个人深陷事件之中时，一定会"剪不断，理还乱"。困住你的不是事件本身，而是你的能力太弱，才被事件所左右。给自己一段时间，让自己置身事外。学会从事件中抽身，也就具备了解决问题的能力。

一位剩女的来信：

觉民老师：

您好！明年我就30岁了，但感情生活还没着落。并不是我要求高，也不是我性格差，只是我不想将就，也不想随随便便地把自己嫁出去。

我其实之前经历了一场刻骨铭心的爱情，只不过出于各种现实原因没有走到最后。前男友是外地的，当初通过考研考上了家乡的学校就再也没有回来。虽然说好要等他，但是人都是现实的，我不可能在什么承诺都没有的情况下等他。所以我们只能分手，即便我再怎么爱他。

工作后，父母经常给我介绍男朋友，但是我一个都没有看中。要么性格不合无法交流，要么三观不正，不能沟通。如今的我对于爱情越来越恐惧，怕自己找不到适合的人而孤独一生。

现在我谈了一个男朋友，父母不赞成我们在一起，说他买不起房子，拿什么结婚养家。我其实并不赞同父母的意见，我希望能找到真爱，而不是为了房子去结婚。我的生活圈子很小，几乎没有接触异性的机会，很反感相亲的形式，所以照这样的情况来看，我根本没有办法达到理想的目标——找个大家都喜欢、我自己也满意的老公。

如今的男友对我很温柔，在很多方面都会照顾我的情绪，对我很体贴，常常以我的感受为主。我们说好年后就结婚，可是父母不同意，觉得我嫁过去就是受苦，还不如我一直单身。

父母的意见对我来说也很重要。年轻人现在没有丰厚的物质积累是可以理解的，我想最重要的还是看他的发展潜力、上进心、人品、责任感和是否懂得珍惜我。我想找的就是这样的人，现在找到了，可是父母却不能理解。我该怎么办？

一位剩女
2017-3-22

致这位剩女：

如果你把你给我讲述的这些讲给你父母听，不知道会不会让他们放弃对你以爱之名的控制欲？

这样说也许对你的父母不公平，因为虽然通过你的描述可以看到父母对你婚姻这件事的强势干预和控制，但如果你是个自我强大的人，你就应该知道自己要的是什么，该坚持什么，该放弃什么。

一个自我强大的人，是敢于对自己的行为和未来负责的，这是一个人心理成熟的重要标志。

在我看来，凡追求两全者，皆因贪欲使然。因为内心软弱，贪欲就成了你的灾难。与你类似的人很多，在他们的认知系统里，追求完美的信念始终指导着他们的行为，使他们不懂得舍与得之间的关系。

到底是你的父母过于强势在先，还是你过于软弱在先？这是无法说清楚的，也许是相互作用的结果。透过父母这面镜子，你是否看到了自己人格中需要成长的部分？

从你父母所说的怕你受苦可以看出，他们的婚姻观还停留在几十年前，是过了时的陈旧观念。

你父母是从那个物资匮乏的年代走过来的，有这样的价值观也属正常。但现在的婚姻与几十年前的婚姻有着巨大的差别，这是源于现在与几十年前的物质生活有着天壤之别。

现在很少有人为吃喝发愁，婚姻从关注物质转向了关注精神和情感的交流。如果没有情感做基础，婚姻是维持不久的，即便维持下来，婚姻质量也不高。

当一个人深陷某个事件时，一定会"剪不断，理还乱"。困住你的不是事件本身，而是你的能力太弱，所以才被事件所左右。给自己一段时间，让自己置身事外。学会从事件中抽身，也就具备了解决问题的能力。你如果准备好了，不要犹豫，现在就开始做。

心医觉民亲笔
2017-3-25

下月结婚，"失踪"前男友竟回来找我

导读：

无论是谁，都无权干涉他人的婚姻自由。无论这种干涉是以"爱"的模样出现，还是出于什么别的目的，都是不适当的。

一位纠结的未婚妻来信：

觉民老师：

您好！一个月后，我就要成为新娘，但是此时我有些踟蹰不前，不知道要不要走入人生中的下一个阶段。我和未婚夫认识了一年多，相处得一直很愉快，我也将他当作人生的另一半。在认识三个月后，他向我求婚了，我考虑很久答应了他。

双方父母详谈了结婚这件事，都觉得我们门当户对，应该早一点儿定下来。但是我并不快乐，我想得多，考虑得也多，在答应他的求婚之后，我一直很忐忑，很不确定，不知道今后的自己会变成什么样。我并不是因为讨厌他，而是因为一切都太快了，我还没有反应过来，就将要成为他的妻子。

我曾经有段美丽的爱情，那段感情我至今都刻骨铭心。前男友是我的初恋，我们相识于校园，我无法忘怀那段时光。就在我憧憬美好未来的时候，前男友却从我的生活里消失了，消失得无影无踪，一句话也没留，一个地址都找不到。我拼命去找他，用了所有的方法，但依然一无所获。

一年后，一切重新开始。未婚夫就是那时走进我的世界里，让我的生活重新有了光彩。就在我答应未婚夫求婚的第二天，前男友出现了，我犹豫了很久，考虑要不要出去见他，要不要为自己的疑惑找到答案。我还是赴约了。我独自一人前去，想探求一个答案。其实，我曾经想过这个答案，只是我一直无法正视，在前男友将真相说出来时，我早就做好了准备。原来我的父母曾经去找过他，让他放下我。而他听从了他们的意见，选择用一个最残忍的方式丢下了我。

他离开我后辛苦创业，如今小有成就，经过别人之口得知我要结婚了，很痛苦，几经纠结之后，决定和我好好谈一次。面对前男友，我早就没有了当初的感觉，但是我还是在与他见面之后陷入了长时间的思考。我在思考我的婚姻，我和未婚夫应该怎么走下去，应该怎么生活。

所以，如今我选择了逃避。我不知怎么去解释这件事，不知道如何去处理这段关系，甚至不知道该如何让未婚夫了解我内心的真实想法。我该怎么办？

一位纠结的未婚妻

2017-3-27

致这位纠结的未婚妻：

看完你的故事，我嗟叹不已，值得庆幸的是你面对前男友时已经没了当初的感觉。我理解你的感受，这样的事对每个人来说都是极具冲击力的。你现在纠结痛苦的只是他的出现让你的内心泛起涟漪，他的痛苦让你唏嘘，父母的干涉让你愤怒……

你父母的做法无疑是失当的，无论是谁，都无权干涉他人的婚姻自由。无论是出于什么目的，这种行为都是不适当的。因为我们无法预知未来。而那些干涉子女婚姻的父母认为自己能预见未来。这种神一般的自恋在我看来是极蠢、极恶的……

我主张门当户对的婚姻，这样可以在最大程度上避免夫妻之间在价值观上的矛盾。但不是每一对门当户对的夫妻都不会出现问题，只是出现问题的概率要低一些，想要真正白头偕老，还要精神匹配。

一个人的命运就在别人的粗暴干涉下改变了。这种改变也许是好的，也许是不好的。但无论好坏都需要自己去掌控自己将来的路。我想通过这件事，你是时候从被人操控的局面下挣脱出来了。

　　请明确地告诉你的父母，你的青春你做主。如果没有信心进入婚姻，你需要顶住各方压力，给自己时间让自己去做决定。去选择面对问题，而不是逃避。如果那个即将成为你丈夫的人不能跟你一起承担，那么也给他一个重新选择的机会。

　　生活容不得半点虚假，你父母对你婚姻横加干涉的结果，是要由你来承受的。我只能祝愿你通过这样的事件获得心理成长。

心医觉民亲笔
2017-3-28

男友的控制欲超强，
我该怎么摆脱他？

导读：

你不能口口声声地说渴望爱情，而行为又与你的"渴望"背离。一个人时想逃避寂寞，两个人时又渴望自由。人就是这么奇怪……

一位压抑的女生来信：

觉民老师：

您好！我工作的公司业务繁忙，时常有活动。一天，刚从KTV出来，我就看见男友给我打了二三十个电话，发了十多条微信，问的都是同一句话："你在哪里？怎么不接电话？"

我一早就对他说，今晚公司有活动，可能会晚些回来。KTV环境嘈杂，我没有留意手机，所以一时没有听到，看到未接电话之后赶紧回拨了过去。可我还没开口，他就大声质问我，甚至还在电话里爆了粗口。我知道他关心我，但是他这样过于保护的态度让我备感压力。

交往几个月后，我渐渐开始有对他不满意的地方。他的控制欲太强，而我最反感这样的控制。我不喜欢让别人主导我的生活，习惯了独立。他的出现虽然带给了我惊喜，但是同时也让我有些不适应。

我曾提过这个问题，试图改变他。他虽然答应了，但没有做到。他似乎比我更没有安全感。我甚至觉得自从和他在一起后，我就没有和其他朋友一起自在交往的时间了。我不喜欢这样的相处方式，经常和他沟通，经常吵架，甚至因为这些事和他冷战了好几次。

他从小在单亲家庭里长大，对于很多事都没有安全感，所以很想有一样属于自己的东西。他将我当作他的私人财产，可我是独立的个体，我有我的思想和感情。如今，我该怎么办呢？

一位压抑的女生
2017-3-30

致这位压抑的女生：

控制欲是什么？我不知道，我也说不清楚到底是什么。所谓控制欲，只是我们对某种焦虑感的描述。

我劝你不要用单亲家庭来界定你男朋友行为背后的原

因。因为我们常常发现在普通家庭成长起来的人身上,类似的不被你接受的行为也并不少见。

一个人生活的日子和情侣在一起生活的日子是不一样的。如果有了自己的恋人后,生活跟以前没有任何区别,那么我只能说你们其中一方或双方并没有全心地投入。

我并不认为你的男朋友是一个控制欲极强的人。相反,我倒觉得他在你们这段关系里是全情投入的。试想一下,如果他忙自己的事情,有空了才会关照你一下,你的感受未必比现在好。我们总是在拥有时感受不到幸福,失去时才怀念不已。

事业和爱情孰轻孰重还得靠你自己掂量。如果你觉得现阶段事业更重要一些,那么你就不要找一个在你看来"控制欲"很强的男朋友。如果你觉得亲密关系更重要一些,那么你就改变自己,而不是只期待男朋友的改变。

我认识一些年轻女孩,整日抱怨得不到长久的爱情。可是我在她们跟男朋友的日常互动中发现,她们总是以自我为中心,把自己的生活、工作等一系列事情排在男朋友之前。所以我对她们说:"你即便美若天仙、家财万贯,也不会得到真正的爱情。"原因很简单,你把时间花费在哪里,收获就在哪里。

如果你对男朋友很关注,给他拨了十几通电话,发了很多条微信他都没有回复,你会作何感想?我想你未必有他做得好。所以，这跟安全感、控制欲没有任何关系。忙不是借口，重视与否才是唯一正解。我想，你把手机调至震动模式，随身携带，时不时地看一眼，不是难事。恋人是可以让你随时找到的那个人。

你需要学习的内容是：学会尊重，分清工作与生活的关系，改变自己，而不是期待去改造别人……

你不能口口声声地说渴望爱情，而行为又与你的"渴望"背离。一个人时想逃避寂寞，两个人时又渴望自由。人就是这么奇怪……

心医觉民亲笔
2017-4-2

男友太贪玩，我该怎么办？

导读：

我们需要怀着对未知的好奇，把对不确定性的焦虑变成对生活的积极体验，而不是用控制别人的方式来减轻焦虑，获得安全感。

一位焦虑的女孩来信：

觉民老师：

您好！我和男友恋爱四年，如果不出意外的话，明年就要结婚了。但是有一件事我心里一直在打鼓，他从小就是一个很爱玩儿的人，跳舞、唱歌、野营和玩各种球类，反正只要是我们平时能想到的东西，他都能玩儿得很好。我和他也是在一起玩儿的时候认识的。

以前我认为他这么会玩儿，一定是一个有生活情趣的人，两个人在一起也不会闷，而且他唱歌、跳舞时都特别帅。但现在我不这么想了，我感觉他这样的状态对我来说是一种负担。四年来，只要有时间，他就会带着我出去玩儿。

有时候我没空,他就一个人去玩儿。最近一年他去酒吧的次数特别多,可是我非常不喜欢那种地方,觉得那里的人都怪怪的,对他特别不放心。最重要的是,我们马上要结婚了,两个人结婚后就要在一起好好过日子,要是他还整天在外面玩儿,往酒吧里钻,这算怎么回事呢?

我前阵子找他谈了。可能我的语气不好。我说:"咱们马上就要结婚了,你还这样整天惦记着到外面玩儿,那还不如干脆不结婚。"然后我们两个人就吵了起来。他说现在还没结婚呢,我就把他管得这么紧,那结婚后的日子就没法过了。我已经不知道该怎么办了。我该如何做才能让爱玩儿的他彻底收心呢?

一位焦虑的女孩

2017-4-5

致这位焦虑的女孩:

我们常常有一种错觉,认为只有青春期的孩子才有逆反心理。而我认为人的一生都处于逆反期,尤其是男人。只不过因为人格特质不同,每个人的表现程度也不同而已。

心理学家发现,人在行为被禁止时,便会被激起更强烈的逆反心理。

所以你采用的是一种破坏人际关系的交流方式,而聪明人在交流时会向对方提出适度的建议,而不是禁止对方的某些行为。

对于男朋友爱玩儿的特质,刚开始你是喜欢的,你们也是基于共同的爱好走在一起的。发展到后来,你开始对这样的特质感到厌烦。在这个过程中,我看到的是你心态的变化,而不是对方变了。

我们常常都有一种错觉,认为一个人现在的行为将延续到以后。而我认为,只有人格是一生恒定不变的,行为却会随着年龄的增长发生变化。比如对于某个东西,我们年少时喜欢,随着年龄的增长会慢慢地失去兴趣,仔细观察自身和他人,是不难发现这一现象的。

婚前焦虑是一种常见的心理现象,也许你也是受此影响,我们也常常把这种焦虑称之为恐婚。处于婚前这个时期的男女或多或少会有这样的体验。在这个阶段,由于没处理好双方关系而导致婚前分手的情侣也不在少数。

结婚意味着双方都要结束之前独身的生活模式,投入未知的生活。人的一生要经历无数次改变,例如:升学、工作变动、结婚、为人父母……改变,无论是好是坏,对所有人来说都需要用时间和心理调适来适应。

心理耐受力强或适应能力强的人,可能用很短的时间就能克服变化所带来的焦虑感。适应能力弱的人需要给自己更长的时间来适应变化。

我觉得婚前的你把自己变成了老师、妈妈。用这样的角色去对待男友,你就像一个焦虑的妈妈对待自己即将上学的孩子一样,想在婚前对他进行一番训练和改造。

你需要怀着对未知的好奇,把对不确定的焦虑变成对生活的积极体验,而不是用你现在控制别人的方式来减轻焦虑,获得安全感。

看看那些身患抑郁症的人,你就会明白,对所有事物丧失兴趣是一件多么可怕的事。一个人对许多事物感兴趣本身就是一种心理健康的体现,是对生活的热爱。

心医觉民亲笔
2017-4-6

聚少离多的婚姻生活让我几近崩溃，怎么办？

导读：

我们需要学会独立，学会与自己相处。许多人在独处时便不知所措，他们忘了有许多自己想做的事，无须别人陪伴，可以一个人完成。

一位孤独的人来信：

觉民老师：

您好！最近总感觉和老公没话说，每次看到他的来电，都不想接！但他还是每天都来电话或发微信，可我还是提不起劲，没有和他聊天的欲望……

因为工作的关系，我们总是聚少离多。只有他休息的时候，我们才能见面。而每次的相处，都是短短的两三天……大多数时候，我只能自己独立地面对生活中的一切：一个人吃饭，一个人逛街……我觉得，这辈子我都会日复一日地过着这种日子，然后慢慢地老去。想着想着，我就开始悲伤起来。

一个人的时候，我总是感觉自己很孤单，生活中的所有问题都需要自己去独立解决。这不是我想要的生活。我希望，在我累的时候，能有个肩膀让我靠；在我伤心的时候，能有个人为我擦眼泪……可是没有！

我爱他，我从来没有要求过他放弃他现在的职业。周末我总喜欢一个人宅在自己的小窝里，不喜欢出门，不喜欢和朋友玩。以前那个活泼开朗的我早就不知去向了，因为我觉得没有人能够真正地了解我内心的想法，所以有时候我宁愿把所有心事都放在心里。

我知道他很爱我，我也不想离开他。可是这样的日子让我几近崩溃。我很怕这样下去我会得抑郁症，也很怕我们的感情最终会走向毁灭。我该怎么做？

一位孤独的人

2017-4-7

致这位孤独的人：

谁都想找个人依赖，女人的安全感大都来自家庭或可以让她依赖的男人。就像异地恋容易夭折一样，分居两地的夫妻也容易出现许多问题。若想把这种聚少离多的亲密关系维持在一个稳定的状态，首先，两个人都需要具有良好的沟通能力；其次，双方需要拥有较为完善的人格和健康的心理状态。

长时间分居一定要有结束的期限，或者说双方共同规划一个具体的时间来结束分居。我们常说："陪伴是最长情的告白。"快节奏的时代，我们承受着比以往更多的各种压力。可是我们不能被动地忍受，内心苦楚地度过此生。情感经不起时间与空间的消磨。

独处是一种能力。我们伴随着喧闹出生，又伴随着喧闹离开这个世界。有时我们需要学会独处。许多人在独处时便不知所措，他们忘了许多自己想做的事，无须别人陪伴，可以一个人完成。

其实目前你选择的是忍受寂寞，而不是享受生活。值得你做的事至少有两样，而你没有做。一是跟他诉说你内心的感受；二是过好当下的每一天。你没有将你现在的内心感受跟你老公充分地沟通，也许他还以为你很享受当下的生活。

告诉他你的感受，不意味着强迫他放弃事业，至少你会获得他的理解，甚至可以让他考虑如何更好地平衡家庭和事业。

心医觉民亲笔
2017-4-8

与人暧昧
被老婆发现

导读：

人可以拒绝任何东西，但绝对不可以拒绝成熟。拒绝成熟，实际上就是在规避问题、逃避痛苦。规避问题和逃避痛苦的心理趋向，正是人类心理疾病的根源，如果不及时处理，你就会为此付出沉重的代价，还会承受更大的痛苦。心智成熟不可能一蹴而就，这是一段艰苦的旅程。

一位陷入婚姻危机的男士来信：

觉民老师：

您好！我和一位异性朋友发信息，其中有些暧昧词语，被老婆发现了。之前也出现过两次这样的情况，但我和她没有暧昧关系，都只是闲聊，然后老婆一直因为这件事跟我闹离婚。

我和我老婆结婚两年，孩子两个月。我知道在这件事上我做错了，我也承认了错误，但我跟这位异性朋友只是单纯地在微信上聊天，见过几次面，但没有出轨行为。

我承认我有精神出轨。我老婆比我小6岁，平时我在家时，家务活基本上都是我干，偶尔她也做家务。我把能做的都做了，偶尔忘了做什么或者累了不想动时，她就一直数落我，说她在家一个人带孩子有多累，说我上班轻松。

她还在我领导面前数落我，跟我吵架，只要不合她的心意，她就发脾气，有时候莫名其妙地跟我提离婚，说她跟我在一起很累，感觉不到我爱她。

我也觉得自己很累，现在我的工作非常忙，周末也要加班。我不知道该怎么办了。她一直在闹离婚，想让我自己带孩子，而且是不上班在家带孩子。她感觉她是在帮我带孩子。久而久之我感觉很疲惫。老师，我现在该怎么办？

一位陷入婚姻危机的男士

2017-4-10

致这位陷入婚姻危机的男士：

在这段文字中，前面说了你跟别的女人玩暧昧，而且不止一次，被老婆发现了；后面说了自己在家如何受委屈，老婆如何无理取闹，三番五次地闹离婚……

我想你的潜意识是在表达：是因为你承担了家务，是因为老婆经常发脾气，是因为老婆在领导面前数落你，所以你会跟别人暧昧，精神出轨……我可以很清晰地看到这样的逻辑——是老婆的错导致你犯错。

我理解你在表述中所隐含的意思。可是理解不代表认同，即便你求得所有人的认同，对于你过老婆这一关也没有任何帮助。逻辑错误让你无法看到问题的实质所在，人总是先学会自欺再去欺人。

我想起自己小时候的一件事。放暑假的一天，我把冰箱里的一盒冰棍儿都吃掉了。我妈下班回家后，看见冰棍儿都被我吃光了，很愤怒。于是我解释说："天太热了……作业太多了……我一个人太无聊了……"我不知道为什么会一下子想出那么多的理由，但最终我还是挨了一顿揍。从那天开始我就明白了一个道理："自己做的事，自己要承担后果。"

人可以拒绝任何东西，但绝对不可以拒绝成熟。拒绝成熟，实际上就是在规避问题、逃避痛苦。规避问题和逃避痛苦的心理趋向，是人类心理疾病的根源，如果不及时处理，你就会为此付出沉重的代价，还会承受更大的痛苦。心智成熟不可能一蹴而就，这是一段艰苦的旅程。

一个成熟的人要学会自律。所谓自律，是用积极而主动的态度，去解决人生痛苦，让自己获得成长。自律主要包括四个方面：推迟满足感、承担责任、尊重事实、保持平衡。

别混淆视听，自欺欺人。暧昧已经不是精神出轨这么简单了，它是出轨的前奏。到底是你暧昧在先，以致疏于经营夫妻关系，还是夫妻关系出现问题才导致你与他人暧昧，只有你自己知道答案。人就是很善于颠倒因果。所谓暧昧只是没有进一步出轨的机会而已。

成熟的人不会在制造了麻烦后问别人怎么办，而是他压根儿就不会刻意制造麻烦！

菩萨畏因，凡夫畏果。你问苍天饶过谁？

心医觉民亲笔

2017-4-11